全国高等农林院校“十一五”规划教材

果蔬采后生理与生物技术

罗云波　主编

中 国 农 业 出 版 社

主　编　罗云波

副主编　毕　阳

编　者（按姓氏笔画排序）

王　然（青岛农业大学）

牛广财（黑龙江八一农垦大学）

生吉萍（中国农业大学）

毕　阳（甘肃农业大学）

李　鲜（浙江大学）

张秀玲（东北农业大学）

罗云波（中国农业大学）

郑永华（南京农业大学）

秦　文（四川农业大学）

唐晓珍（山东农业大学）

魏宝东（沈阳农业大学）

前言

我国是果蔬生产大国，水果和蔬菜的种类和产量均名列世界第一。但我国果蔬的采后保鲜和贮运技术还远不能满足产业发展的需要，产品质量不高，损失极为严重，已成为产业健康发展的瓶颈。为了降低损失、保持品质、提高果蔬产品的市场竞争力，除必须掌握果蔬采后的各项技术外，更应该熟悉、掌握果蔬成熟、衰老和腐烂发生的基础理论，以便更好地理解和运用采后各项技术，并发展这些技术，适应产业发展对专业知识的更高要求。《果蔬采后生理与生物技术》教材正是为了满足这一需求而组织编写的。

本教材是在认真借鉴国内外相关优秀教材、广泛收集相关领域研究成果、仔细总结编者们多年来的教学经验和科研成果的基础上编写完成的。其以采后生理学中所涉及的果蔬成熟、衰老和病害为主线，力求从分子、生物化学、生理、细胞、组织、品质和病理角度揭示果蔬成熟、衰老和腐烂发生的机理。力求文字精练，内容博采众长，系统全面地反映采后生理与生物技术的基本理论和最新进展。本教材适合于高等院校的农产品加工与贮藏、食品科学与工程、园艺及其他相关专业的本科生使用，也可供从事果蔬保鲜、贮运工作的研究生、科研人员和工程技术人员参考。

本教材共分8章，主要内容包括果蔬组织结构及其在成熟衰老过程中的变化，成熟衰老过程中果蔬的品质变化，果蔬成熟衰老过程中的呼吸作用，乙烯及其他植物激素对成熟衰老的调控，采后水分蒸腾、生长与休眠，果蔬的采后胁迫，果蔬的采后病害，成熟衰老过程中的基因表达与调控。各章编写分工如下：绪论由罗云波编写，第一章由魏宝东编写，第二章由唐晓珍编写，第三章由张秀玲和秦文编写，第四章由王然编写，第五章由牛广财编写，第六章由郑永华和李鲜编写，第七章由毕阳编写，第八章由罗云波和生吉萍编写。

在本教材的编写过程中，承蒙中国农业出版社的大力支持，以及甘肃农业大学王毅、葛永红和李永才老师的热情帮助，在此一并表示感谢！同时，也对本教材中引用的有关资料、文献的原作者表示衷心的感谢！

限于编者的水平，书中不妥之处在所难免，恳请广大读者提出宝贵意见和建议，以便进一步修订完善。

罗云波

2009年10月

目录

绪　论

教学目标

1. 掌握果蔬采后生理与生物技术的基本概念。

2. 了解果蔬采后生理与生物技术的研究内容。

3. 认识生物技术应用于果蔬采后生理的必要性及其对果蔬采后生理学发展的推动作用。

主题词

果蔬采后生理　生物技术　基本概念　研究内容　应用现状　研究展望　学习意义

一、果蔬采后生理与生物技术的概念和内容

（一）果蔬采后生理与生物技术的概念

果蔬采后生理与生物技术所研究的对象是果蔬采后生理问题，是采用生理学知识和生物技术手段来阐明果蔬采后贮藏、保鲜以及运销过程中的科学问题与应用技术。其中，果蔬采后生理学是研究果蔬采收之后生命活动规律、品质变化的科学。现代生物技术，是利用生物有机体（从微生物直至高等动物）或其组成部分（器官、组织、细胞等）发展新工艺或新产品的一种科学技术体系。它包括基因工程技术、细胞工程技术、发酵工程技术、蛋白质工程技术、酶工程技术等，已经应用在农业、生物、食品、医学、环境等各个领域，并引起了这些学科新的技术革命和发展。

生物技术逐渐渗透到各个学科之中，用现代生物技术知识可以解决传统的果蔬采后生理学所不能很好解决的科学问题。果蔬采后生物技术的研究主要围绕两方面的内容：第一，利用分子生物学的方法揭示果蔬采后生理生化变化的分子机制，从分子水平阐明果蔬采后成熟衰老的根本原因，为利用分子生物学技术改造果蔬的采后贮藏加工性能提供理论依据；第二，利用分子生物学技术

来延缓果蔬采后的物质变化和衰老过程，改善果蔬的贮藏、加工性能，并能保持果蔬良好的品质。

（二）果蔬采后生理与生物技术的研究内容

本教材将对以下几部分内容进行介绍和探讨：①果蔬组织结构及其在成熟衰老过程中的变化；②成熟衰老过程中果蔬的品质变化，包括色泽、芳香物质、风味物质、质地和营养等；③果蔬成熟衰老过程中的呼吸作用，具体内容有呼吸的基本概念、呼吸的代谢途径、果蔬采后的呼吸变化特点、影响果蔬产品呼吸的因素；④乙烯及其他植物激素对成熟衰老的调控，包括乙烯的特性及其生理功能、乙烯的生物合成、乙烯的作用机理、影响乙烯生成和作用的因素、其他植物激素对成熟衰老的影响；⑤采后水分蒸腾、生长与休眠；⑥果蔬的采后胁迫，具体从温度胁迫、气体成分胁迫、化学药物胁迫、机械胁迫、辐照胁迫五方面做介绍；⑦果蔬的采后病害；⑧成熟衰老过程中的基因表达与调控；⑨影响果蔬成熟衰老的其他因素，主要从活性氧的代谢、钙对果蔬成熟衰老的调节作用、多胺在果蔬成熟衰老过程中的作用等方面介绍。

在现代生物技术的组成部分中，果蔬产品采后常用到的主要是基因工程技术和细胞工程技术，即对遗传物质和细胞等进行改造的生物技术，其中又以基因工程为主。基因工程的基本过程就是利用重组 DNA（recombinant DNA）技术，在体外通过人工“剪切（cutting）”和“拼接”等方法，对生物的基因进行改造和重新组合，然后导入受体细胞内进行无性繁殖，使重组基因在受体内表达，产生出人类需要的基因产物。细胞工程与基因工程一样，也是当今生物技术的重要组成部分。它主要是采用类似工程的方法，运用精巧的细胞学技术，有计划地改造细胞的遗传结构，从而培育出人们所需要的植物新品种。细胞工程所涉及的面很广，主要包括细胞培养、细胞融合、细胞重组及遗传物质的转移四个方面。

二、果蔬采后生理与生物技术的发展情况

（一）果蔬采后产业的发展现状

我国地域辽阔，资源丰富，是世界上许多果蔬的发源地之一。近 20 年来，我国的果蔬生产速度呈急剧递增的趋势，成为果蔬产品生产和销售大国，果蔬产品的栽培面积和产量均居世界第一。2008 年我国水果和蔬菜的总产量分别达到了 8 000 万 t 和 1.6 亿 t。虽然我国是世界果蔬生产第一大国，但不是采后处理强国。果蔬采后科学研究比较缓慢，采后技术相对落后，导致占总产量 20%～40%的果蔬产品损失于采后环节，每年的经济损失高达 700 亿元，严重影响了我国果蔬产业的健康发展和果蔬产品的出口创汇。据有关部门保守估

计，果蔬采后的腐烂损耗，几乎可以满足我国2亿人口的基本营养需求。尽管我国的果蔬产品在国际市场上具有一定竞争优势，但是却受到贮藏能力的制约。

由于果蔬采收后仍然是“活”的、有生命的有机体，进行着旺盛的呼吸作用和蒸发等各种生理代谢活动，分解消耗能量和养分，并释放出呼吸热，使果蔬变质、变味、干燥、腐败，造成损耗。所以果蔬采后从预冷、冷藏、运输到进入消费市场应该是一个完整的冷链系统，即果蔬采后从产地到消费者手中所经过的运输、贮藏、销售和消费等环节，都是在适宜的低温体系下进行，并且冷链的首端（冷藏运输）、中端（冷藏库）、末端（销售冷藏柜和家用冰箱）配套良好。发达国家在果蔬采后的整个贮运过程中，已基本普及冷链。日本90%以上的水果都经过预冷处理。我国只有10%的果品能实现冷链运输，水果贮藏能力为总产量的20%，且多为简易贮藏，冷藏和气调贮藏只占总贮藏能力的7%，而发达国家接近为100%。从具体品种上看，发达国家苹果贮藏能力一般在总产量的60%以上，贮藏方式以气调贮藏和恒温贮藏为主，苹果采摘后到上市销售全程冷链控制，而我国苹果贮藏能力仅为总产量的20%左右，2007年梨贮藏能力也只有360余万t，约占全国梨总产量的28%。我国公路目前有保温车3万多辆，而美国有20多万辆，日本拥有12万辆。我国铁路方面只有6 970辆冷藏车，不到总运行车量的2%。果蔬商品化处理是果蔬采收后的再加工和再增值过程，包括挑选、分级、清洗、打蜡、催熟、包装等环节，可最大限度地保持其营养成分、新鲜程度，并延缓其新陈代谢过程，延长贮藏寿命，实现优质优价，获得最大的经济效益。欧洲各国果品采后商品化处理率达90%以上，我国却不足40%，其中苹果商品化处理率不足5%。

总之，目前薄弱的采后技术体系成为我国果蔬产业可持续发展的限制因素，其与果蔬产业快速发展之间的矛盾日显突出，亟待解决。突破果蔬采后贮藏保鲜、商品化处理的相关难题已成为紧迫问题，果蔬采后技术体系在我国还有很大的发展空间。

我国果蔬采后行业落后的主要原因是采后理论和方法研究的落后。目前我国采后贮藏保鲜的核心理论是建立在20世纪采后生理理论的基础上，没有较明显的突破。因此加强果蔬产品贮藏保鲜的理论与方法研究，是提升我国果蔬产业综合实力的重要基础。将现代高新技术，特别是现代生物技术应用于果蔬采后生理学，能够从根源上解决果蔬采后品质劣变和腐烂损耗等问题，提高我国果蔬产品在国际市场上的竞争力。

（二）果蔬采后产业在国民经济和社会发展中的地位

水果蔬菜生产是农业产业的重要组成部分，已经成为农村经济主要支柱产业之一，是农民脱贫致富和农村经济发展的重要动力，关系到农业经济发展、农村建设和农民增收等国家重大问题。目前我国果蔬生产由于采收不当、果蔬采后商品化处理技术落后、贮运条件不妥等原因，造成的腐烂损失达20%以上，减少了农民的收益，挫伤了其生产积极性。如果通过种植业来补偿这种损失，需要投入很大的人力、物力、财力和土地，但是采用适宜的贮藏方式再配以科学的手段可以避免或减少这一损失，这不仅能满足人们的消费需要，更能促进农民增收。所以，搞好果蔬采后商品化处理、贮藏保鲜，对于我国目前人口日益增长和耕地日益减少的今天，更具有特殊的意义。

果蔬既是人们日常膳食中不可缺少的组分，为人类健康提供丰富的营养物质，又是仅次于粮食的世界第二重要的农产品，同时也是食品工业重要的加工原料。果蔬贮藏保鲜业既是促进果蔬生产、搞好采后加工的桥梁，又是提高农民收入、促进果蔬出口贸易的重要措施，同时也是农业产业化的一项重要内容。靠常规农业技术措施提高农产品产值相当不易，但发展果蔬贮藏保鲜可以使工农业总产值成倍增长。果蔬产品采后是农业产业链中的重要环节，直接影响果蔬产品的商品质量和市场价值。搞好果蔬采后贮藏保鲜可以为我国出口创汇提供更好的产品，可见果蔬采后贮藏保鲜在国民经济中有重要的作用，具有很大的社会价值。

（三）果蔬采后生理与生物技术的发展过程

1934年，Gane首先发现果实和其他植物组织能产生少量的乙烯。1952年，James和Martin发明了气相色谱（gas chromatography），并检测出微量的乙烯，证明了乙烯的确是促进果实成熟衰老的一种植物激素。1964年，Lieberman等提出乙烯来源于蛋氨酸（methionine，Met），但并不清楚其反应的中间步骤。直到1979年，Adams和Yang发现1-氨基环丙烷-1-羧酸（ACC）是乙烯的直接前体，从而确定了乙烯生物合成的途径，成为乙烯研究的一个里程碑。

果实生长发育和成熟并非某种激素单一作用的结果，还受到其他激素的调节。1973年，Coombe提出跃变型果实有明显呼吸高峰，由乙烯调节成熟，非跃变型果实中很少生成乙烯，而由脱落酸（ABA）调节成熟进程。

果蔬采后生理是植物生理学的一个分支，人们逐渐认识到新鲜果蔬采收之后，仍然是有生命的活体，但是不再从土壤中吸取水分和养分，不再进行光合作用。后来明确果蔬采后的生命活动是一个以呼吸作用等基本代谢为基础，逐步成熟、衰老的生理生化过程。此后围绕如何最大限度地抑制采后果蔬的呼吸作用，展开了一系列的研究，如控制温度（机械冷藏）、控制气体成分（气调贮藏）等贮藏技术应运而生。

随着果蔬采后生理研究的深入发展，证明生物膜与植物衰老和抗逆性有密切关系，膜的选择透性一旦受到破坏就会引起一系列的生理生化变化，使代谢发生紊乱，最终导致采后果蔬丧失食用品质和营养价值。果蔬采后的腐烂最终是病原微生物侵染所致。近年来有关果蔬采后病理生理、病原和寄主的关系、病原酶或毒素、植保素等的研究，受到广泛的重视，进展很快。

自 1989 年以来，随着分子生物学的发展和应用，有关乙烯生物合成关键酶的生物化学和分子生物学研究取得了很大进展，利用转基因技术得到了多种乙烯生物合成受抑制的转基因植株，并在生产中得到了应用。

最早将反义 RNA 技术用于果实采后研究的是英国的 Don Grierson 研究小组，他们把 PG 酶反义基因的部分片段转入番茄，所得转基因果实的 PG 酶的生物活性都降低。1990 年，英国诺丁汉大学的 Hamliton 等人，将 ACC 氧化酶的反义基因转入番茄中，使果实的转色程度降低，乙烯的生物合成减少，贮藏性能明显地提高。1991 年，美国加州大学伯克利分校的 Oeller 等最早将 ACC 合酶的反义基因转入番茄，使果实乙烯生物合成的 99.5%受到了抑制，叶绿素的降解延迟了 10～20d，番茄红素的合成完全被抑制。在我国，中国科学院、北京大学、中国农业大学、山东农业大学等也进行了有关的研究。1995 年，罗云波、生吉萍等人在国内首次培育出转反义 *ACS* 的转基因番茄果实。最近几年，研究人员大多数集中于利用生物技术的方法揭示果蔬采后生理生化变化的分子机制，从分子水平阐明果蔬采后成熟衰老的根本原因。

总之，果蔬采后生理学有了很大的发展，在果蔬成熟与衰老期间的呼吸代谢、物质与能量转化、冷害生理、生理病害、细胞与亚细胞结构、生物膜的变化等方面的研究都有很大进展，特别是乙烯的生物合成及其调控的研究，成为果蔬采后生理学的一个热点。

（四）果蔬采后生理与生物技术的研究进展

随着果蔬采后生物技术研究的深入，采后生理研究已经从描述果蔬采后呼吸现象、乙烯生理效应发展到乙烯生物合成与信号转导、果实成熟的分子调控研究。研究层次由观察宏观现象发展到微观世界，如细胞、亚细胞甚至分子水平。贮藏技术由简易贮藏，发展到气调贮藏、冷藏技术以及生物保鲜技术。

激素是影响果蔬采后生理的重要因素，它直接调控果蔬采后的品质以及适应环境胁迫的能力，也是采后生理中研究最深入、进展最快的领域。自从 20 世纪 80 年代初阐明植物体中乙烯生物合成途径后，人们对激素特别是乙烯在果蔬采后贮藏保鲜过程中的功能与调控有了更深入的了解。随着人们将关注的重点转移到乙烯信号转导途径的研究上，人们加快了对乙烯采后生理作用机制的认识，也推进了其他激素如生长素、脱落酸等在果蔬采后生理中作用机制的研究。

分子生物学的飞速发展，特别是生物技术在采后生理研究领域的广泛应用，使得科研人员越来越容易发现并分离参与调节采后生理代谢的功能基因。近年来，与果实成熟衰老有关的基因工程也取得了进展，例如在调控细胞壁代谢、乙烯生物合成等领域，取得了一些重要研究成果。美国Colgene公司研制的转基因PG番茄LAVAR、SAVR™在美国通过美国药物与食品管理局认可，于1994年5月21日推向市场，成为第一种商业化的转基因食品。1995年，中国农业大学罗云波教授等通过反义基因技术抑制乙烯生物合成获得了首个转基因番茄果实。另外，分子生物学的应用，促进了果蔬采后胁迫生理与病理的研究，针对采后贮藏运输中处于不利的低温、病害、失水等，一批与胁迫相关的转录因子和抗逆信号得到分离与鉴定。

果蔬的品质是目前采后生理研究关注的焦点之一，人们消费果蔬的目的就是享用其最好的色泽、香气、口感、营养以及功能成分。随着分子生物学的发展以及色谱、质谱等现代分析仪器的使用，果蔬的品质形成与控制的研究方兴未艾，特别是番茄、桃、枇杷、苹果等水果的风味物质鉴定、调控规律的研究。

虽然化学防治是果蔬防治病害的主要方法，但更安全的生物防治保鲜也是目前采后研究的热点问题。其中，植物提取物生物碱类、类黄酮类、蛋白质类、有机酸类和酚类化合物等，是很好的抑菌物质，是安全、高效保鲜剂的重要开发来源。另外，采用拮抗菌控制采后病害在国内外得到了广泛的研究，研究最多的酵母菌、芽孢杆菌以及假单胞杆菌，在防治效果、防病机理等方面的研究也获得了一些瞩目的成果。

（五）果蔬采后生理与生物技术研究展望

采后生理学研究在国内外采后生理学家和科研工作者的不懈努力下，取得了长足的进步，果蔬采后保鲜实践在国民经济发展和提高人们生活水平中发挥了重要的作用。目前新的科技发展形势和人民生活水平条件下，采后生理学研究面临了新的机遇和挑战。

首先，一些采后生理中的基础理论问题亟待解决，如跃变型果蔬的乙烯和呼吸爆发启动机制、果蔬采后抗病机制、果蔬采后品质形成机制等。其次，随着人们生活水平的提高，对果蔬产品品质的要求越来越高，需加强果蔬采后贮藏保鲜过程中的品质调控规律、品质劣变控制研究。同时，食品安全是全球瞩目的焦点问题之一，直接影响到人们的健康水平，果蔬产品采后安全保证以及高效、安全的贮藏保鲜方法和保鲜剂的研究与开发日益受到重视。另外，节能环保的保鲜理论和方法也是目前国内外形势需要和果蔬保鲜行业研究的重要问题。

随着生物技术的迅猛发展，生物技术将全面应用于果蔬采后研究领域。果蔬产品生命现象的阐述、病害的发生机理与控制、品质的形成规律、功能成分的分离与鉴定、保鲜剂的作用与开发等与现代生物技术的发展及应用程度相关。用现代的研究技术手段来阐明复杂的品质形成与调控过程成为可能，特别是激素信号转导、基因表达与调控等技术的成熟和应用。今后，现代生物技术，包括生物信息技术、基因组学技术、蛋白质组学技术、代谢组学技术、系统生物学技术等将会逐渐应用到果蔬采后产业中，这将会极大地丰富果蔬采后技术体系的研究内容，使果蔬采后领域的研究进入一个全新的发展时期。

三、果蔬采后生理与生物技术课程的学习意义

果蔬产品不仅受到植物自身生理因素的影响，而且受到非常复杂的环境条件影响，因此，贮藏理论和方法不仅要充分吸收和借鉴植物生理学的研究成果和技术手段，而且要开展其他学科相关的创新研究，其学科交叉性和综合性很强，在理论和方法研究中具有很深厚的内涵和广博的外延。通过本课程学习，不仅能掌握果蔬采后生理的基本理论知识，学习采后领域研究的最新进展，而且能了解生物技术在本领域学科中的应用，运用生物技术更好地解决果蔬采后研究中的理论和保鲜实践问题，为我国果蔬采后贮藏事业做出开拓性、创造性的工作。

了解、学习和掌握果蔬采后生理与生物技术的基本理论及实用技术，将为我国果蔬贮藏事业提供强大的技术后盾，缓解我国果蔬采后事业发展所必需的人才需求，进一步提高我国果蔬产品的贮藏、加工、运输等一系列商品化处理水平。这对于促进我国的农业结构调整、增加农产品的附加值、促进农民增收、满足多元化的市场需求、迎接世界经济全球化的挑战有十分重要的作用。

1. 什么是果蔬采后生理与生物技术？

2. 果蔬采后生理与生物技术的研究内容有哪些？生物技术在果蔬采后领域中有哪些应用？

3. 请就你所学知识，谈谈今后生物技术将会对果蔬采后贮藏与保鲜产生怎样的影响。

主要参考文献

何忠效，静国忠，许佐良，孙万儒．1999. 现代生物技术概论．北京：北京师范大学出版社．

瞿礼嘉，顾红雅，陈章良．1999. 现代生物技术导论．北京：高等教育出版社．

权伍荣，韩东熙，李铉军．2007. 果蔬贮藏保鲜技术的研究现状和发展趋势．农机化研究（2）：8－11.

王文生．2001. 我国果蔬贮藏场所的发展趋势与分析．保鲜与加工（1）：1－2.

Clive James. 2009. 2008 年全球生物技术/转基因作物商业化发展态势．China Biotechnology（2）：1－10.

Clive James. 2008. www. Isaaa. org.

Lin Z，Hong Y，Yin M，Li C，Zhang K，Grierson D. 2008. A tomato HB-zip homeobox protein，LeHB-1，plays an important role in floral organogenesis and ripening. The Plant Journal（55）：301－310.

Yoo S D，Cho Y，Sheen J. 2009. Emerging connections in the ethylene signalling network. Trends in Plant Science（14）：270－279.

第一章　果蔬组织结构及其在成熟衰老过程中的变化

教学目标

1. 了解果蔬产品的基本形态结构。
2. 掌握果蔬组织结构及其在成熟衰老过程中的变化。
3. 熟悉果蔬细胞及亚细胞结构及其在成熟衰老过程中的变化。

主题词

形态　组织　细胞　细胞器　结构　成熟衰老　变化

第一节　果蔬的形态结构

果品和蔬菜的食用器官各不相同，其形态结构也千差万别。了解果蔬的形态结构，研究其在贮藏过程中的变化规律，才能有针对性地采取相应的贮藏技术措施，为做好贮运工作奠定基础。

一、果实类的形态结构

依据参与果实发育的花的部分来划分，果实可分为真果和假果。受精作用完成后，子房连同其中的胚珠生长膨大，发育成果实。这种单纯由子房发育成的果实，称为真果（true fruit），如柑橘、番茄、桃的果实。有些植物除子房外，还有花被、花托、花萼、花冠，甚至整个花序也都参与果实形成和发育，如梨、苹果、瓜类、菠萝等的果实，这类果实称为假果（false fruit）。

（一）真果的结构

真果的结构比较单纯，外为果皮（pericarp），内含种子。果皮是由子房壁发育而成的，可分为外果皮（exocarp）、中果皮（mesocarp）和内果皮（endocarp）三层，如桃、李、梅的果实（图 1-1）。果皮各层的结构和发达程度

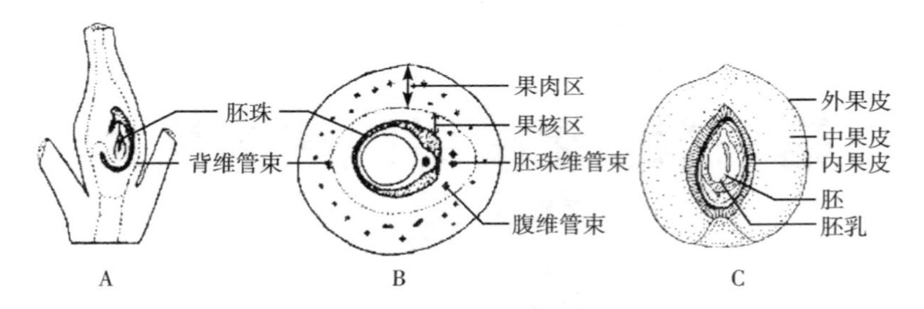

图 1-1　李属果实（真果）的发育和结构

A. 梅的子房纵切面　B. 梅的果实横切面　C. 桃的果实纵切面

（A、B. 引自 Sterling）

因植物的种类不同而异。通常外果皮较薄，指表皮或包括表皮下面数层厚角组织细胞，常有气孔、角质层和蜡被的分化，例如冬瓜、柿子等。有的外果皮上还生有毛、钩、刺、翅等附属物，例如桃的表皮毛。中果皮和内果皮的结构则

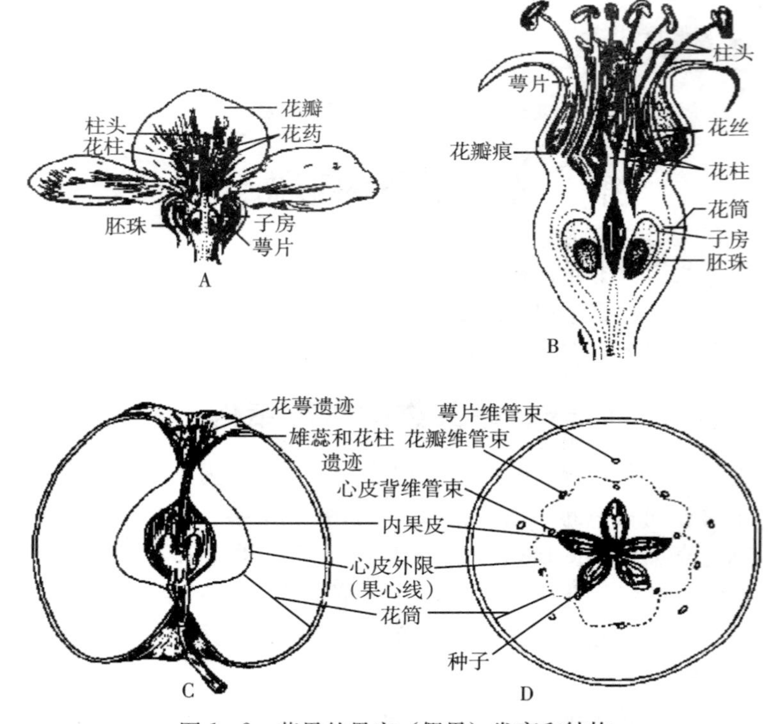

图 1-2　苹果的果实（假果）发育和结构

A. 花的纵切面　B. 发育中的果实纵切面　C. 成熟果实纵切面　D. 果实横切面

（转引自 Rost 等）

因植物种类不同而有较大变化，如桃、杏、李等的中果皮由薄壁细胞组成，其中分布有维管束，成为果实中的肉质可食部分，而内果皮则由石细胞构成硬核。柑橘、柚等的中果皮疏松，其中分布有许多维管束，而内果皮膜质，内表面生出许多具汁液的毛囊状突起，称为肉囊（汁囊）。蚕豆、花生的果实成熟后，果皮常变干收缩。在果皮中除由薄壁组织和机械组织构成外，还分布着发达的维管束系统，果实和种子成熟时所需的水分和营养物质都由维管束转运而供应，例如花生壳和丝瓜络的网状结构很显著。

此外，根据果皮的干燥或多汁、成熟后开裂或不开裂等情况，而有浆果、干果、裂果和闭果等之分。

（二）假果的结构

假果的结构比较复杂，如苹果、梨的果实，食用部分主要是由花筒（由花萼、花冠基部愈合而成，又名托杯）发育而成，由子房发育来的中央核心部分占很少比例（图1-2）。瓜类的果实也属假果，其花托与外果皮结合成为坚硬的果壁，中果皮和内果皮肉质。桑葚和菠萝的果实由花序各部分共同形成。

二、果实类的基本类型

按照单花、花序或花的非心皮组成部分是否参与形成果实的结构，可将果实分为单果、聚合果和聚花果三大类。

（一）单果

由一朵花的一枚雌蕊形成的果实称单果（simple fruit）。果品、蔬菜产品多为单果。根据成熟时果皮的性质不同，单果又可分为肉质果和干果两大类。

1. 肉质果（fleshy fruit）　肉质果的果实成熟时，果皮肉质多汁（图1-3），常见的有以下类型：

（1）核果（drupe）：由单雌蕊或复雌蕊子房发育而成，由一至数个心皮组成，种子常一粒，外果皮薄，中果皮肉质，是可以食用部分。内果皮骨质坚硬，通常包围种子形成坚硬的核，如桃、杏、李、梅、樱桃、枣、杨梅、橄榄、乌榄、油橄榄、芒果、仁面、油梨、枣椰等的果实。

（2）浆果（berry）：由复雌蕊发育而成，由一至数个心皮组成外果皮膜质，中果皮、内果皮均为肉质，多汁，有时内果皮的细胞分离成汁液状，内含一粒或多粒种子，如葡萄、柿、猕猴桃、醋栗、番茄、茄子等的果实。

（3）柑果（hesperidium）：由多心皮复雌蕊发育而成，外果皮革质，有很多含芳香油的油囊；中果皮疏松网状，有很多维管束；内果皮膜质，分为若干瓣（室），室内充满含汁的小囊，由内果皮内壁的茸毛发育而成，是食用的主要部分；中轴胎座，每室种子多数。例如柑、金柑、柠檬、甜橙、酸橙、柚、葡萄柚、枳、四季橘、黄皮等的果实。

(4) 梨果 (pome): 由下位子房的复雌蕊形成，花托和子房愈合一起发育而成的假果（图 1-3)。花托强烈增大和肉质化并与果皮愈合，外果皮、中果皮肉质化而无明显界线，内果皮革质，中轴胎座，如梨、苹果、山楂、海棠、沙果、海棠果、榅桲、木瓜等的果实。

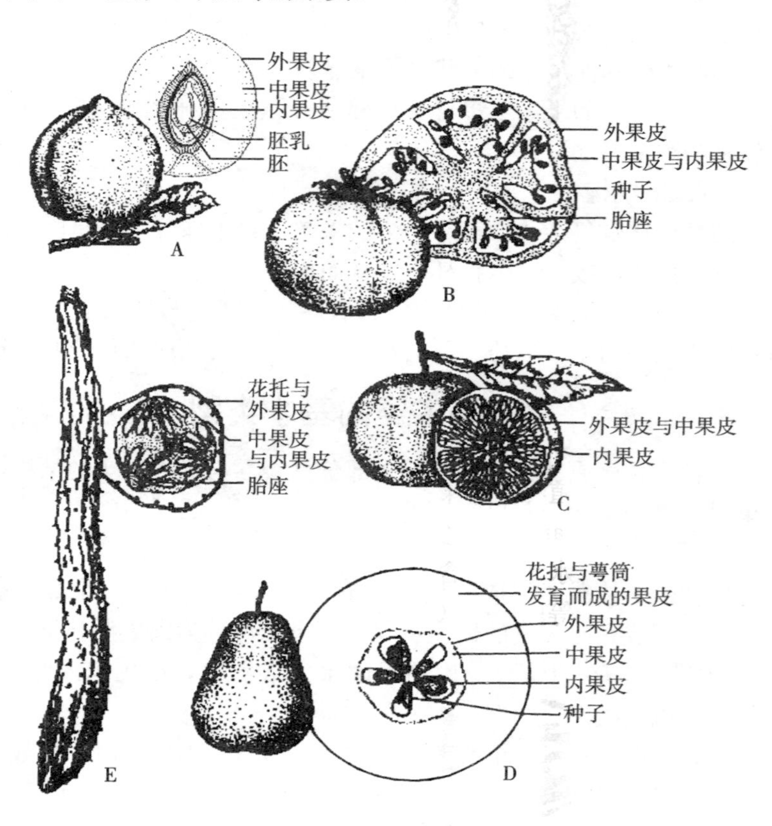

图 1-3　肉质果类型

A. 核果　B. 浆果　C. 柑果　D. 梨果　E. 瓠果

（郑湘如，2001）

(5) 瓠果 (pepo): 由下位子房的复雌蕊形成，花托与果皮愈合，无明显的外、中、内果皮之分，果皮和胎座肉质化，如黄瓜、冬瓜、南瓜、丝瓜、苦瓜、甜瓜、西瓜等葫芦科植物的果实。

(6) 荔果（以荔枝为例）：果实由果柄、外果皮、中果皮、内果皮、果肉（假种皮)、种子等几部分组成（图 1-4)。其中，果皮由子房壁发育而来，假种皮由珠脊外侧、外珠背外侧细胞发育而来。

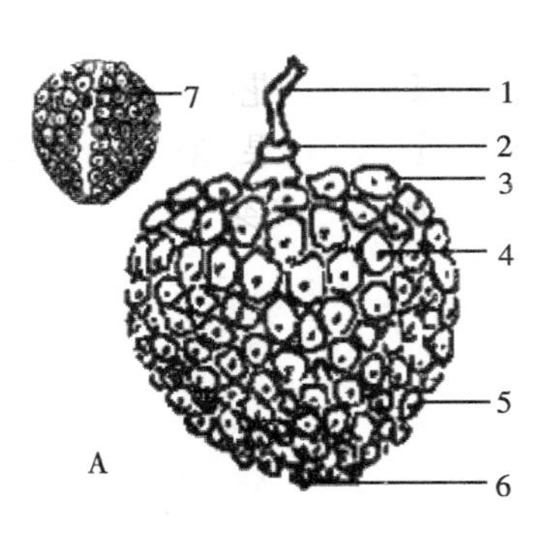

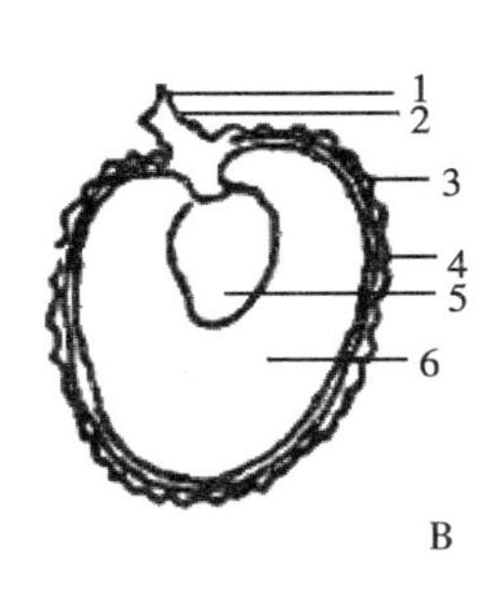

图 1-4　荔果的外形（荔枝）

A. 荔枝果实的外形

1. 果柄　2. 果蒂　3. 果肩　4. 龟裂片　5. 裂片峰　6. 果顶　7. 缝合线

B. 荔枝果实纵切面

1. 果柄　2. 果蒂　3. 外果皮　4. 内果皮　5. 种子　6. 果肉（假种皮）

2. 干果（dry fruit）　果实成熟时果皮干燥，根据果皮开裂与否，又可分为裂果和闭果。

（1）裂果（dehiscent fruit）：果实成熟后果皮开裂，如菜豆、豇豆、毛豆、蚕豆、豌豆等豆科植物的荚果（图 1-5A）。

（2）闭果（achenocarp）：果实成熟后果皮不开裂，果皮呈坚硬的外壳，食用部分多为种子，含水量少，含有丰富的脂肪、淀粉和蛋白质等，如板栗、榛、核桃、银杏、扁桃等的坚果（图 1-5B）。

图 1-5　干果的类型

A. 裂果（豆的荚果）　B. 闭果（板栗的坚果）

（二）聚合果

聚合果（aggregate fruit）由一朵花中多数离生心皮雌蕊的子房发育而来，每一雌蕊都形成一独立的小果，集生在膨大的花托上，并与花托共同形成的果实，如草莓（图 1-6）。

(三) 聚花果

聚花果 (multiple fruit) 也称复果，是由整个花序发育成的果实。花序中的每朵花形成独立的小果，聚集在花序轴上，外形似一果实，如桑葚 (图 1-7A)、菠萝 (图 1-7B)、无花果 (图 1-7C)。

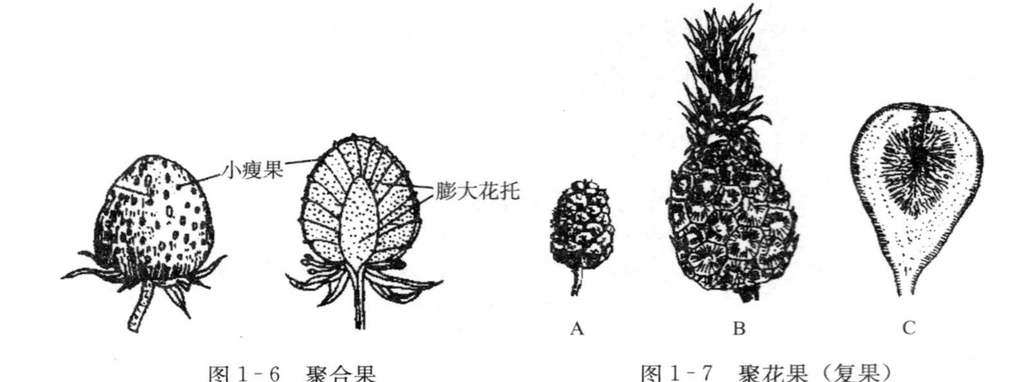

图 1-6 聚合果
(引自陆时万等)

图 1-7 聚花果 (复果)
(引自陆时万等)

三、地下根茎类的形态结构

地下根茎类蔬菜包括肥大的地下变态根、变态茎，是植物贮存营养的器官，也是食用的主要部分。

(一) 根菜类的形态结构

1. 肉质直根 (fleshy tap root) 由主根膨大而成，每株只能形成一个，常简称为肉质根。从外部形态来看可以分为根头、根茎和根部 (真根) 三部分 (图 1-8)，如萝卜、胡萝卜、甜菜。

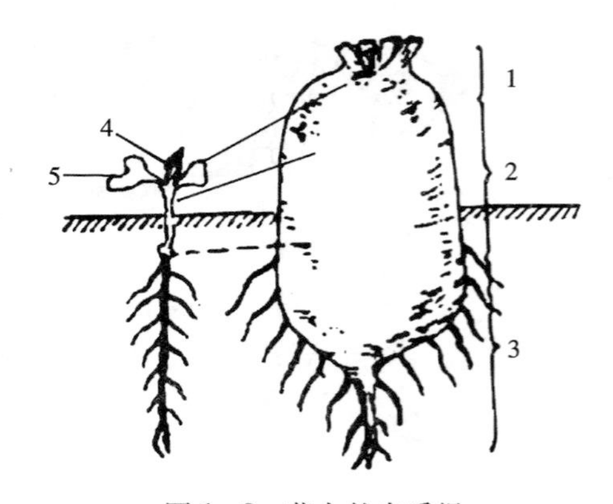

图 1-8 萝卜的肉质根
1. 根头 2. 根茎 3. 真根 4. 第一真叶 5. 子叶
(王振杰等，1991)

肉质根的根头、根茎和真根的比例因种类不同而各有差异。萝卜的根头部分很短，根茎和根部比例大；胡萝卜的根部最大；根用芥菜的根头部分比萝卜和胡萝卜发达。

萝卜和胡萝卜肉质根的横切面各组织的发达程度也有区别，如图 1-9。萝卜的肉质根最外层

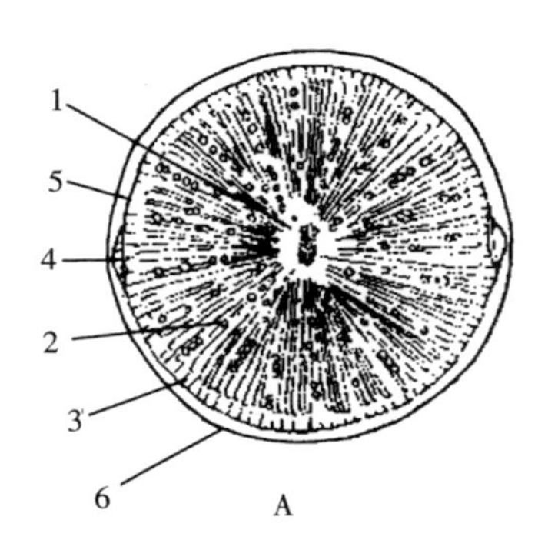

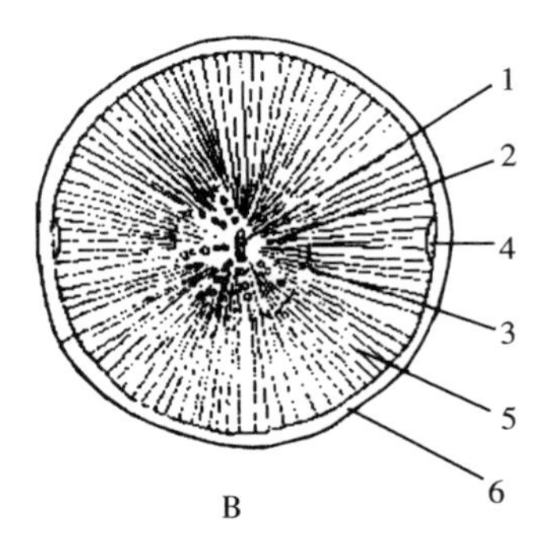

图 1-9　萝卜、胡萝卜根的横切面

A. 萝卜　B. 胡萝卜

1. 初生木质部　2. 次生木质部　3. 形成层　4. 初生韧皮部

5. 次生韧皮部　6. 周皮

（王振杰等，1991）

为周皮，其次为韧皮部，里面是木质部，韧皮部与木质部中间是形成层。在生长过程中，形成层不断地分化出次生韧皮部和次生木质部。萝卜的次生木质部最发达，是主要的食用部分。胡萝卜肉质根的次生韧皮部细胞的增多与膨大大于次生木质部，细胞也较嫩，为主要的食用部分。甜菜肉质根的内部有多轮的形成层，每一轮都能向内增生木质部，向外增生韧皮部，成为维管束环。环与环之间充满薄壁细胞，如图 1-10。

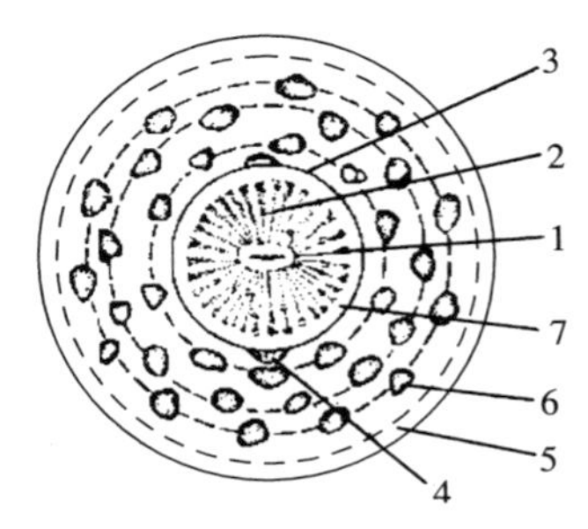

图 1-10　甜菜根横切面

1. 初生木质部　2. 次生木质部　3. 形成层

4. 初生韧皮部　5. 周皮　6. 维管束

7. 次生韧皮部

（王振杰等，1991）

2. 块根（root tuber）　由植物侧根或不定根膨大而成，膨大部分完全由根所形成，没有茎和下胚轴，一株可以形成许多膨大的块根，在外形上比较不规则，如甘薯的肥大肉质根。块根膨大也是由于形成层活动的结果。在块根的薄壁细胞中贮存有大量的淀粉和糖类，在韧皮部中还有乳管，甘薯伤口常有白色乳汁流出。

（二）茎菜类的形态结构

茎菜类包括嫩茎菜类和变态茎菜类，其中地下茎菜类以肥嫩而富有养分的变态茎作为食用器官，一般比较容易贮藏。变态的地下茎与根很相似，但地下茎上有退化的叶子（鳞片），叶子脱落后留有叶迹，地下茎上可以看出节和腋芽，所以容易与根区别。常见的变态地下茎有下列几种。

1. 块茎（stem tuber） 马铃薯的薯块是最常见的一种块茎，由地下茎逐渐膨大而形成的，为一短而膨大的球形肉质茎，贮藏着大量淀粉。从外形来看，块茎上面分布着许多凹陷的芽眼，顶部有一个顶芽，芽眼在块茎上呈螺旋状排列。除顶芽外，每一芽眼下面可以看到叶迹。块茎的内部构造分为周皮、皮层、外韧皮部、木质部、内韧皮部及位于中央的髓（图 1-11）。

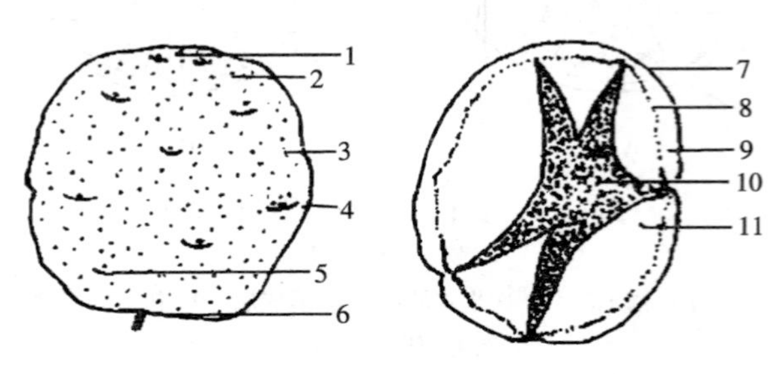

图 1-11 马铃薯块茎的形态结构

1. 顶芽 2. 顶部 3. 皮孔 4. 侧芽 5. 尾芽 6. 尾（脐）部
7. 周皮 8. 维管束环 9. 皮层 10. 内髓 11. 外髓

2. 鳞茎（bulb） 鳞茎是一种扁平或圆盘状的地下茎，上面生有许多肉质肥厚的鳞片，如洋葱（图 1-12）、大蒜（图 1-13）、百合等。当把洋葱纵切开时，可以看到节间缩短的鳞茎盘上着生的肉质鳞片包于顶芽的四周，在鳞片的叶腋内还有腋芽。肉质鳞片是食用部分，外面由干燥膜质的鳞片包围，起着保护作用。

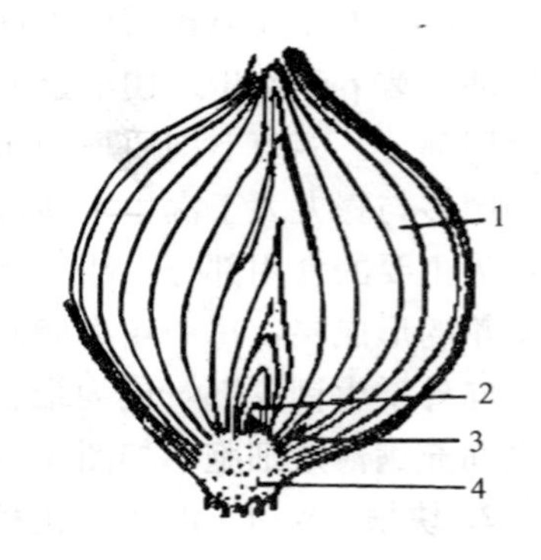

图 1-12 洋葱的鳞茎

1. 鳞茎叶 2. 顶芽 3. 腋芽 4. 鳞茎盘
（王振杰等，1991）

大蒜的鳞茎外面包有 1～2 层干膜状的覆盖鳞片，着生在叶腋内的茎盘上起保护作用，称保护鳞片或保护叶。最内一层是贮藏养分的部分，称为贮藏鳞片或贮藏叶。在鳞茎肥大时，保护叶中的养分逐渐转运到贮藏叶中。最终形成干燥的膜，俗称蒜衣。贮藏叶则发育成肥厚的肉质食用部分。贮藏叶中包藏 1 个幼芽，称为发芽叶。每个鳞茎中鳞芽的数量因品种不同而异。

3. 球茎（corm） 球茎为短而肥大的地下茎，外表有明显的节与节间，在节上生有起保护作用的鳞片及腋芽，其内部贮存养料，慈姑、荸荠（图 1-14A）、芋等具有球茎（图 1-14B）。

4. 根状茎（rhizome） 根状茎的外形与根相似，横着伸向土中，但它具

有明显的节与节间，节上的腋芽可长出地上枝，节上可长出不定根。在节上可以看到小型的退化鳞片叶。竹和莲（藕）都具有根状茎。

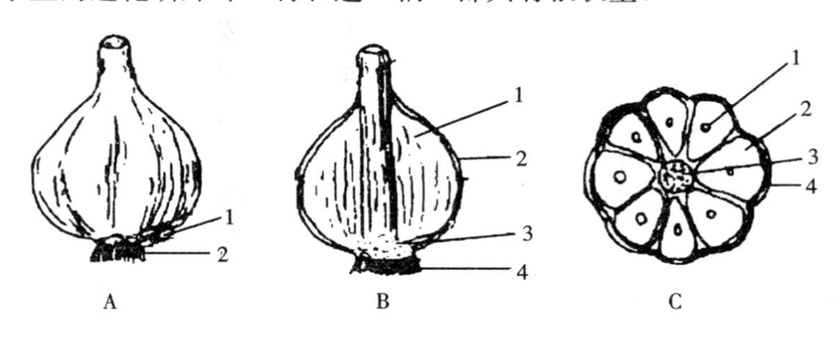

图 1－13　大蒜鳞茎构造

A. 鳞茎外形　1. 鳞茎盘　2. 须根

B. 纵剖面　1. 贮藏叶　2. 保护叶　3. 鳞茎盘　4. 须根

C. 横剖面　1. 发芽孔　2. 贮藏叶　3. 花茎　4. 保护叶

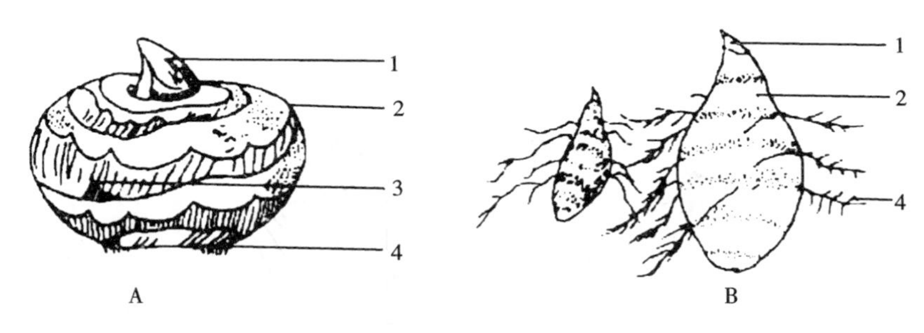

图 1－14　球茎的形态

A. 荸荠　B. 芋

1. 顶芽　2. 节间　3. 腋芽　4. 根

（王振杰等，1991）

四、叶菜类的形态结构

叶菜类是指以鲜嫩的叶片、叶柄、叶球、叶丛为产品的蔬菜。这类蔬菜以普通叶片或叶球、叶丛、变态叶作为产品器官。

（一）普通叶菜类

这类叶菜结构简单，一般由叶、叶柄、根组成，有的种类有短缩茎（图 1-15），常见的有小白菜、芥菜、菠菜、芹菜、苋菜、叶甜菜、葱、韭菜、芫荽、茴香等。

（二）结球叶菜类

结球叶菜类的外叶为功能叶，内叶特化成叶球状，内贮营养，成为主要的食用器官，如大白菜（图 1－16A～D）、结球甘蓝（图 1－16E）、结球莴苣、包心芥菜等。

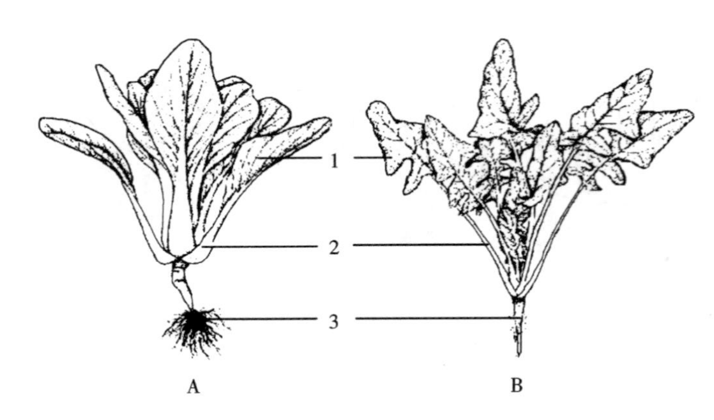

图 1－15 叶菜类的形态

A. 小白菜 B. 菠菜

1. 叶 2. 叶柄 3. 根

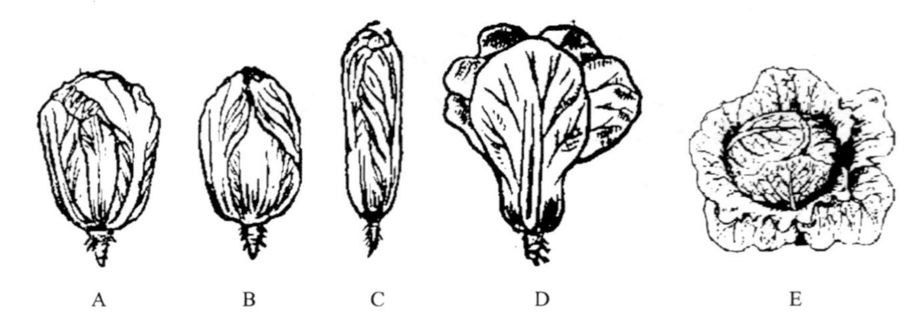

图 1－16 叶球类蔬菜的形态

A～D. 大白菜的几种生态型 E. 结球甘蓝（圆头形）

第二节 果蔬组织与细胞结构在成熟衰老过程中的变化

在成熟过程中，果蔬产品的组织结构特性发生很大变化，表现在表皮、蜡质、内部薄壁组织等结构层面，以及细胞壁、细胞膜、细胞器等细胞结构层面，了解和研究这些变化规律，从而为采后贮藏保鲜过程中采取相应的技术提供理论依据。

一、果蔬的表皮组织结构及其在成熟衰老过程中的变化

果实类产品的组织结构大致分为以下三个部分：①蜡质层和角质层；②表皮组织，一般由表皮毛、表皮细胞、气孔器等外生物和数层皮下细胞组成；③内部薄壁细胞组成的薄壁组织，多为食用部分。

果蔬作为贮藏保鲜研究对象，广义的“表皮”指的是果蔬产品与外界直接接触的部分，包括了植物学意义上的几个部分：①真果的外果皮；②假果类的果壁等复合结构；③板栗、榛等干果类的外种皮；④块根、块茎类的周皮；⑤“表皮”的外生物，如蜡质、表皮毛等。

表皮为产品的最外层结构，对内部组织起到保护作用，它的组织结构特性与产品的耐贮藏性关系密切。

（一）果蔬表皮角质膜及蜡质

典型的果实表皮由以下几个结构组成，即角质层、角化层、胞间层、表皮细胞的初生壁（图1－17）。

1. 角质膜（cuticular membrane）**和蜡质**（wax）　果实表皮细胞外壁的表面覆盖着一层脂类物质，习惯称为角质层，在植物学上称为角质膜（图1－17A），主要包括角化层（cuticular layer）（图1－17B）和角质层（cuticle）（图1－17C）两个层次。角化层位于外方，含角质（cutin）和蜡质；角质层位于内方，含角质、纤维素，即角质膜由外层的高度亲脂的角质层向内逐渐过渡到亲水的纤维素、果胶质。有些植物如李子、葡萄、西瓜成熟果实表面，在角质膜的外面还沉积形成“白霜”——蜡质层。

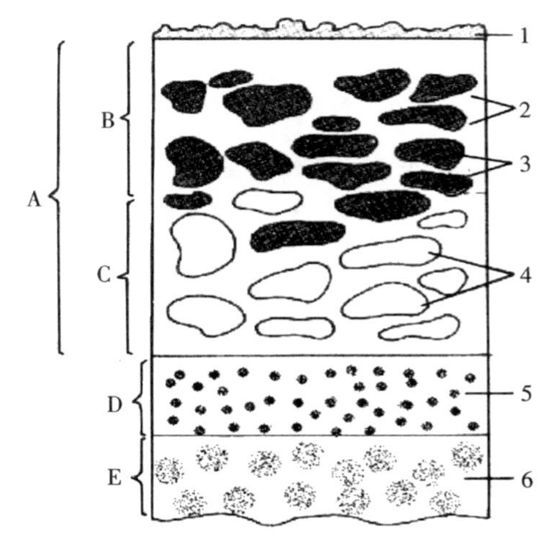

图1－17　表皮角质膜结构示意图（具角质膜的细胞壁横切面）

A. 角质膜　B. 角化层　C. 角质层　D. 胞间层　E. 初生壁

1. 表面蜡质　2. 角质　3. 角质内蜡质　4. 纤维素　5. 果胶质　6. 纤维素和果胶质

角质膜的主要成分是长链的脂肪酸及酯。角质主要由16～18个碳的羟基脂肪酸，通过酯键和醚键联结所组成。蜡质则由高级脂肪酸和高级一元脂肪醇构成的酯组成。

角质和蜡质的厚薄因不同植物种类、品种、生育阶段而不同，还受环境影响。叶菜类蔬菜的叶片表面角质膜发达程度不一，少数角质膜不明显，而多数分别形成了不同厚度的角质膜，其中以葱蒜类较厚。果菜类及大多数果品的表皮上都生有角质膜，表1-1列出了部分果品和蔬菜的角质膜厚度。表1-2列出了不同品种梨果实的角质层厚度及与贮藏性的关系。

表1-1 几种果蔬的表皮结构的比较

果蔬种类	角质膜厚度/μm	文献作者年代	果蔬种类	角质膜厚度/μm	文献作者年代
葡萄	3.7～6.3	应铁进等，1994	佛手瓜	1.0	闽嗣潘，1997
苹果	12.0～20.0	邓继光等，1995	苦瓜	1.0～1.3	孔振兰等，2000
大枣	4.8～9.5	寇晓虹等，2001	辣椒	12.5～15.0	孔振兰等，2000

表1-2 不同品种梨果实角质层厚度、表皮和皮下细胞特点与耐藏性的关系

（陶世蓉等，1992）

	黄县长把梨	窝梨	鸭梨	巴梨	伏梨
角质层厚度/μm	9.2	8.0	9.2	4.9	4.5
表皮细胞特点	排列不规则，间隙大，被厚厚的角质填充	排列不规则，间隙大，被厚厚的角质填充	排列不规则，间隙大，被厚厚的角质填充	排列紧密，少有角质填充	排列紧密，少有角质填充
表皮下细胞特点	4～5层细胞排列紧密，壁厚，具含单宁的细胞，含量高	1～2层细胞，具含单宁的细胞	1～2层细胞，具含单宁的细胞	无含单宁的细胞	无含单宁的细胞
果肉细胞	团围细胞短	团围细胞较短	团围细胞较短	团围细胞长	团围细胞长
耐藏性	极耐藏	较耐藏	较耐藏	不耐藏	不耐藏

角质层的结构与耐藏性的关系密切。对苹果的研究表明，多数苹果品种角质膜结构均匀无断片，与果皮细胞紧密连接，果实不易失水。葡萄的蜡质层结构直接影响果实的耐藏性及对 SO_2 的敏感性，葡萄品种不同，表面的蜡质超微结构差异很大。扫描电镜照片显示不同品种葡萄果粒表面不同部位的蜡质层分布状况（图1-18）。角质膜能够限制表皮细胞的透气性和透水性以及微生物的入侵，因此对贮藏保鲜是一个有利因素，角质膜厚的果品和蔬菜更耐贮藏。

国内外对于角质膜蜡质的研究主要集中在其抗逆境方面的作用，并在蜡质突变体的筛选、蜡质基因克隆与功能鉴定等方面取得众多进展，这对于研究果蔬贮藏、延迟衰老方面也具有重要意义。

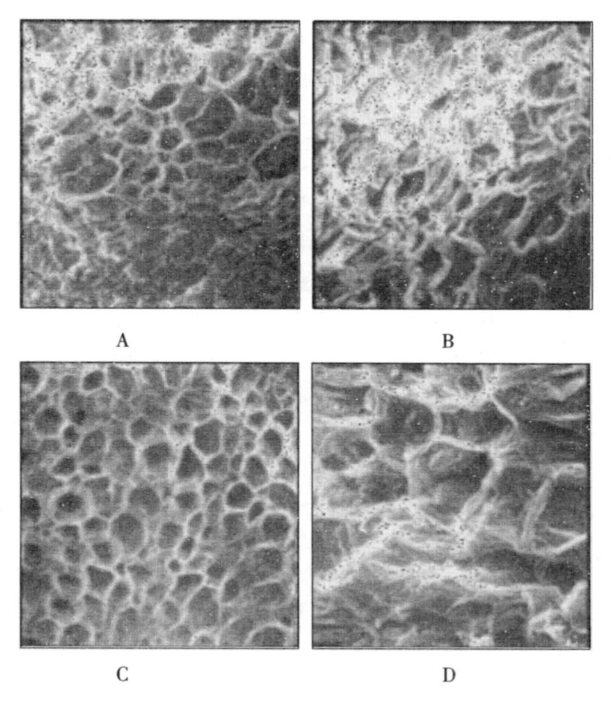

图 1-18　扫描电镜下不同葡萄品种果皮超微结构比较
A、B. 品种“巨峰”不同部位的蜡质层超微结构
C、D. 品种“红地球”不同部位的蜡质层超微结构
（周会玲等，2006）

2. 蜡质及角质膜在成熟衰老中的变化　在果实发育和贮藏期中蜡质的成分和数量发生变化。在发育过程中，果实表皮细胞上不断有角质和蜡质的累积，随着果实增长，蜡质的量稳定增加，而单位面积的蜡量保持恒定。Albriga 研究了柑橘类果实的表皮蜡质结构变化，发现发育未完全的果实表皮只有一层连续的软蜡薄膜，几乎不形成明显的结构。成熟之后形成更多更硬的上表皮蜡层，出现了明显的结构，最后形成裂缝及掀起。当苹果接近成熟时，它的表面变得越来越黏，并且蜡质软化，互相融合。对 Shamouti 橙研究表明，采收前硬蜡的增长速度远快于油分。采后贮藏期内，油分增加而硬蜡不变。在呼吸高峰期，油分与硬蜡的比值最大。在贮藏后期表现为蜡的降解，以及油分的减少。

在果实发育和贮藏期内角质成分和数量发生变化。Morzova 等研究了苹果在生长和贮藏时角质层的发育及变化。生长时，角质层膜内部的角质和乌索酸数量增加。在活跃的生长时期，角质层慢慢加厚，并在成熟时期以及成熟后的贮藏期继续发育。在光学显微镜水平上可以看见，番茄在成长期间角质层显著增厚，形成坚硬的皮，每平方厘米大约含 1mg 角质。鳄梨在成熟后，角质层厚度不再变化，但角质层出现大量浅裂缝或鳞状物。

（二）表皮的自然孔口

果蔬产品的自然孔口主要包括气孔和皮孔。

1. 气孔（stoma） 气孔是植物器官上皮上许多小的开孔，在显微镜下可以观察到，是高等陆地植物表皮所特有的结构。狭义上常把保卫细胞之间形成的凸透镜状的小孔称为气孔，广义上把与保卫细胞相邻的 2～4 个副卫细胞连同保卫细胞一起称为气孔或气孔器（图 1－19）。紧接气孔下面有宽的细胞间隙——气室。

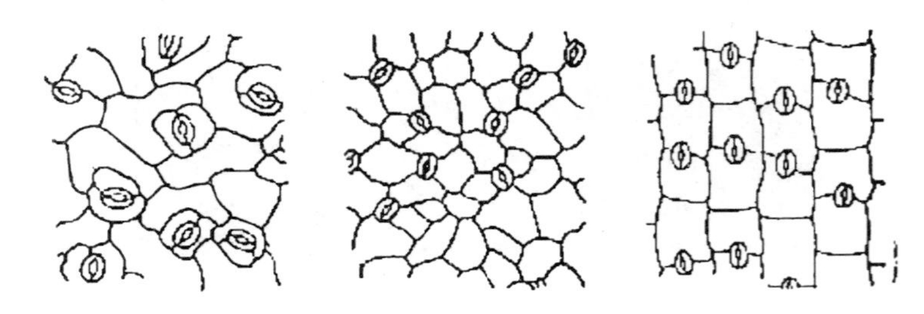

图 1－19 几种气孔形式（由保卫细胞和周围细胞形成）

气孔通常多存在于植物体的地上部分，在叶表皮上分布广泛，在幼茎、花瓣、果实上也可见到。研究表明，茄果类果实表皮上均无气孔，而瓜果类和豆类的果实都有气孔，果实中部的气孔密度比果脐部分大，如蛇皮丝瓜中部的气孔密度为 94 个/cm^2，脐部为 73 个/cm^2；而梨瓜的中部为 42 个/cm^2，脐部为 9 个/cm^2。梨瓜和豆类果实除了气孔之外还有孔状结构，由气孔老化而成。叶菜类气孔密度的分布特点是，同一叶片下表皮气孔密度比上表皮大，同一叶片偏叶尖近叶缘部分的气孔密度比偏叶基近中脉部分大，同一植株幼嫩叶片气孔密度比成熟叶片大。

气孔在碳同化、呼吸、蒸腾作用等气体代谢中，成为空气和水蒸气的通路，其通过量由保卫细胞的开闭作用来调节，在生理上具有重要的意义。在贮藏过程中，气孔不仅是水分蒸腾丧失的主要途径，也是微生物入侵的通道。气孔密度大，水分蒸腾丧失快，果蔬容易萎蔫失去新鲜度，并且质量减轻。同时随着水分含量下降，果蔬组织内水解酶的活性大大提高，加快有机物水解，增加呼吸作用，影响贮藏期。

2. 皮孔（lenticel） 皮孔是植物器官表面形成的一些褐色或白色的突起，

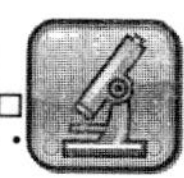

肉眼可见，呈斑点状、条纹状，有的可深入在裂缝底部。皮孔由木栓形成层的活动产生，一般发生在气孔或气孔群的下方。木栓层形成时，位于表皮气孔下的木栓形成层不产生木栓细胞，而产生大量排列疏松的薄壁细胞，称为补充细胞或填充细胞。补充细胞逐渐增多，撑破表皮或木栓层组织，在表面裂成唇状突起，显出圆形、椭圆形及线形的轮廓，形成皮孔（图 1-20）。皮孔的形状、大小、数目的排列方式，常因植物种类而不同。皮孔形成后，部分代替气孔成为气体出入的门户。

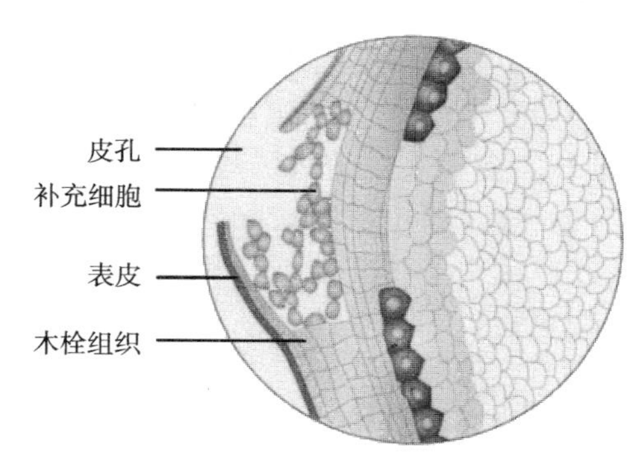

图 1-20　皮孔形成示意图

皮孔主要分布在木本植物茎枝上，另外萝卜、胡萝卜、甘薯、马铃薯等贮藏根上以及苹果、梨、柑橘等果皮上亦可以产生皮孔。研究表明，梨在发育早期，果实表皮层上面分布着许多气孔器，由 2 个半月形的保卫细胞和中间开口组成，无规则地分布于表皮细胞之间。随着果实的发育，原气孔处形成皮孔，约在花后 1 个月，气孔保卫细胞内缘破裂形成皮孔，皮孔内出现填充细胞，填充细胞栓化增多充满皮孔，并突出果实表面形成果点。相关分析表明，梨果实果点大小与耐藏性显著相关，果点较大的品种耐藏性较强，且随着果点的增大果实耐藏性提高，其原因在于果点的解剖结构较正常的果皮结构紧凑，细胞小，胞壁厚，排列紧密规则，且有木栓化细胞保护，具有较强的抗氧化、耐酸能力，有利于贮期的保水、保气及抗微生物侵袭。

（三）表皮组织

表皮（epidermis）由初生分生组织分化而来，通常由一层或几层具有生活力的细胞组成，包含几种不同的细胞类型：表皮细胞、表皮毛或腺毛等外生物，前文介绍的气孔器保卫细胞和副卫细胞也属于表皮细胞的一类。表皮细胞形状扁平，排列紧密，无细胞间隙，图 1-19 所示气孔器以外的细胞即为表皮细胞。表皮细胞中含有大的液泡，一般没有叶绿体。

表皮细胞的大小、层数及排列方式对表皮的结构有重要影响，与耐藏性关系密切。不同果蔬种类、不同品种，表皮细胞的结构和排列差异很大（表1-2）。表皮细胞是果实结构的最外层细胞，表皮细胞的存在，减少了果皮细胞与外界的接触，从而对果皮细胞起到保护作用。

研究表明，梨果实的表皮层为一层比较均匀整齐的表皮细胞构成，排列不规则，近成熟时表皮细胞的径向壁间出现大的间隙，此间隙被厚厚的角质所填充。枣果表皮是多层细胞结构，排列整齐而紧密，果实成熟时细胞呈扁平状，一般有5～7层，细胞由外向内逐层增大。对葡萄表皮的观察结果显示，"红地球"葡萄表皮细胞层数最少，为2层，"秋黑"葡萄表皮由3～4层细胞组成，表皮厚度明显较大，细胞排列整齐而紧密，"秋红"葡萄表皮细胞层数及厚度介于"红地球"和"秋黑"之间（图1-21）。耐贮的鸭梨表皮细胞比较粗短，细胞较厚，细胞间断口较少；不耐贮的黄金梨表皮细胞细长，细胞较薄，细胞不连续，对果皮细胞的保护作用小。因此认为表皮细胞小而厚、细胞排列很紧密、相对粗短、与亚表皮细胞结合紧密的结构利于果实贮藏。

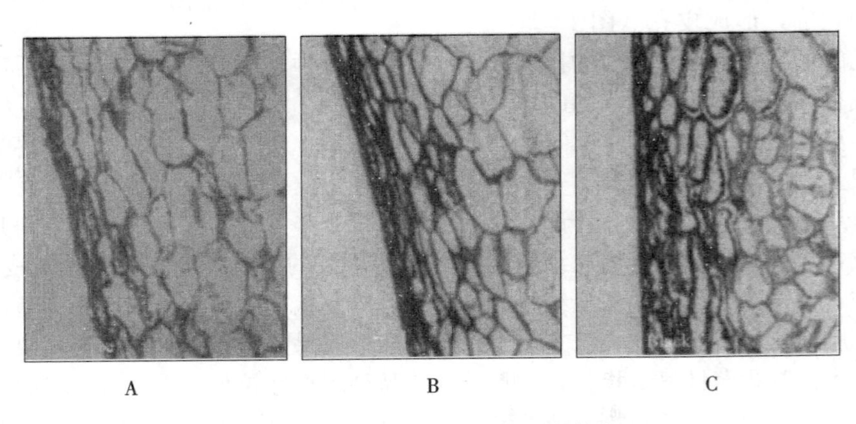

A　　B　　C

图1-21　葡萄果皮及果肉显微结构

A. 红地球　B. 秋红　C. 秋黑

（周会玲等，2006）

（四）薄壁组织

1. 薄壁组织（parenchyma）　薄壁组织是构成植物体的一种最基本的组织，广泛分布在植物体内，因其细胞具有薄的初生壁而得名。茎和根的皮层、髓部、叶肉、花的各部、果实的果肉、种子的胚乳等，全部或大部由其组成。薄壁组织细胞具有活的原生质体，一般为等径多面体形，细胞间具较发达的细胞间隙，形态结构和生理功能特化较少，在发育上可塑性大。一般多汁型果实在成熟初期，果肉细胞都比较大，细胞直径达500μm以上，而细胞壁的厚度则只有1μm左右。这些细胞的液泡非常发达，并随着果实的发育迅速增大。

2. 薄壁组织在成熟衰老过程中的变化　薄壁组织在成熟衰老过程中发生的形态变化较为显著。随着成熟期到来，细胞体积明显增大，表现在果实外形

生长加快。采后转入衰老期，薄壁细胞逐渐失去饱满度，出现间隙，最后由于原生质内发生系列生化变化，细胞破裂成空腔。贮藏过程中，果肉薄壁细胞显微结构发生明显的变化。新鲜蒜薹的薄壁细胞饱满，细胞间隙小，髓部薄壁组织也整齐而紧密地排列。经半个月贮藏，薄壁细胞变得不规则，胞间空隙变大，并有少量细胞破裂。贮藏一个月时，中央薄壁组织中大量细胞破裂，形成许多小空腔，只有维管束周围的细胞降解慢（图1-22）。梨果实的薄壁细胞在生长初期排列紧密无间隙，随着细胞不断分裂，数目增加，细胞体积明显增大，出现了细胞间隙，为圆形或卵圆形。随着贮藏时间的推移，薄壁细胞逐渐破裂崩溃。

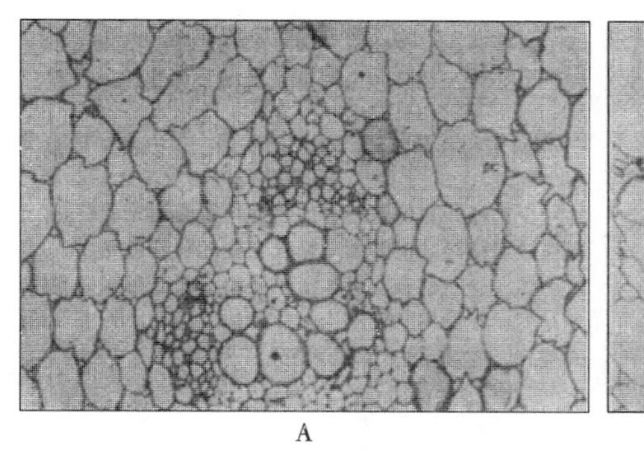

A

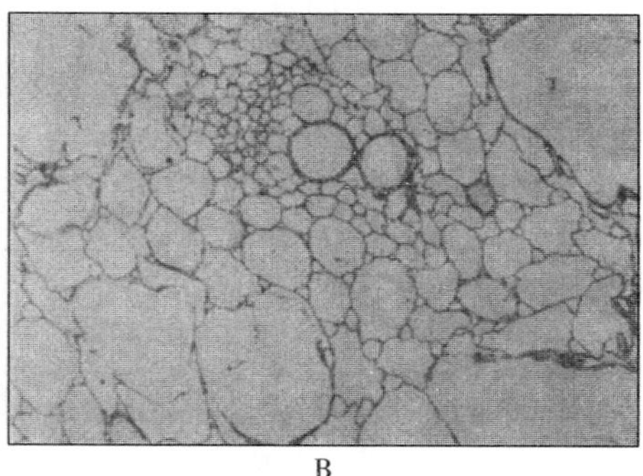

B

图1-22　蒜薹采后薄壁组织变化

A. 新鲜蒜薹薄壁组织，可以清晰看到中央维管束的结构和薄壁细胞的排列方式

B. 采后一个月蒜薹薄壁细胞破裂形成空腔，只有靠近维管束的几层细胞保持完整

（李丽萍等，1991）

研究认为，果肉薄壁细胞的大小、排列、分布及壁的厚度，与贮藏中耐压力强弱相关。细胞大小均匀，形状规则且排列紧密，能耐受较大的机械压力；相反，细胞大小不均匀，排列较为松散，在外界压力下，果肉细胞容易变形破裂，失去原有的状态，导致果实软化变质。在贮藏过程中，原生质崩溃，细胞壁降解的发生是普遍现象，随着这些薄壁组织细胞的破坏，内部物质的降解和转化，产品失去食用价值。

二、果蔬的细胞结构及其在成熟衰老过程中的变化

细胞衰老时，结构改变是一系列降解过程，在分解程序上有较大的差异。

（一）细胞壁及细胞间隙

1. 细胞壁的组分和结构　细胞壁（cell wall）的主要组分为纤维素、半纤维素、果胶和蛋白质。Lompon和Epstein提出的“经纬”模型概括了细胞壁

的结构。这个模型认为，细胞壁由两个交联在一起的多聚物——纤维素微纤丝和穿过微纤丝的伸展素网络交结而成的结构，悬在亲水的果胶——半纤维素胶体中构成的。木葡聚糖两端以氢键将平行于胞壁面排列的纤维素微纤丝锁住，使其不易滑动，构成胞壁结构的“经”；而“纬”则是一些具螺旋构象的富含羟脯氨酸的糖蛋白（伸展素）通过酪氨酸间的二苯醚键（酪氨酸交联）联结面构成的伸展素网络，这个网络垂直于胞壁面，与微纤丝网络交织，构成了细胞壁的骨架；果胶物质则以无定型基质形式围绕这两种网络。图 1－23 是关于细胞壁结构的图解。

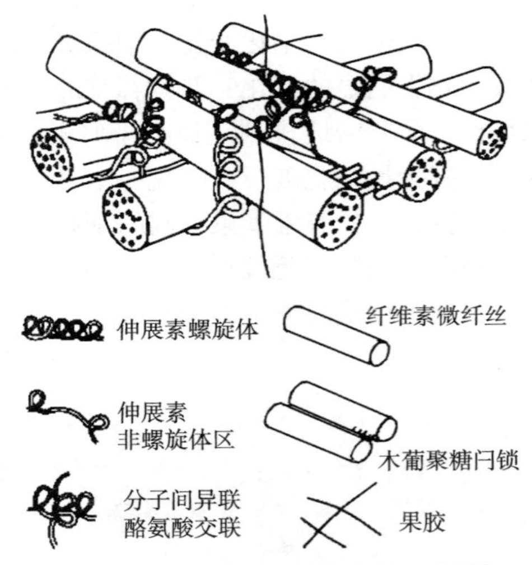

图 1－23　细胞壁多聚体排布的一种图解
（Wilson 和 Fry，1986）

2. 细胞壁在成熟衰老中的变化　对猕猴桃果实的研究表明，采后 1 天，果肉细胞的细胞质与其内含物紧贴细胞壁，呈稠密状态。细胞壁整齐，厚度一致，结构致密，呈一暗一明分区结构，胞间层为一薄的高电子密度的暗层，均匀而连续（图 1－24A）。采后 4 周，细胞壁已经开始松懈，胞间层较明显，但致密度降低，开始松散（图 1－24B）。采后 8 周，细胞中内含物少，细胞壁松懈，胞间层已经溶解，初生壁的微纤丝松散，出现间隙（图 1－24C）。采后 12 周，细胞壁结构严重变形，质壁分离。胞间层已分解，胶质液化，细胞壁形成絮状空隙，导致细胞间的黏合力丧失（图 1－24D）。

一般认为，在成熟衰老过程中，细胞间的联结变松弛，联结的部位也减少，细胞壁之间的果胶质首先降解，中胶层（胞间层）消失，细胞与细胞分离，之间形成大的细胞间隙。细胞壁的组分原果胶不断降解为可溶性果胶，胞壁变薄；壁纤维逐步分离，细胞相互分离，果肉由未成熟时的比较坚硬状态转变为松软状态。梨、苹果果实软化后期，细胞壁结构的变化发生很明显，胞间层解离，整个细胞壁的纤维物质逐渐解体，果肉变软。相同的情况也发生在桃、李、菠萝等的果实上。也有一些例外，如成熟的梨和柿子果实其皮下细胞有明显的厚壁化。鲜枣果实软化时细胞壁仍然保留而不是降解消失。

成熟过程中，果实的软化与细胞壁水解酶和细胞膨压变化等因素有关，而且已有证据表明，果实在软化过程中质壁间存在互作效应。

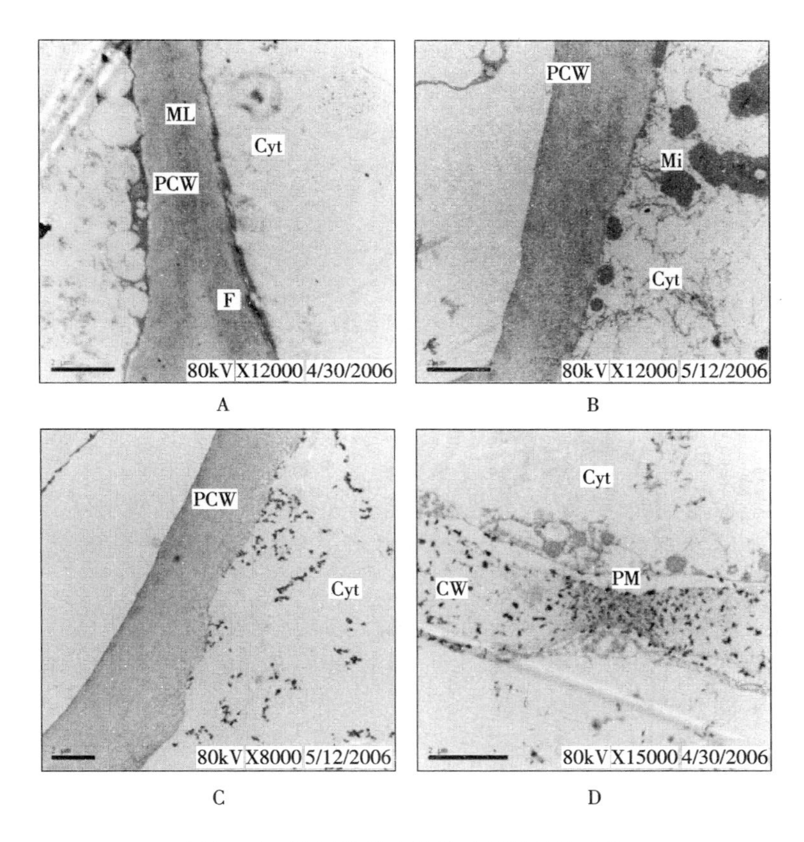

图 1-24　猕猴桃果肉细胞壁超微结构变化

A. 采后 1 天　B. 采后 4 周　C. 采后 8 周　D. 采后 12 周

CW. 细胞壁　ML. 胞间层　PCW. 初生壁　Mi. 线粒体

Cyt. 原生质　F. 微纤丝　PM. 细胞质膜

（任亚梅等，2008）

（二）细胞膜

1. 细胞膜（plasma membrane）**的结构**　所有细胞都存在复杂的膜系统，包括细胞膜和胞内各种细胞器膜、内质网等。细胞膜又称质膜，主要由磷脂双分子层和蛋白质分子组成（图 1-25），是原生质与环境间的屏障，具有保护、协调、能量转化、信号转导、新陈代谢调控等生理功能。

2. 细胞膜在成熟衰老中的变化　植物细胞衰老时，膜的结构和功能发生了变化，是细胞衰老的基本特征。许多研究表明，果实后熟衰老与细胞膜透性的增大关系密切。活性氧伤害及膜脂过氧化，可加速果实成熟衰老。膜脂过氧化的主要产物丙二醛（MDA）已被作为判定果实衰老的一个重要指标。一旦

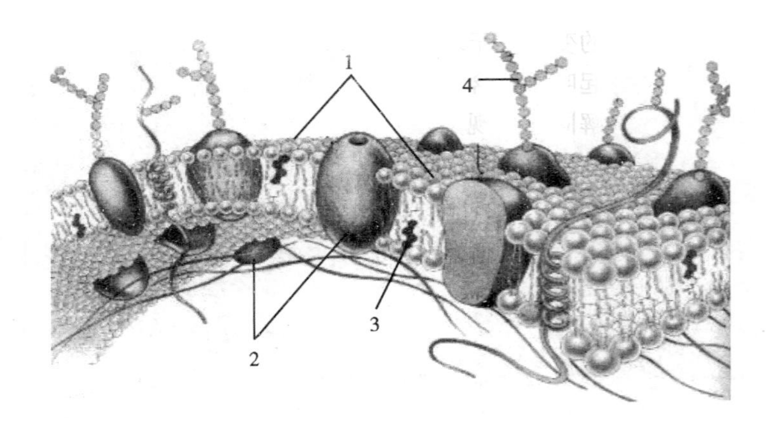

图 1-25　细胞膜的流动镶嵌模型

1. 磷脂双分子层　2. 蛋白质　3. 胆固醇　4. 糖分子

细胞膜完整性遭到破坏，会导致选择透性丧失，电解质及某些小分子有机物大量渗漏，细胞物质交换平衡破坏，生理生化代谢紊乱，长时间则会引起细胞崩溃。

另外，膜的完整性下降，流动性减弱，对膜中蛋白质特别是酶，以及脂类分子的生物学活性具有重要影响，进而影响到一系列生化反应，破坏了正常的物质代谢、能量流动和信号传递。

（三）细胞器

在成熟衰老过程中，伴随着细胞壁、细胞膜发生一系列变化，细胞器也发生显著的变化，使细胞行使的功能进一步由强减弱，最后消失。

1. 叶绿体（chloroplast）　叶绿体主要存在于叶肉细胞中，在植物地上器官表皮的保卫细胞和其他绿色组织中也存在。在细胞内，通常分布在外围靠近胞膜的胞质中，结构复杂，最外是双层平滑的单位膜组成的被膜，内部分布基质、基粒，基粒由类囊体片层堆叠而成（图 1-26）。叶绿体是光合作用的场所。

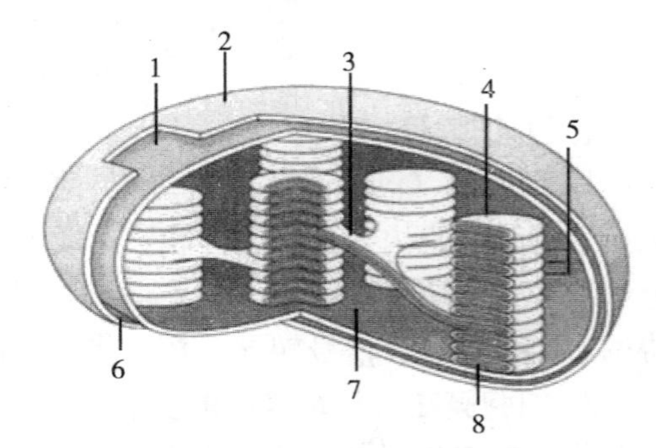

图 1-26　叶绿体结构模式图

1. 内膜　2. 外膜　3. 基质类囊体　4. 基粒　5. 基粒类囊体　6. 膜间隙　7. 基质　8. 类囊体腔

对不同植物材料叶片中叶绿体超微结构变化的研究发现，处在成熟衰老中的细胞，叶绿体由椭圆向圆形变化，体积缩小。叶绿体超微结构呈现出一个明显有序的变化过程：类囊体膜首先松弛，然后膨胀、

裂解，其中基质片层的变化先于基粒片层，结构变得稀疏，在其内部出现大而明显的嗜锇颗粒，引起叶绿素含量的显著下降。被膜发生相变，含有凝胶相脂质，与叶绿素开始降解同步出现。随后，整个类囊体膜片层系统逐渐囊泡化；叶绿体被膜保持完整性至最后。对于果实来说，叶绿体超微结构的变化与上述基本符合，但叶绿体的被膜未保持完整性至最后，而是伴随着类囊体的囊泡化而裂解。

图 1-27 为猕猴桃采后果肉中叶绿体超微结构的变化。采后 1 天，叶绿体呈椭圆体，具有完整的片层结构，片层似纬线平行排列，嗜锇颗粒分布在片层之间（图 1-27A）。采后 4 周，叶绿体膨大并已开始解体，被膜出现了很大程度的断裂、解体（图 1-27B）。采后 8 周，叶绿体已完全崩解，仅有少量的淀粉粒（图 1-27C），推测是由于果实软化过程中将淀粉粒水解成糖。采后 12

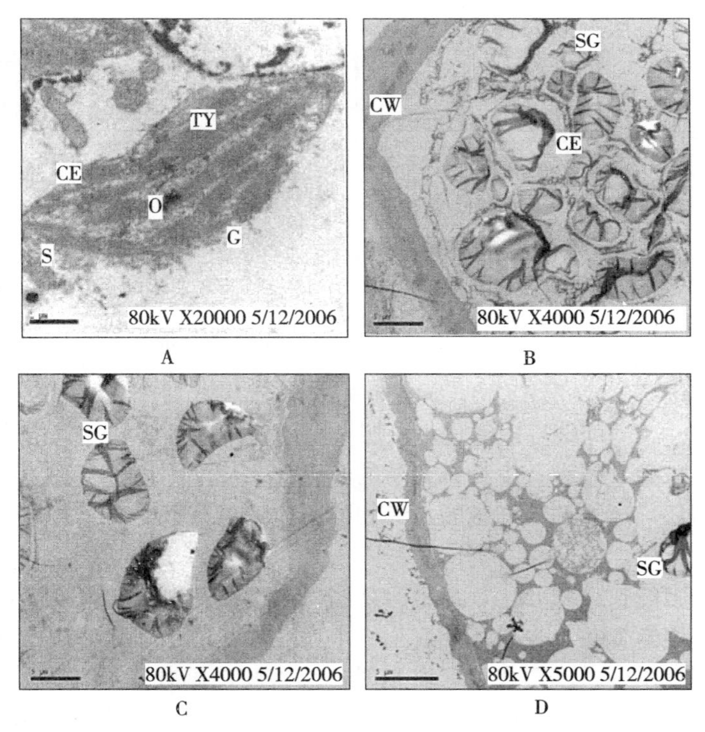

图 1-27　猕猴桃采后果肉叶绿体超微结构变化

A. 采后 1 天　B. 采后 4 周　C. 采后 8 周　D. 采后 12 周

TY. 类囊体　G. 基粒　S. 基质　O. 嗜锇颗粒　SG. 淀粉颗粒

CE. 叶绿体被膜　CW. 细胞壁

（任亚梅等，2008）

周，细胞内淀粉减少，淀粉粒淡化（图 1－27D），说明此时大量淀粉已被水解，果实软烂，叶绿体逐渐解体。类似的变化也发生在黄瓜、菠萝等果实上。

2. 线粒体（mitochondrion） 线粒体在生活细胞中几乎都存在，一般呈球状或杆状。电镜下可见外部由双层单位膜构成，内膜向内形成嵴，其中充满基质。线粒体是进行细胞呼吸作用的主要场所，为生命活动提供能量。

线粒体是最稳定的细胞器之一，直到衰老后期，仍具有活性。细胞衰老时，一方面线粒体数目减少，另一方面结构也发生变化，其内膜形成的嵴呈萎缩状。在低氧或缺氧的条件下，衰老细胞的线粒体更早地出现肿胀，接着形成空泡，最终线粒体破裂崩解。

在黄瓜果皮细胞成熟衰老过程中，线粒体发生了剧烈的变化。在耐贮藏品种“649”授粉后 20d、30d、40d、50d 进行观察发现，初期线粒体结构完整，双层膜结构清晰，内嵴数目众多；随着时间延长，双层膜结构逐渐不明显，内嵴数目减少，外膜逐渐降解，内部结构变得模糊不清（图 1－28）。

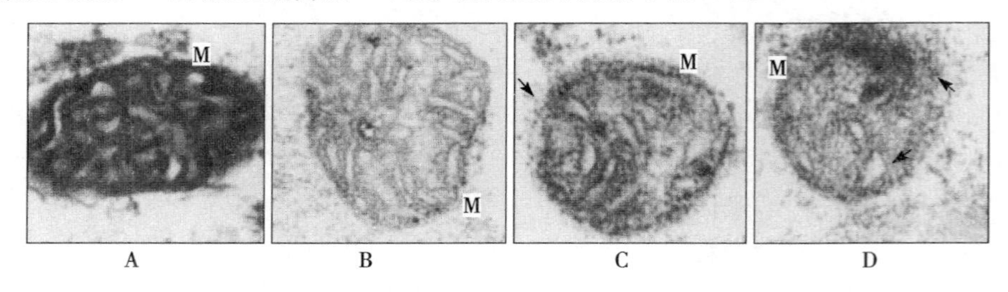

图 1－28 衰老过程中黄瓜品种“649”果皮细胞线粒体超微结构

A. 授粉后 20d B. 授粉后 30d C. 授粉后 40d D. 授粉后 50d M. 线粒体

（王志坤等，2007）

3. 液泡（vacuole） 液泡是由一层单位膜包围的细胞器，其内充满了溶有无机盐、有机酸、糖类、生物碱和酶的细胞液。液泡不仅参与物质的转移、贮藏和生化循环，还能调节细胞的水势和膨压，隔离有害物质，并且与植物的抗寒、抗旱性有关。

随着细胞的长大和分化，细胞的某些代谢产物和水分进入液泡，使它们相应地增大，逐渐合并为少数几个甚至一个大液泡，位于细胞中央，细胞器分散在边缘的细胞质中。成熟和衰老发生时，液泡膜内陷并降解，失去分室作用。膜结构的破坏引起细胞透性增大，选择透性功能丧失。有试验证明液泡中存在一系列水解酶，如β-葡萄糖苷酶、磷酸酯酶、核苷酶和蛋白酶，膜的解体使细胞液中的水解酶外渗并分散到整个细胞中，产生自溶作用，进而使细胞解体和死亡。

4. 内质网（endoplasmic reticulum） 内质网分布在整个细胞中，为蛋白

质和脂类分子合成的重要场所，特别是表面结合有核糖体的糙面内质网负责合成一些重要蛋白质。

细胞衰老过程中，糙面内质网的量减少，内质网膜电子密度增高，膜结构变厚。此外，内质网排列不规则，或出现肿胀和空泡。随着衰老过程的进行，内质网膜的组分和物理状态也呈现一系列变化。菜豆子叶内质网的微体囊泡在组织衰老过程中减少，NADPH 细胞色素氧化酶、NADPH 细胞色素 c 氧化还原酶、5′-核苷酸酶等与内质网膜联系密切的酶活性增强，这些酶活性的增强可能加剧内质网结构和生理功能的崩溃解体。

5. 质体（plastid）　质体是植物细胞中由双层膜包裹的一类细胞器的总称，存在于真核植物细胞内。根据质体内所含的色素和功能不同，质体可分为白色体、有色体和叶绿体，它们由共同的前体——前质体分化发育而来。白色体不含可见色素，也称无色体。在贮藏组织细胞内的白色体内，常积累淀粉或蛋白质，形成比它原来体积大很多倍的淀粉和糊粉粒，成了细胞里的贮藏物质。有色体中含有各种色素呈现一定的颜色。叶绿体也是有色质体，但习惯上将叶绿体以外的有色质体称做有色体。成熟的果实中含有各种有色体，导致呈现出不同的颜色。例如，番茄的红色来自一种含有番茄红素的有色体。

关于质体的研究报道较少。对番茄的研究认为，有色体是由叶绿体发育而来。番茄绿熟果的叶绿体具有典型完整的结构，在成熟过程中，类囊体膜系统迅速解体消失，嗜锇颗粒明显增多和增大，推测嗜锇颗粒可能是类囊体的降解产物以及成熟过程中合成的类胡萝卜素所组成。成熟期出现由质体内膜内折而产生的小泡囊，质体边缘扭曲的膜物质可能来自这些小泡囊。而在番茄完熟的果实中，质体已发育成较为完整的有色体结构。有色体剖面为圆形，外有薄膜包围，内有大量的嗜锇颗粒聚集成块，这些颗粒可能含有类胡萝卜素或番茄红素，使完熟果实呈现为红色。随着果实的成熟，有大量的类胡萝卜素在这些颗粒内合成。衰老过程中，基质逐渐解体消失。

6. 细胞核（nucleus）　细胞核是细胞的控制中心，在细胞的代谢、生长、分化中起着重要作用，是遗传物质的主要存在部位。衰老细胞的核膜出现内折凹陷，而且细胞衰老程度越高，内折越明显，核的整个体积变大，核中染色质凝聚、破碎，甚至出现异常多倍体，但一直到衰老的后期，在黄色叶片中仍可以看到完整的细胞核。随着衰老进一步加剧，核仁消失，同时核的内含物趋向于聚集。

7. 核糖体（ribosome）　核糖体是由核糖体核酸与蛋白质结合而成的细胞器，亦称核蛋白体。广泛存在于各种细胞，是合成蛋白质的重要场所。对番茄的观察表明，当番茄成长和成熟时，核糖体类群变化较小。在果实发育的所有阶段，核糖体沿着糙面内质网遍布于细胞质内，但在呼吸高峰后期的局部果皮细胞里见到核糖体类群有所减少，这可能限制了合成蛋白质的能力并因而导致衰老。在番茄的成熟期，核糖体与较早时期一样多，只是在衰老的更晚时期，才在局部细胞质内看不到核糖体。

（四）细胞结构在成熟衰老中总的变化

以大久保桃为试材进行研究得出细胞衰老的大致轮廓：果实成熟初期，细胞结构基本完整（图 1－29A）；乙烯高峰期，大部分细胞器已消失，液泡增大（图 1－29B）；多聚半乳糖醛酸酶（PG）、脂氧合酶（LOX）活性最高期，细胞器已完全囊泡化，胞间层出现裂痕（图 1－29C）；衰老阶段，原生质全面崩溃，细胞壁变得松弛（图 1－29D）。

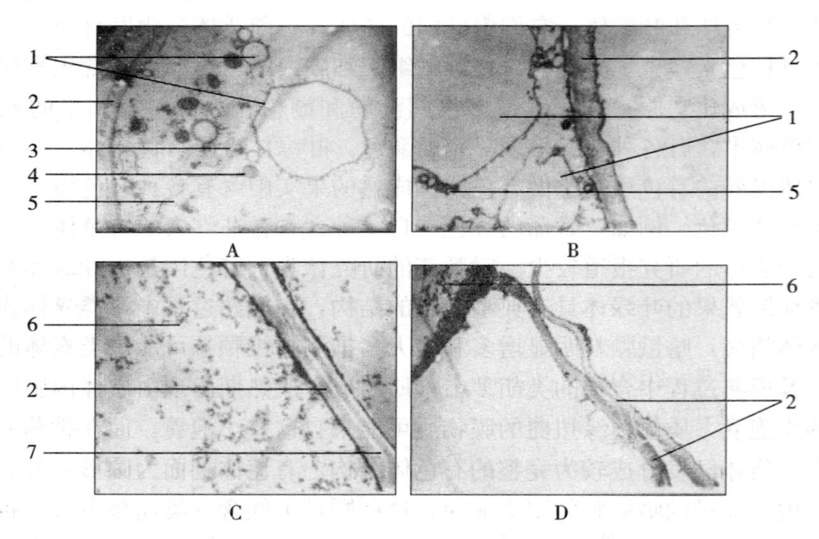

图 1－29　桃果实成熟衰老过程中的超微结构变化

A. 成熟初期　B. 乙烯高峰期　C. PG、LOX 活性最高期　D. 衰老阶段

1. 液泡　2. 细胞壁　3. 高尔基体　4. 线粒体　5. 溶酶体　6. 原生质　7. 细胞裂痕

（陈安均等，2002）

虽然目前对细胞结构在衰老中的变化做了一些研究，但除了对细胞壁的研究结论较为一致，对其他部分的认识还比较有限，细胞壁和原生质的崩溃降解如何发生，其先后顺序也不甚清晰，不同研究材料所得结论有所不同。一般认为内部细胞器和细胞壁几乎同时进入衰老，其中以叶绿体崩溃时间较早，而线粒体较晚，细胞膜结构最后丧失，整个细胞生命活动宣告结束。

Butler 和 Simon 在研究了多种类型的植物组织之后，提出有关植物衰老期超微组织的一般性概念，认为第一个可觉察的衰老迹象是核糖体数量的减少

以及叶绿体的破坏。大体上，线粒体不像其他细胞器那么容易破坏，它们一般可以留存到衰老后期。细胞核、内质网小泡化，并和高尔基体一起消失。液泡膜解体先于细胞器彻底破坏。细胞核和质膜最后才被破坏，质膜的破坏就预示了细胞死亡的来临。这就是 Butler 和 Simon 所设想的关于植物细胞的衰老过程中各项变化发生的先后次序。这种事件的顺序性在许多不同植物的组织里可以再现，因此认为衰老并不可能是由于无数微小事件毫无规律的积累作用所致，而是与分化和成长一样，很可能是在遗传基因控制下同一过程的先后不同阶段。

1. 果蔬形态结构在成熟衰老过程中发生了哪些变化?
2. 表皮角质膜和蜡质的结构有何特点? 同贮藏保鲜有怎样的关系?
3. 表皮及外生物的结构特点同贮藏保鲜有怎样的关系?
4. 细胞壁的结构及其在成熟衰老中的变化是怎样的?
5. 请查阅资料关注生物膜在成熟衰老中变化的研究进展。

指定参考书

胡宝忠，张友民.2010. 植物学. 第二版. 北京：中国农业出版社.

张宪省，贺学礼.2003. 植物学. 北京：中国农业出版社.

主要参考文献

陈安均，蒲彪，罗云波，刘远鹏.2002. 不同成熟期桃果实超微结构及相关代谢的研究. 果树学报 (1)：67-69.

顾俊，王飞，张鹏，胡梁斌，徐朗莱.2007. 植物叶表皮蜡质的生物学功能. 江苏农业学报 (2)：144-148.

李雄彪.1992. 角质层的生化特性及其结构和功能. 植物生理学通讯 (1)：10-14.

梁小娥，王三宝，赵迎丽，石建新，赵猛.1998. 枣采后果肉软化的生化和细胞超微结构变化. 园艺学报 (4)：333-337.

茅林春，戚行江，边其均，席屿芳.1995. 番茄果实中有色体超微结构的发育过程. 浙江农业学报 (4)：312-314.

潘洵操，谢宝贵.1997. 荔枝果皮结构与果实贮藏性能关系的探讨. 广西植物 (1)：79-84.

屈红霞，唐友林，谭兴杰，潘小平，蒋跃明.2001. 采后菠萝贮藏品质与果肉细胞超微结构的变化. 果树学报 (3)：164-167.

陶世蓉．2000．梨果实结构与耐贮性及品质关系的研究．西北植物学报（4）：544－548.

王立泽．1956．蔬菜栽培方法　甘蓝　花椰菜　大白菜．第一集．合肥：安徽人民出版社．

王仁才，熊兴耀，谭兴和，吕长平．2000．美味猕猴桃果实采后硬度与细胞壁超微结构变化．湖南农业大学学报（自然科学版）（6）：57－60.

王志坤，秦智伟，李艳秋，周秀艳．2007．黄瓜果实衰老过程中果皮超微结构的变化．园艺学报（4）：889－894.

向建华，陈信波，周小云．2005．植物角质层蜡质基因的研究进展．生物技术通讯（2）：224－227.

杨丽梅．2001．结球甘蓝花椰菜青花菜栽培技术．北京：金盾出版社．

周会玲，李嘉瑞．2006．葡萄果实组织结构与耐贮性的关系．园艺学报（1）：28－32.

Devaux M F，Barakat A，Lahaye M，et al. Mechanical breakdown and cell wall structure of mealy tomato pericarp tissue. Postharvest Biology and Technology（37）：209－221.

Vicente A R，Costa M L，Martinez G A，Chaves A R，Civello P M. 2005. Effect of heat treatments on cell wall degradation and softening in strawberry fruit. Postharvest Biology and Technology（3）：213－222.

第二章　成熟衰老过程中果蔬的品质变化

教学目标

1. 掌握各种色、香、味、质地、营养物质的种类及其在成熟衰老过程中的变化。

2. 掌握花青素的呈色机制。

3. 了解各种色、香、味、质地、营养物质的存在状态、结构、含量、特性等。

主 题 词

叶绿素　类胡萝卜素　花青素　类黄酮　芳香物质　味觉　质地　营养形成　变化

果蔬品质是指果蔬满足某种使用价值全部有利特征的总和，主要是指食用时果蔬外观、风味和营养价值的优越程度。根据不同用途，果蔬品质可分为鲜食品质、加工品质、内部品质、外部品质、营养品质、销售品质、运输品质和桌面品质等。对不同种类或品种的果蔬均有具体的品质要求或标准。因此，品质要求有其共同性，也有其差异性。

水果和蔬菜是人们生活中每日不可缺少的食品，它有着诱人的色、香、味和质地，能增进食欲，有助于食物的消化吸收。果蔬中所含有的各种维生素、矿物质和有机酸，是从粮食、肉类和禽蛋中难于摄取得到的，而且是具有特殊营养价值的物质。食用果蔬不仅使人体能够摄取较多的维生素 C 和作为维生素 A 原的胡萝卜素以防治维生素缺乏症，而且大量钠、钾、钙、镁等矿物元素的存在使果蔬成为碱性食物，在人体的生理活动中起着调节体液酸碱平衡的作用。果蔬所含的糖和有机酸可以提供人体热量，并能形成可口的风味，而其中的纤维素虽不能为人体消化，但能刺激胃液分泌和肠的蠕动，增加食物与消化液的接触面积，因而有助于人体对食物的消化吸收和体内废物的排泄，以防治便秘。有些果蔬含有挥发性芳香油，如葱、蒜、韭菜的硫化物，辣椒的辣椒素以及生姜的姜油酮等，不仅构成产品的独特风味，而且还具有杀菌和防治疾病的医疗效果。所以，水果、蔬菜作为保健食品的效用很大。但是反映品质的各种化学物质在果蔬成长、成熟、贮藏、流通过程中不断发生着变化，从而影响着果蔬的品质变化，其品质变化主要体现在色泽、芳香、味觉、质地、营养等方面。通常，表现水果蔬菜颜色的成分有叶绿素、类胡萝卜素、花青素、类黄酮等，表现香味的成分有醇类、酯类、醛类和酮类等挥发性的芳香物质，表现风味的成分有碳水化合物、有机酸、单宁和糖苷等，表现质地的成分有纤维素、果胶和水等，表现营养的成分有糖、有机酸、蛋白质、维生素、矿物质和脂肪等。这些成分相互关联影响着品质，而且其中一种成分不足时，就可能使品质劣化。

第一节　色　　泽

色泽（colour）是果蔬的品种特征之一，它由不同的色素（pigment）所引起，能反映果蔬的成熟度和新鲜度，而成熟度和新鲜度好的果蔬，营养成分损失少，质地口感好，商品价值高，同时，良好的色泽也能给消费者留下美好的印象，在一定程度上能促进消费。因而，色泽是人们感官评价果蔬质量的一个重要因素，也是检验果蔬成熟衰老的依据。

果蔬中色素种类很多，有时单独存在，有时几种色素同时存在，或显现或被遮盖。各种色素随着成熟期的不同及环境条件的改变而有各种变化。果蔬在成熟过程中，由于某些色素的分解或合成而引起色泽的改变，随之果蔬中的营养物质也在变化。例如许多果品成熟后绿色消失而带有鲜艳的红色或紫红色（或称表色），红色面积越大成熟越充分，其食用质量亦越佳，因此可用表色面积的大小来评价果品的质量。

新鲜的果蔬具有鲜艳的色泽，当新鲜度降低时，色泽最易改变，例如不新鲜的绿叶蔬菜变黄（或称黄化）、红色的苹果变暗等。

因此，弄清果蔬中存在的色素及其性质是非常必要的。果蔬中所含色素主要是叶绿素（绿）、类胡萝卜素（暖色）、黄酮素（黄）、花青素（红、青、紫）等。

一、叶绿素

果蔬的绿色是由叶绿素（chlorophyll）造成的。叶绿素是植物进行光合作用所必需的物质，它是在阳光照射下产生的。叶绿素属于脂溶性色素，不溶于水，易溶于乙醇、乙醚、丙醇、氯仿等有机溶剂，常可用极性有机溶剂（例如丙酮、乙醇、乙酸乙酯等）从植物匀浆中提取。

叶绿素是两种结构很相似的物质，即叶绿素 a（$C_{35}H_{72}O_5N_4Mg$）和叶绿素 b（$C_{35}H_{70}O_6N_4Mg$）的混合物，它们的结构、物理化学性质、分布和颜色变化等极相似，除少数情况之外，可以不加区分。高等植物中的叶绿素都是由叶绿素 a 和叶绿素 b 混合而成。陆地植物中，叶绿素 a 与叶绿素 b 的含量比为 3∶1。纯叶绿素 a 为蓝黑色粉末，熔点为 117～120℃，乙醇溶液呈蓝绿色，并有深红色荧光。叶绿素 b 为深绿色粉末，熔点为 120～130℃，乙醇溶液呈绿色或黄绿色，有红色荧光。

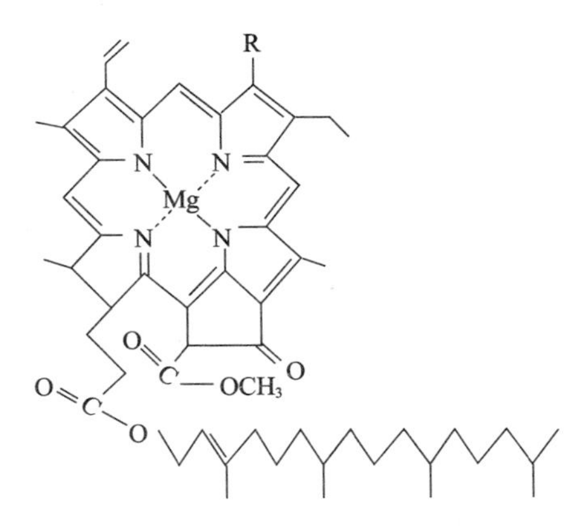

图 2-1　叶绿素的结构
（刘邻渭，2000）

叶绿素存在于植物细胞内的叶绿体中，在这里它与类胡萝卜素、类脂物及脂蛋白复合在一起。水果的叶绿体主要分布在表皮中，有些果实如猕猴桃则主要存在于果肉中；蔬菜的叶绿体主要存在于绿叶蔬菜中。

对大多数果蔬来说，幼嫩时体内叶绿素含量低；在生长发育中，叶绿素的合成作用占主导，随着生长，叶绿素含量逐渐增高，使未成熟的果蔬显示绿色，此时叶绿素含量最多；绿色果蔬进入成熟及采收后，叶绿素的合成作用停止，并且随着果实的成熟，叶绿素逐渐被叶绿素酶分解而使绿色消退，原来被掩盖的类胡萝卜素（橙红色）和花青素（红色或紫色）显现出来，从而失去了鲜嫩而衰老。

有些果蔬成熟和衰老期间长期保持绿色，没有叶绿素的明显分解，例如 *Gr* 突变番茄、茎椰菜、青皮甜瓜、西瓜等虽然有乙烯释放，但并不诱发叶绿素分解，这是遗传基因所决定的。

当细胞死亡后叶绿素即游离出来，游离的叶绿素很不稳定，对光和热敏感，受到光辐射时，会由于光敏氧化作用而裂解为无色产物。

叶绿体中含有叶绿素分解酶，当叶绿体受破坏时，则表现出其活性，使叶绿素分解为绿色的甲基叶绿素酸和叶绿醇。

$$\underset{\text{叶绿素 a}}{MgC_{32}H_{30}ON_4\left<\begin{matrix}COOC_{20}H_{39}\\COOCH_3\end{matrix}\right.} \xrightarrow{\text{分解酶}} \underset{\text{甲基叶绿素酸 a}}{MgC_{32}H_{30}ON_4\left<\begin{matrix}COOH\\COOCH_3\end{matrix}\right.} + \underset{\text{叶绿醇}}{C_{20}H_{39}OH}$$

叶绿素降解的生化过程尚未清楚。一些报道认为，叶绿素的降解可能依赖于叶绿素酶。在呼吸高峰期间，苹果和香蕉中叶绿素酶活性最高。但是，完熟的番茄中，当叶绿素迅速减少时测不出叶绿素酶活性。用显微镜观察发现叶绿体远在组织退绿之前就已解体。叶绿素在酸性介质中，像在成熟的番茄里，会失去卟啉环群中心的镁，成为脱镁叶绿素，导致颜色发生变化；叶绿素分子的卟啉部分亦会分离，产生一个四吡咯链和胆绿素，后者仍使其保持绿色，只有当胆绿素的双键被氧化或饱和时绿色才会消失。因此可以看出，完熟果实的脱绿是十分复杂的过程，目前对这一过程尚未充分了解。

二、类胡萝卜素

（一）分布、结构和物理性质

植物中的类胡萝卜素（carotenoid）主要存在于细胞的有色体中，呈暖色调，构成果蔬的暖色，一般构造比较复杂。结构的差异产生颜色的差异。已知有 560 种以上的类胡萝卜素，若再考虑其不同的几何异构形式，种类会更多。果蔬中的类胡萝卜素目前已知约有 360 多种，常见的有胡萝卜素、番茄红素、番茄黄素、玉米黄质、隐黄质、白英果红素、叶黄素以及辣椒红素等，它们都可以在各种果实中发现。红色、黄色和橙色水果及根用作物和蔬菜是富含类胡萝卜素的食品。一般来说，富含叶绿素的组织也富含类胡萝卜素，因为叶绿体和有色体是类胡萝卜素含量较丰富的细胞器。

不同类胡萝卜素的结构可归为两大类：一类为纯萜类化合物，另一类为含有羟基、环氧基、醛基、酮基等含氧基团的萜类化合物。此外，含羟基的类胡萝卜素中有不少被脂肪酸酰化。

图 2-2 是一些常见类胡萝卜素的结构，从中可看出，类胡萝卜素的基本结构是多个异戊二烯结构首尾相连的四萜。多数类胡萝卜素的结构两端都具有环已烃，中间的双萜为全顺式共轭多烯基。

β-胡萝卜素　　胡萝卜、甘薯、南瓜、柑橘、绿色植物

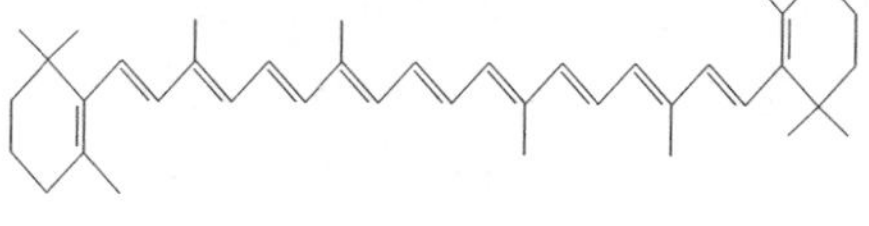

α-胡萝卜素

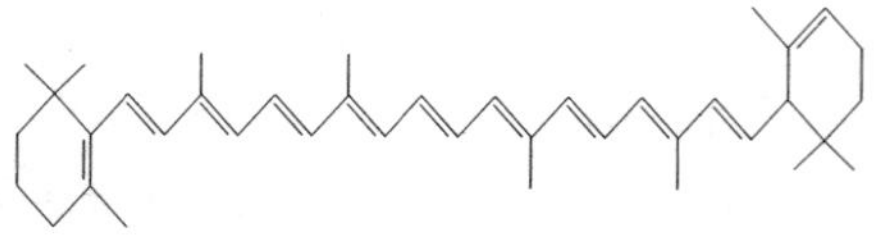

叶黄素　　柑橘、南瓜、绿色植物

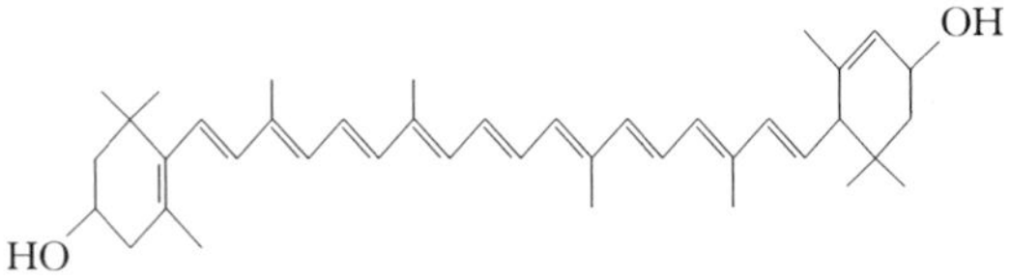

玉米黄素　　玉米、柑橘

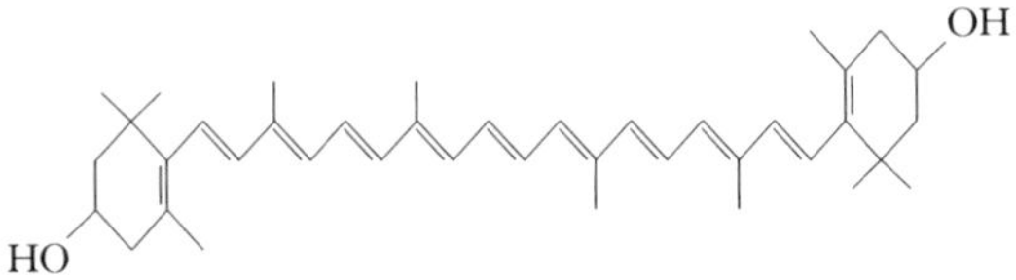

紫黄素　　杏、辣椒

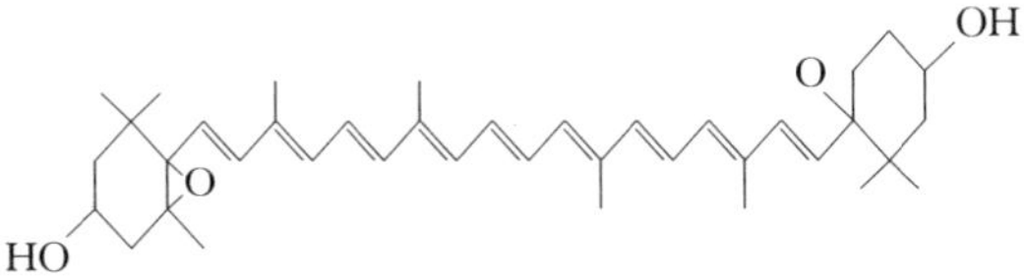

隐黄素　　柿子、玉米、柑橘

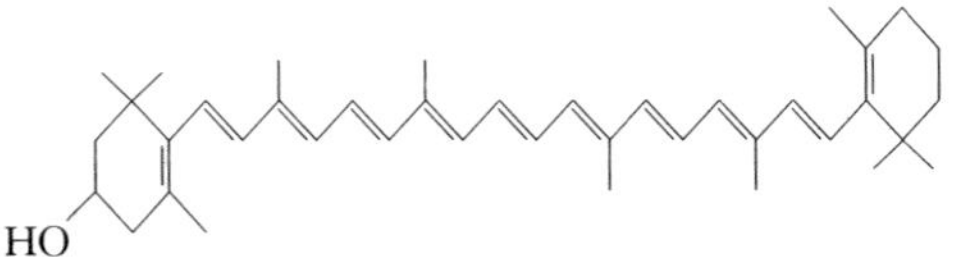

柑橘黄素　　柑橘

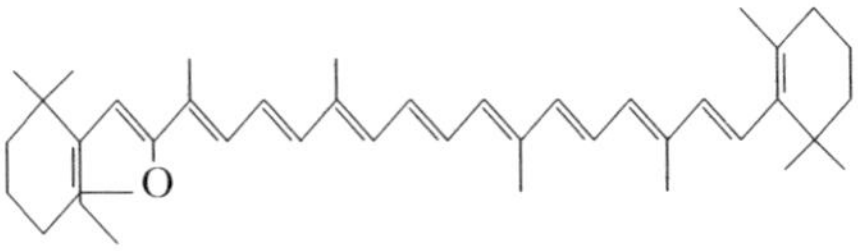

番茄红素　　番茄、西瓜、杏、桃、辣椒南瓜、柑橘

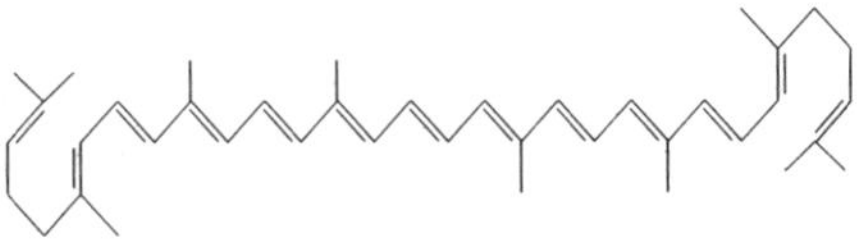

番茄黄素　　番茄

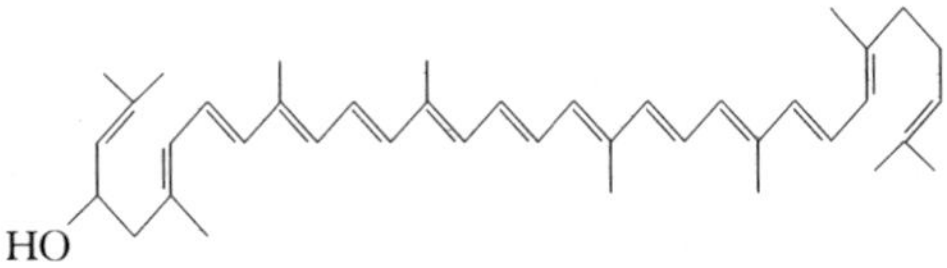

番茄叶黄素　　番茄

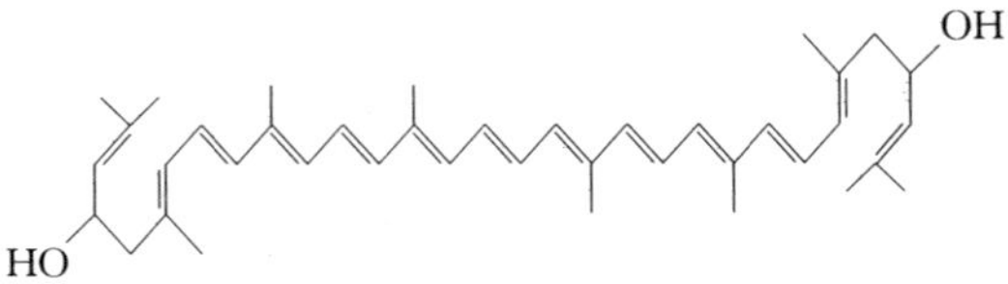

辣椒红素　　辣椒

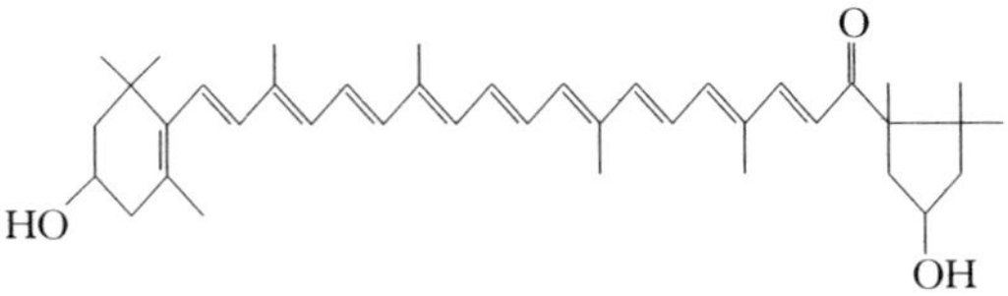

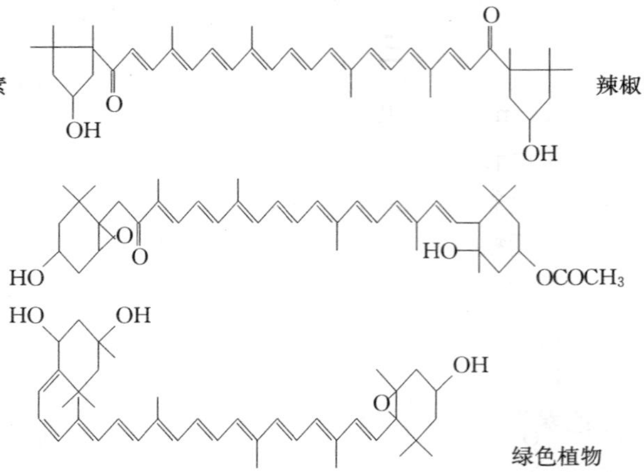

辣椒玉红素 辣椒

岩藻黄素 海藻

新叶黄素 绿色植物

图 2-2　一些常见类胡萝卜素的名称、结构及分布

（刘邻渭，2000）

类胡萝卜素是脂溶性色素，不含氧的类胡萝卜素微溶于甲醇和乙醇而易溶于石油醚，含氧的类胡萝卜素却可在甲醇或乙醇中很好溶解。

脂氧合酶和一些其他酶可加速类胡萝卜素的氧化降解，它们催化底物氧化时会形成具有高氧化力的中间体，转而氧化类胡萝卜素。

类胡萝卜素和叶绿素在叶绿体中一般同时存在，成熟过程中叶绿素逐渐分解，类胡萝卜素的颜色显现。温度对这类色素的形成是一个重要条件，若贮藏果蔬的温度过低或过高，那么类胡萝卜素就难以形成。如绿色番茄贮藏温度过低，那么番茄就失去后熟能力，不能变红。

（二）类胡萝卜素在成熟衰老过程中的变化

果实成熟期间叶绿素迅速降解，其中的类胡萝卜素便显现出来，表现出黄色、橙色或红色，是成熟最明显的标志。

红色番茄成熟期间累积类胡萝卜素，其中番茄红素所占比率为 75%～85%，有少量 β-胡萝卜素，也有全为番茄红素的品种。

番茄红素合成的适温为 19～24℃，绿熟番茄果实贮放在 30℃以上变红减慢，10～12℃以下变红也非常缓慢。番茄红素的形成需要氧气，气调贮藏可完全抑制番茄红素的生成，而外源乙烯则可加速番茄红素的形成。

黄色番茄品种以及洋梨、香蕉等黄色果实成熟时，仅含 β-胡萝卜素及叶黄素。

类胡萝卜素的形成受环境的影响，如黑暗能阻遏柑橘中类胡萝卜素的生成，25℃是番茄和一些葡萄品种中番茄红素合成的最适温度。

三、花 青 素

花青素（anthocyanin）是果蔬最主要的水溶性色素之一，由于不稳定，主要以糖苷（称为花色苷）的形式存在于细胞质或液泡中，构成花、果实、茎和叶五彩缤纷的美丽色彩，包括蓝、紫、紫罗兰、洋红、红和橙色，总称为花青素苷。葡萄、李、樱桃、草莓等果实的色彩以花青素为主。

（一）分布、种类及结构

花青素具有类黄酮典型的结构，是2-苯基苯并吡喃阳离子结构的衍生物。已知有20种花青素，果蔬中重要的有6种，即天竺葵色素、矢车菊色素、飞燕草色素、芍药色素、牵牛花色素和锦葵色素，这6种花青素的化学结构是由苯环中的取代羟基和甲氧基数量及位置不同而定，见图2-3。

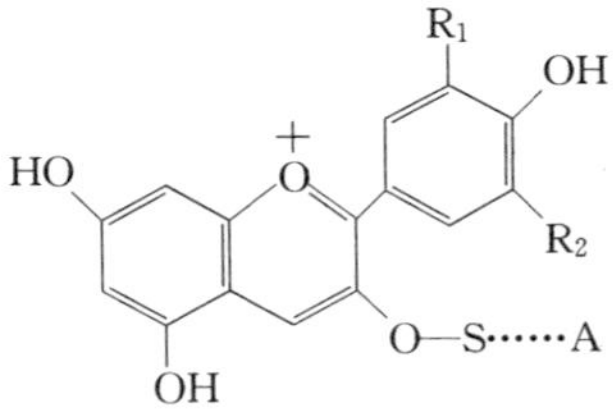

S—糖（suger）　A—酸（acid）

花色素分子	取代基 R_1	R_2
Pg　天竺葵色素	H	H
Cy　矢车菊色素	OH	H
Dp　飞燕草色素	OH	OH
Pn　芍药色素	OCH_3	H
Pt　牵牛花色素	OH	OCH_3
Mv　锦葵色素	OCH_3	OCH_3

图2-3　花色苷分子结构图

（刘玲等，1998）

花青素的色泽与结构的关系是，母环结构中羟基数目增加，紫蓝颜色变深；而甲氧基数目增多，红色加深；在 C_5 位上接上糖苷基，其色泽加深。

花青素除了存在于果蔬的细胞质或液泡中外，有些产品如苹果、桃、杏、葡萄、红皮萝卜、茄子等的花青素存在于果皮中（表2-1）。

表2-1　果蔬中主要花青素的来源

（庞志申，2000）

花青素名称	主要来源
天竺葵色素	草莓、萝卜皮
矢车菊色素	苹果皮、桑葚、山楂、草莓
飞燕草色素	茄子、石榴、葡萄
芍药色素	芒果、樱桃、葡萄
牵牛花色素	葡萄皮
锦葵色素	葡萄皮

已在植物中发现了250种以上的花色苷，各种果蔬中所含的花色苷种类多少不一，有的仅一种（黑莓），有的多达几十种（葡萄）。不同果蔬和不同生长期或成熟期的果蔬的花色苷含量也颇不相同，在20～600mg（每100g鲜重）范围变化。

与花青素成苷的糖主要有葡萄糖、半乳糖、阿拉伯糖、木糖、鼠李糖，以及由这些单糖构成的均匀或不均匀双糖和三糖。这些糖基有时由脂肪族或芳香族有机酸酰化，主要的有机酸包括咖啡酸、对香豆酸、芥子酸、对羟基苯甲酸、阿魏酸、丙二酸、苹果酸、琥珀酸和乙酸。

（二）pH对花青素颜色的影响

在花青素的2-苯基苯并吡喃阳离子结构中，吡喃环氧原子为+4价，具有碱性，能与酸反应；酚羟基能够部分电离，具有一定的酸性，这种两性特征使得花青素能随介质pH改变而呈现不同的颜色（图2-4），这是因为不同的pH改变了花青素的分子结构。从图2-4中可看出，花青素在酸性条件下呈红色，在碱性条件下呈蓝色，在中性或微碱性条件下呈紫色。

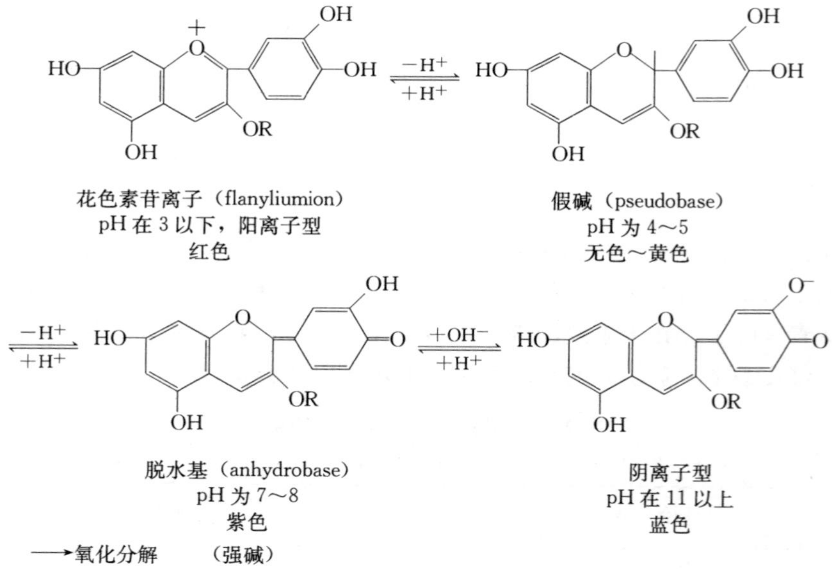

花色素苷离子（flanyliumion）
pH在3以下，阳离子型
红色

$\underset{+H^+}{\overset{-H^+}{\rightleftharpoons}}$

假碱（pseudobase）
pH为4～5
无色～黄色

$\underset{+H^+}{\overset{-H^+}{\rightleftharpoons}}$

脱水基（anhydrobase）
pH为7～8
紫色

$\underset{+H^+}{\overset{+OH^-}{\rightleftharpoons}}$

阴离子型
pH在11以上
蓝色

⟶氧化分解　（强碱）

图2-4　花色素苷在不同pH的变化
（邵长富等，1987）

（三）花青素在成熟衰老过程中的变化

果实成熟期间叶绿素迅速降解，随着成熟的进行，含花青素类果蔬中的花青素含量逐渐升高，在成熟期大量积累。在衰老过程中，花青素含量略有减少。

不同果蔬的花青素受遗传因子控制，在田间发育期间必须有可溶性碳水化合物积累、昼夜温差大、光照充足才能形成良好的花青素。

高温往往不利于着色，苹果一般在日平均气温为12～13℃时着色良好，而在27℃时着色不良或根本不着色，中国南方苹果着色很差的原因主要就在于此。

花色素苷是一种感光性色素，它的形成需要光，在遮阴处生长的果蔬，色彩的呈现就不够充分，往往显绿色。黑色和红色的葡萄只有在阳光照射下果粒才能显色。有些苹果要在直射光下才能着色，所以树冠外围果色泽鲜红，而内膛果是绿色的。

光质也与着色有关，在树冠内膛用荧光灯照射较白炽灯可以更有效地促进苹果花青素的形成，这是由于荧光灯含有更多的蓝紫光辐射。

此外，乙烯、多效唑、茉莉酸和茉莉酸甲酯等都对果实着色有利。

许多果蔬中也存在着使花青素苷退色的酶系统，或是微生物侵染时含有类似的酶分解花青素苷，使果实退色，如荔枝、龙眼等成熟时果皮变成褐色。

四、类黄酮

（一）种类及结构

类黄酮（flavonoid）是广泛分布于植物组织细胞中的水溶性色素，呈浅黄色或无色，与葡萄糖、鼠李糖、云香糖等结合成糖苷的形式而存在，未糖苷化的类黄酮并不易溶于水，形成糖苷后水溶性加大。已知的类黄酮（包括苷）达1 670多种，并不断有新的种类被鉴定出来。其中有色物约400多种，多呈淡黄色，少数为橙黄色。

类黄酮是两个芳香环被三碳桥连接起来的15碳化合物，其结构来自两个不同的生物合成途径。一个芳香环（B）和桥是从苯丙氨酸转变来的，而另一个芳香环（A）则来自丙二酸途径（图2-5）。类黄酮是由苯丙氨酸、P-香豆酰CoA和3个丙二酰CoA分子在查耳酮合成酶催化下缩合而成的。

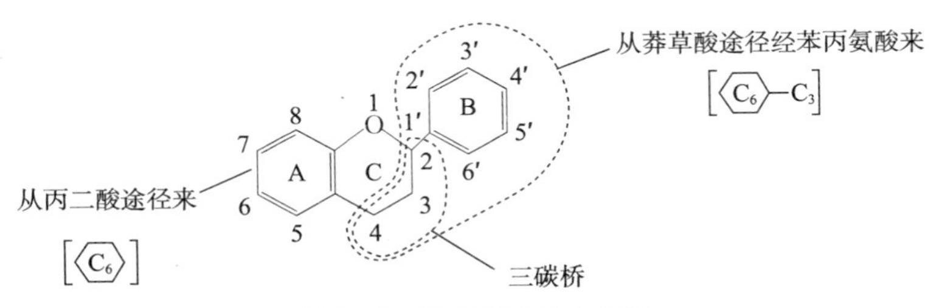

图2-5　类黄酮的基本骨架

（潘瑞炽，2004）

根据三碳桥的氧化程度，类黄酮类可分为3种（除花色素苷）：黄酮（flavone）、黄酮醇（flavonol）和异黄酮（isoflavone）。基本类黄酮骨架会有许多取代基，羟基常位于4、5、7位，它也常带糖，所以大多数类黄酮是葡萄糖苷。羟基和糖增加类黄酮的水溶性，而其他替代物（例如甲酯或修改异戊基单位）则使类黄酮呈脂溶性。

类黄酮的基本结构是2-苯基苯并吡喃酮，最重要的类黄酮化合物是黄酮和黄酮醇的衍生物，噢哢（aurone）、查耳酮（chalcone）、黄烷酮（flavanone）、异黄酮和双黄酮（biflavone）等的衍生物也是比较重要的。

（二）分布

类黄酮广泛存在于蔬菜、水果、谷物等植物中，并多分布于植物的外皮器官，即接受阳光多的部位。其含量随植物种类不同而异，一般叶菜类、果实中含量较高，根茎类含量较低。水果中的柑橘、柠檬、杏、樱桃、木瓜、李、越橘、葡萄、葡萄柚，蔬菜中的花椰菜、青椒、莴苣、洋葱、番茄等含量较高。

一些类黄酮对食品的颜色有一定贡献，但由于它们色淡，浓度低时贡献很小。花椰菜、洋葱、马铃薯、甘蓝、白菜、白色葡萄的白色主要由类黄酮产生。与花色苷类似，类黄酮也会形成缩合物，缩合后颜色和呈色强度都有一定变化，花椰菜、洋葱和马铃薯中缩合类黄酮是它们含有的各种类黄酮中相对更重要的呈色物质。

类黄酮的含量随果实部位的不同而变化，通常比花青素更广泛地分布于器官的组织中。黄酮醇（3位上有羟基）主要存在于木本植物中，而黄酮（无羟基）和二氢黄酮（2，3位饱和）常见于草本植物中。无色花青素和儿茶素广泛分布于木本植物中，在非木本的双子叶植物中很少见，两者通常与糖结合，在组织内一般呈不连续分布。无色花青素比儿茶素更多出现于苹果、梨、李、桃和葡萄等果实中，并以可溶或聚合不溶的形式存在，它可影响果品组织的质地和颜色。

（三）类黄酮在成熟衰老过程中的变化

随着果蔬的成熟，类黄酮的含量逐渐升高，在衰老过程中，类黄酮变化不大。

在碱性条件下（pH 11～12），类黄酮易生成苯丙烯酰苯（查耳酮型结构）而呈黄色、橙色乃至褐色，黄皮种洋葱、花椰菜和甘蓝的变黄现象就是由于黄酮物质遇碱生成查耳酮型结构所致。

第二节　芳香物质

果蔬的香味（aroma）是其本身含有的各种芳香物质的气味和其他特性结

合的结果，由于果蔬种类不同，芳香物质的成分也各异，大多数是一些油状的挥发性物质（volatile compound），故又称挥发油，由于含量极少，故又有精油（essential oil）之称。芳香物质是判断果蔬成熟度的一种标志，也是决定果蔬品质的重要因素之一。

芳香物质不仅使果蔬具有本品种应有的香味和一定的气味，而且可刺激人的食欲，帮助食物的消化和吸收。大多数芳香物质都具有杀菌作用，有利于果蔬的贮藏。

一、种　　类

果蔬的芳香物质，并非是一种成分，而是由多种组分构成。一般是一些微量的挥发油和油质，稳定性差，易挥发。

（一）水果

水果的芳香物质是水果在成熟过程中形成的各种挥发性芳香组分，这些组分混合在一起构成其芳香物质。随着气相色谱和质谱联用（GC-MS）技术的广泛应用，水果中的许多挥发性芳香物已被分离、鉴定和测量出来，已知的超过200多种，如已知的苹果中香气成分达250种以上，葡萄280种以上，草莓300种以上，菠萝120种以上，香蕉170种以上，桃70种以上。水果中的芳香物质种类复杂，主要成分为醇类、酯类、烃类（萜烯）、酮类、醛类、酚类等，还有酸、含N和S化合物及其他物质。

水果的香气成分大多具有天然清香或浓郁芳香气味。在为数众多的芳香成分中，只有一部分构成某个水果品种特有的、典型的芳香气味；而有一部分芳香组分则是不受人欢迎的，可使水果的滋味或气味恶化。水果间香气的差别，首先与水果的类别和品种有关，特征成分的种类不同构成了各种水果的不同风味；其次，即使是同一品种的水果，风味往往也随果实成熟度的不同而不同。水果的品种、生长的气候条件、地理位置，还有成熟度和贮存条件是影响水果各种芳香成分含量多少的主要因素。

目前，科学工作者已对苹果、梨、桃、杏、草莓、树莓、黑醋栗、葡萄、菠萝、西番莲、甜橙、柠檬和香蕉的芳香物质进行了研究。研究结果表明，典型特征香味主要是由酯、醛、酮、醋酸酯、醇和挥发酸类物质构成的（表2-2）。苹果皮与未削皮的苹果相比，在室温条件下搁置1d后，前者芳香物质的总含量会增加5～10倍。因此，可从果皮中提取很多水果芳香组分。

（二）蔬菜

蔬菜的香气不及水果浓，但有些蔬菜具有特殊的气味，如葱、韭、蒜等均含有特殊的辛辣气味。

表 2-2 几种水果的香气成分

（赵晋府，1999；蒋爱民等，2000）

名称	主要香气成分
苹果	乙酸异戊酯、挥发性有机酸、乙醇、乙醛
梨	甲酸异戊酯、醇、挥发性有机酸
香蕉	乙酸戊酯、异戊酸异戊酯、己醇、己烯醛
桃	乙酸乙酯、δ-癸酸内酯、挥发性有机酸、乙醛
杏	丁酸戊酯
葡萄	邻氨基苯甲酸甲酯、C_4～C_{12}脂肪酸酯、挥发性有机酸
草莓	苯并乙醛、苯甲酸乙酯、酯酸苄酯、肉桂酸甲酯
柑橘果皮	*D*-苧烯、辛醛、癸醛、沉香醇
柑橘果汁	蚁酸、乙醛、乙醇、丙酮、苯乙醇、甲酸、乙酸酯

果蔬中的芳香物质虽然种类较多，但含量很少，而且相差悬殊。一般蔬菜中的芳香成分含量小于水果中的芳香成分含量，所以大多数蔬菜没有水果香。

果蔬中的芳香物质含量通常在 100mg/kg 以下，如树莓类为 1～22mg/kg，草莓为 5～10mg/kg，苹果为 7～13mg/kg，黄瓜为 17mg/kg，番茄为 3～5mg/kg，大蒜为 50～90mg/kg 等。含量较多的果蔬，如水果中香蕉（Valery 品种）为 65～338mg/kg，柑橘类含量最多，为 10～30g/kg；蔬菜中如萝卜含 300～500mg/kg，洋葱含 320～580mg/kg，葱、韭、蒜为 300～600mg/kg，而芹菜、芫荽更是高达 1 000mg/kg 以上；

芳香物质在果品中的存在部位随种类不同而异。柑橘类主要存在于果皮中，苹果等仁果类存在于果肉和果皮中。

二、果蔬香味形成的途径

果蔬香味形成的途径大体上分为生物合成以及直接酶的作用，如表 2-3。

表 2-3 果蔬香味形成机制的类型

（段长青，1997）

类型	说 明	举 例
生物合成	直接由生物合成形成的香味	以萜烯类或酮类化合物为母体的香味物质，如薄荷、柑橘、香瓜、香蕉等
直接酶作用	酶对香味前体物质作用形成香味成分	蒜酶对亚砜作用形成洋葱香味

水果的香气是由植物体内经过生物合成而产生的，如酯类的形成过程：

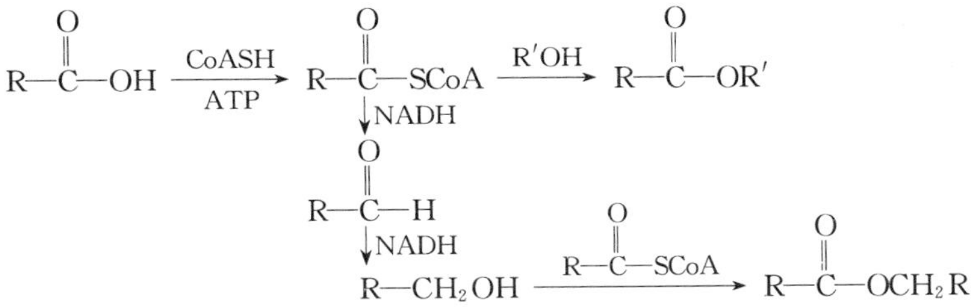

$$R-\overset{\overset{O}{\|}}{C}-OH \xrightarrow[ATP]{CoASH} R-\overset{\overset{O}{\|}}{C}-SCoA \xrightarrow{R'OH} R-\overset{\overset{O}{\|}}{C}-OR'$$

$$\downarrow NADH$$

$$R-\overset{\overset{O}{\|}}{C}-H$$

$$\downarrow NADH$$

$$R-CH_2OH \xrightarrow{R-\overset{\overset{O}{\|}}{C}-SCoA} R-\overset{\overset{O}{\|}}{C}-OCH_2R$$

大部分未成熟的水果能产生 $C_2 \sim C_{20}$ 系列脂肪酸。而随着果实的成熟，乙酸、丁酸、己酸、癸酸等短链脂肪酸被转化为一系列具有香气的芳香酯、醇和酸，增加了水果的香气。

香蕉、苹果和梨等水果的香气形成属于较典型的生物合成。例如香蕉在生长期，甚至在收获时也不显香气，其香气是在后熟期才逐渐显现出来的。

蔬菜香气都是细胞内的各种代谢产物，有的香气物质是由植物体内经过生物合成而产生的（如酯类的合成），与水果类似；有的香气物质是由香味前体在风味酶作用下释放出来的挥发性物质（如大蒜素硫代丙烯类化合物），属于直接酶的作用。

直接酶的作用是指单一酶与前体物直接反应生成香气物质。葱、蒜和甘蓝等香气的形成就是属于这种作用机制。葱、韭、蒜等均含有特殊的香辣气味，尤其是以蒜最强，它们都是由硫化丙烯类化合物所形成。下列几种化合物是葱、韭、蒜、洋葱等特有香辛气味的主要化合物：

$CH_2=CHCH_2-S-CH_2CH=CH_2$ 烯丙基硫醚

$CH_2=CHCH_2-S-S-CH_2CH=CH_2$ 二丙烯二硫化物

$CH_2=CHCH_2-S-S-S-CH_2CH=CH_2$ 二丙烯三硫化物

$CH_2=CHCH_2-S-CH_2CH=CH_2$ 丙烯硫醚

这些硫化物是由植物体内的蒜氨酸（S-烯丙基-L-半胱氨酸亚砜）在水解酶的作用下而产生。蒜氨酸本身是无味的，但当鳞茎切碎后，蒜氨酸与蒜氨酸酶相互接触，水解生成蒜素：

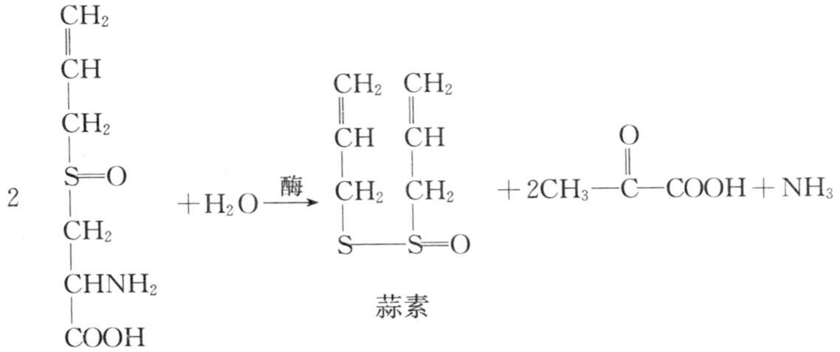

$$2\,CH_2{=}CH-CH_2-S({=}O)-CH_2-CHNH_2-COOH + H_2O \xrightarrow{酶} (CH_2{=}CH-CH_2-S)-(S({=}O)-CH_2-CH{=}CH_2) + 2CH_3-\overset{\overset{O}{\|}}{C}-COOH + NH_3$$

蒜氨酸 → 蒜素

蒜素进一步被还原，即形成前述风味化合物。加热后酶受到破坏，同时挥发性香辛气味也跑掉一部分，因而葱、蒜等加热后辛辣气味就淡得多。

又如洋葱特有的辛辣香气的产生可归因于 S-烷基-L-半胱氨酸亚砜裂合酶对前驱物 S-取代的 L-半胱氨酸亚砜作用的结果，其产物为含硫的挥发香气物质。

$$2R-\overset{\overset{O}{\uparrow}}{S}-CH_2-\underset{\underset{NH_2}{|}}{CH}-COOH+H_2O\xrightarrow{\text{裂合酶}}R-\overset{\overset{O}{\uparrow}}{S}-S-R+2NH_3+2CH_3-\overset{\overset{O}{\|}}{C}-COOH$$

萝卜的辣味，是因为含有甲硫醇和黑芥子素，它们经酶水解而形成异硫氰酸丙烯酯。

$$C_3H_5N=C\begin{matrix}\diagup SC_6H_{11}O_5\\ \diagdown OSO_3K\end{matrix}\xrightarrow{\text{酶}}\underset{\text{异硫氰酸丙烯酯}}{C_3H_5N=C=S}+C_6H_{12}O_6+KHSO_4$$

姜的香味物质成分主要有姜酚、姜萜、莰烯、水芹烯、柠檬醛、芳樟醇等。花椒、胡椒、辣椒的辣味物质主要有辣椒素、二氢辣椒素、山椒素、胡椒碱等。

许多十字花科蔬菜种子都含有具辛辣味的芥子素。在芥子酶的作用下分解而生成异硫氰酯及其他化合物。

$$R-CH_2N=C\begin{matrix}\diagup OSO_3^-\\ \diagdown S-C_6H_{11}O_5\end{matrix}\xrightarrow{\text{芥子酶}}\left\{\begin{matrix}\underset{\text{异硫氰酯}}{R-CH_2-N=C=S}\\ +\\ \underset{\text{硫氰酯}}{R-CH_2-S-C\equiv N}\end{matrix}\right.+\text{葡萄糖}+HSO_4^-$$

在甘蓝、芦笋等蔬菜中还含有蛋氨酸，蛋氨酸经加热可分解为具清香气味的二甲硫醚。

$$CH_3-S-CH_2CH_2-\underset{\underset{NH_2}{|}}{CH}-COOH\xrightarrow{\text{酶}}CH_3-S-CH_3+CH_2=\underset{\underset{NH_2}{|}}{CH}-COOH$$

三、香气在成熟衰老过程中的变化

芳香物质使果蔬具有典型的香味，但芳香物质稳定性差，容易变化和消失。

果蔬一般随之成熟体内香味前体含量逐渐升高，芳香物质逐渐合成，芳香成分的含量逐渐提高，产生香气的能力随之增大；只有当果实完全成熟的时

候，其香气才能很好地表现出来，此时含量最多，香味最浓。在衰老过程中，香味前体逐渐减少，产生香气的能力越来越弱，产品中香味物质含量略有降低。芳香物质极易挥发而且具有催熟作用，在贮藏的过程中，应及时通风换气。

没有成熟的果实缺乏香气，在果实成熟的时候可以明显感受到香气的芬芳，如苹果成熟期中开始转为黄绿色时正是芳香物质含量的顶峰，这时含量最多的是丁醇，其次是醋酸丁酯、醋酸戊酯、醋酸异戊酯和醋酸已酯。而当果实衰老时则生成异臭导致品质下降。香蕉、猕猴桃等呼吸跃变型的水果，随着后熟的进行，香气大量形成。因此判别果实的成熟与否，香气是重要的标志之一。

果蔬在不同成熟期产生的芳香物质是不同的，如金冠苹果发育早期，果实散发出的气体主要是碳氢化合物，不饱和的醇、醛及饱和的酯类；在发育中期，上述化合物的含量有下降的趋势，而出现饱和的醇、醛及酯；采收时形成的挥发性物质表现出了金冠苹果的特征香气。使用多效唑可明显抑制采收时金冠苹果特征香气的产生。

正是由于果蔬中芳香成分的含量和主体组成成分不同，才构成各种果蔬独特的香气特点。

果蔬中的芳香物质各有其独特的化学成分和性质，所以香味的强弱并不完全取决于芳香物质含量的多少。

温度对芳香物质的挥发和分解影响很大。高温贮藏果蔬时，芳香物质挥发和分解的速度加快，香气大大降低，因此，在低温条件下贮藏有利芳香物质的保存。

不论各种果实释放的挥发性物质组分差异如何，只有成熟或衰老时才有足够的数量累积，显示出该品种特有的香气，可以说挥发性物质是果实成熟或衰老过程的产物。

第三节　味　　觉

果蔬中天然存在的味觉（taste）主要有酸、甜、苦、辣、涩。

一、酸　　味

酸味（sour）是许多食物的一种重要滋味，是溶液中的氢离子作用于舌黏膜而引起的一种刺激。溶液中的氢离子是酸性化合物解离产生的，由有机酸决定。

果蔬中的有机酸，在风味上起着很重要的作用，能促进食欲，有利于食物的消化，又可使食物保持一定酸度，对维生素 C 的稳定性具有保护作用，还可以作为呼吸基质，是合成能量 ATP 的主要来源，同时它也是细胞内很多生化过程所需中间代谢物的提供者。

（一）种类

果蔬中有 30 多种有机酸，分布最广的有苹果酸、柠檬酸和草酸。此外，还发现很多特有的有机酸，如酒石酸、琥珀酸、α-酮戊二酸或延胡索酸等。有机酸不仅直接影响果蔬的风味和品质，而且能调节人体内酸、碱的平衡。

1. 苹果酸 苹果酸（malic acid）在果实中以仁果类的苹果、梨及核果类的桃、杏、樱桃等含量较多。蔬菜中以莴苣、番茄含量较多。其结构式：

$$\begin{array}{c} HO—CH—COOH \\ | \\ H—CH—COOH \end{array}$$

2. 柠檬酸 柠檬酸（citric acid）为柑橘类果实所含的主要有机酸，也称枸橼酸，因存在于柠檬和枸橼中而得名，还存在于树莓、草莓、菠萝、石榴、刺梨、凤梨、桃等许多水果中。柠檬酸水合物的结构：

$$\begin{array}{c} CH_2—COOH \\ | \\ HO—C—COOH \cdot H_2O \\ | \\ CH_2—COOH \end{array}$$

3. 草酸 草酸（oxalic acid）是果蔬中普遍存在的乙二酸，为无色透明晶体，分子式 $C_2H_2O_4$。草酸在蔬菜中较为普遍，尤以菠菜、苋菜、竹笋、青蒜、洋葱、茭白、毛豆等含量较多，在果实中含量极少。

4. 其他 在未成熟的水果中存在较多的琥珀酸及延胡索酸；苯甲酸存在于李子、蔓越橘等水果中；水杨酸常以酯态存在于草莓中。酒石酸为葡萄中含有的主要有机酸，故有葡萄酸之称。

（二）含量

在各种水果和蔬菜中，因果蔬的品种、成熟度、部位的不同，其酸的种类和含量差异较大。一般水果含酸量为 0.5%～1%。蔬菜中除番茄（含酸 0.5%）外，含酸量一般为 0.1%～0.2%，低的仅 0.1%左右。

各种水果的含酸量不同，山楂、灯笼果、葡萄等含酸较多，梨、桃、香瓜等含酸较少。未成熟的水果含酸多，成熟时酸味减少，甜味加浓。同一品种的水果，早熟品种含酸较多，晚熟品种含酸较少。

1. 不同果蔬间有机酸的差异 不同果蔬含有的有机酸种类和含量都存在差异，苹果中的苹果酸含量约为 70%，柑橘类果实中大部分为柠檬酸，在李、樱桃、杏、桃、香蕉等果实中柠檬酸和苹果酸均等。但也有少数水果例外，如

葡萄主要含酒石酸，鳄梨中则缺少柠檬酸和苹果酸。不同种类的果蔬中有机酸见表 2-4。

表 2-4　部分水果的酸含量、pH 及主要有机酸组成

（王文辉、徐步前，2003；李富军等，2004）

名称	酸含量/%	pH	主要有机酸
苹果	0.2～1.6	3.00～5.00	苹果酸约为 70%，柠檬酸约为 20%
梨	0.1～0.6	3.20～3.95	苹果酸、柠檬酸
葡萄	0.3～2.1	2.50～4.50	酒石酸（40%～60%）、苹果酸
桃	0.2～1.0	3.20～3.90	苹果酸、柠檬酸
杏	0.2～2.6	3.40～4.00	苹果酸（大部分）、柠檬酸
李	0.4～3.5	3.40～3.50	苹果酸（大部分）、柠檬酸
甜樱桃	0.3～0.8	3.20～3.95	苹果酸
草莓	1.3～3.0	2.80～4.40	柠檬酸（70%以上）、苹果酸
温州蜜柑	0.8～1.2	3.96～5.24	柠檬酸（90%左右）、苹果酸
橙	0.8～1.35	3.55～4.90	柠檬酸、苹果酸、半乳糖醛酸
香蕉	0.1～0.4	4.5～5.7	苹果酸（50%）、柠檬酸

2. 果蔬的不同部位、成熟度等对其含酸量也有影响　同一果实一般近果皮的果肉含酸量和尚未成熟的果肉含酸量较高。果蔬成熟时，一般总酸含量下降。如番茄在成熟过程中，总酸度从绿熟期的 0.94%下降到完熟期的 0.64%，同时糖的含量增加，糖酸比增大，具有良好的口感，故通过对酸度的测定可判断原料的成熟度。在粘核桃中，柠檬酸下降速率快于苹果酸；而在苹果和梨中，情况相反。果实中不同部位含酸比例也不相同，如在橘子皮中以苹果酸为主，而不是以柠檬酸为主。

3. 果实的贮藏等对果实的含酸量也有影响　含酸量是影响果实风味品质的重要指标，也是判断水果贮藏效果好坏的主要指标之一。据中国农科院果树研究所测定，金冠、富士苹果常温（30℃）存放 30d，酸含量分别下降 34%和 32%；津轻苹果常温贮藏 22d，酸含量下降 37%。核果类贮后风味变淡，其中重要原因之一是酸度下降。但是，对于酸度很高的水果，如很酸的橘子，经贮藏后酸度适当下降反而变得可口；而酸含量低的苹果经贮藏后风味变淡，则是人们所不愿接受的。

（三）酸度

酸度是指舌头所能感受到的酸的程度。果蔬酸味的强弱主要决定于其 pH。人的唾液酸碱度为 pH 6.7～6.9，当食品 pH 高时，一般觉察不出有酸味，当 pH 低于 5 时，人就会感觉到酸味，当 pH 低于 3.0 以下时，就会感到强烈的酸味，并且这种酸味感难以使人适口。

果蔬中主要含有机酸，pH 多在 3.7～4.9，即当果蔬汁液的 pH 为 3.7～4.9 时就可感到酸味。不同果蔬中含有的各种有机酸的 pH 见表 2-4。由表 2-4 可以看出，大多数水果 pH 在 3～4，甚至更低，而大多数蔬菜 pH 为 5～6.4，所以，通常我们感觉不到新鲜蔬菜的酸味，而大多数新鲜水果带有不同程度的酸味。

影响酸度的因素有以下几方面。

（1）酸的种类：不同果蔬中含有的有机酸种类不同，其酸度也不同。酸度一般以结晶柠檬酸（一个结晶水）为基准定为 100，其他有机酸的酸度：酒石酸为 130，苹果酸为 125，柠檬酸为 110。

（2）含酸量的高低：不同果蔬的含酸量差异较大，一般含酸量高的果蔬，酸度相对较大。

（3）有机酸存在的状态：果蔬中的有机酸在果蔬组织中以游离状态或结合成盐类的形式存在，游离状态的酸度高于结合状态。大多数水果中游离酸比结合酸多，很少有例外（如葡萄），而蔬菜中常以结合酸占优势，如菠菜，所以大多数水果较蔬菜酸。

（4）含糖量及单宁等物质：果蔬的含糖量、单宁物质、苦味物质以及果肉的组织状态均对其风味有影响。

果蔬中的有机酸可与糖形成糖酸混合的特殊风味，在味觉上有减低甜味的作用，所以果蔬的味感与果蔬的糖酸比值有密切关系，常以糖酸比值来衡量果蔬的风味。

$$\text{糖酸比值} = \frac{\text{糖的总含量}}{\text{有机酸的总含量}}$$

一般总糖含量多，总酸含量少，其糖酸比值高，则口味偏甜；反之，总酸含量多，总糖含量少，其糖酸比值低，则口味偏酸。

此外，果蔬中的单宁（鞣质）含量也影响风味。当单宁与糖酸共存，并以适合比例存在时，可形成水果良好的风味。单宁可以增加清爽感，能强化有机酸的酸味。当单宁含量增加时，果蔬的酸味就会格外明显，并且单宁具有强烈的收敛性，含量过多会导致舌头味觉神经的麻痹而使人感到强烈的涩味。

（5）细胞体内缓冲物质的含量：果蔬中的酸度还与果蔬细胞体内缓冲物质的含量有关，主要是氨基酸、蛋白质的含量。由于果蔬中的有机酸能够离解，所以果蔬细胞体内缓冲物质含量高时，可以阻止有机酸的离解，体系缓冲能力增强，增大了酸的柔和性，使果蔬的酸度表现不明显。

人对酸味的感觉随温度而增强，这一方面是由于 H^+ 的解离度随温度增高而加大；另一方面也由于温度升高使蛋白质等缓冲物质变性，失去缓冲作用所致。

（四）有机酸在成熟衰老期间的变化

各种不同类型的果蔬及其在不同的发育时期内，它们所含酸的种类和浓度是不同的。如未熟番茄中有微量草酸，正常成熟的番茄以苹果酸和柠檬酸为主，过熟软化的番茄中苹果酸和柠檬酸降低，而且有琥珀酸形成；菠菜细嫩叶中含有苹果酸、柠檬酸等，老叶中含草酸。一般而言，果实在生长期间有机酸含量逐渐增加，到完熟时达到最高，随后急剧下降，如已进入或接近成熟期的葡萄和苹果含游离酸（可滴定酸）量最高，成熟后又趋于下降（图2－6）。香蕉和梨则与此相反，可滴定酸于发育中逐渐下降，成熟时含量最低。

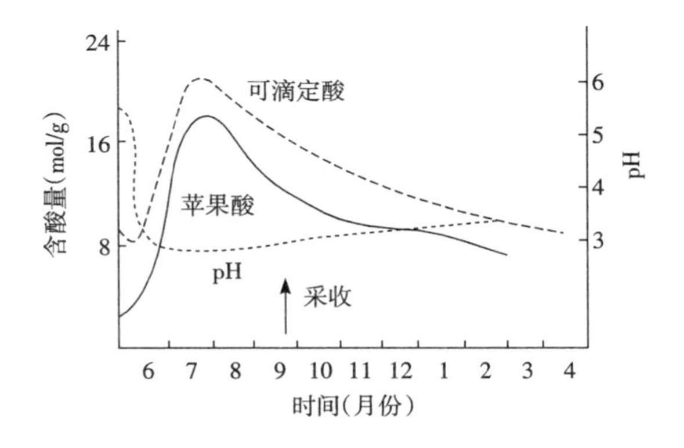

图2－6　苹果采收前后可滴定酸和pH的变化

（周山涛，1998）

二、甜　　味

果蔬中的甜味物质主要是糖及其衍生物糖醇。糖分是果蔬中可溶性固形物的主要成分，果蔬中的糖不仅是构成甜味（sweet）的物质，也是构成其他化合物的成分。如某些芳香物质以配糖体形式存在，许多果实的鲜艳颜色来自糖与花青素的衍生物，果胶属于多糖结构，而果实中的维生素C也是由糖衍生而来。

（一）种类

糖是果蔬甜味的主要来源，是重要的贮藏物质之一，果蔬中的糖有40多种，主要是葡萄糖、果糖、蔗糖和某些戊糖等。葡萄糖和果糖都是单糖，具有还原性；蔗糖是双糖，无还原性，在蔗糖酶（又称转化酶）的作用下或与稀酸共热可水解成等量的葡萄糖与果糖，称为转化糖。其中对人体最有营养价值的是葡萄糖和果糖，但由于这两种糖是果蔬生理活动的基质和微生物繁殖的养分，因而富含葡萄糖和果糖的果蔬，其生理活动就比较强，并且易受微生物的侵害。

不同果蔬中糖分的组成因植物种类或品种的不同而有差异，仁果类如苹果、梨、山楂含果糖最多，葡萄糖和蔗糖次之。果糖是最易消化的糖，所以苹果及其他仁果类中的糖对人体特别适宜。核果类如桃、李、杏，含蔗糖最多，葡萄糖次之，果糖最少。浆果类中的柿子、葡萄、草莓、番茄等以葡萄糖和果糖最多，两者含量几乎相等，蔗糖含量很少，一般低于1%，其中番茄和葡萄中几乎没有蔗糖，西瓜中以果糖为主，葡萄糖次之，蔗糖最少，而甜瓜中则以蔗糖为主。柑橘果实中蔗糖含量最多，果糖次之，葡萄糖最少。在蔬菜中，甘蓝、黄瓜、南瓜和菜豆等所含的糖主要是葡萄糖和果糖，胡萝卜、豌豆、洋葱等则含蔗糖较多。

（二）含量

果蔬的含糖量，因果蔬种类和品种不同而有很大差别（表2-5），含糖量在果实成分中仅次于水分，含6%～20%不等，一般蔬菜的含糖量少于果品。

由于果蔬种类和品种不同，糖分的种类、含量和比例也有很大的变化（表2-6）。

表2-5 部分果蔬的含糖量（%）

名称	含糖量	名称	含糖量
柠檬	5	草莓	7.4～8.6
苹果	6～15	柿子	＞18
梨	8～10	胡萝卜	3.3～12
桃	10～12.5	洋葱	3.5～12
李	6～10	甜菜	9.6～13.3
杏	8～12	西瓜	5.5～12
樱桃	11～17	甜瓜	7～18
葡萄	16～20	南瓜	2.5～9
甜橙	8	番茄、青椒、黄瓜、洋白菜等其他蔬菜	1.5～4.5
橘子	6～7		

表 2-6　部分果蔬的蔗糖、葡萄糖、果糖含量（%）

（应铁进，2001）

种类	蔗糖	葡萄糖	果糖
苹果（红玉）	2.97	2.39	5.13
苹果（红星）	4.41	2.82	5.35
枇杷（田中）	1.34	3.46	3.60
李	0	0	4.20
樱桃（拿破仑）	0	3.80	4.60
梨（长十郎）	1.80	1.39	3.85
洋梨（巴黎）	0.61	2.16	6.92
柿子（富有）	0.76	6.17	5.14
桃	5.14	0.76	0.93
葡萄（加州）	0	8.09	6.92
草莓（福羽）	0.17	1.35	1.59
西瓜	3.06	0.68	3.41
番茄（Marglobe）	0	1.91	1.60
番茄（栗原）	0	1.62	1.61

（三）甜度

阈值是人们对某种刺激敏感性的度量，一般指最小可察觉的刺激程度或最低刺激物浓度。通常把人能尝到糖溶液甜味的最低浓度称为甜味阈值。影响果蔬甜味的因素很多，主要有以下方面：

1. 糖的种类　糖的甜度因种类不同而不同，果糖最甜，蔗糖次之，葡萄糖甜度较低。如果以蔗糖的甜度为 100 的话，果糖甜度为 173，而葡萄糖的甜度只有 74。因此，果蔬中含有的糖的种类不同，甜度就不同。

2. 含糖量高低　不同的果蔬其含糖量和含糖的种类各不相同，因此它们的甜度也不相同。同一种糖，含量越高越甜。不同果蔬的含糖量如前所述。

3. 有机酸和单宁物质的含量　在果蔬中，糖、酸、单宁等成分相互作用和影响，形成了各种果蔬的独特风味，任一方过多，都会掩蔽其他成分的味感，只有各种成分以适合比例存在时，才能形成果蔬良好的风味。如柿子中单宁物质含量高，就会屏蔽糖的甜度。

4. 溶解度　各种糖的溶解度不相同，甜感就有差别。果糖溶解度最高，其次是蔗糖、葡萄糖。

（四）糖在成熟衰老过程中的变化

果蔬在成熟衰老过程中，含糖种类在不断变化。例如：杏、桃和芒果等果品成熟时，蔗糖含量逐渐增加。成熟的苹果、梨和枇杷，以果糖为主，也含有葡萄糖，蔗糖含量也增加。未熟的李子几乎没有蔗糖，到黄熟时，蔗糖含量有一个迅速增加的过程。

果蔬在成熟衰老过程中，含糖量也在不断变化。一般的果蔬在未成熟时含糖量很少，随着逐渐成熟，含糖量日益增加，完熟时含糖量最高，故成熟度高的果蔬滋味较甜。随着衰老或贮藏时间的延长，含糖量又缓慢下降。但对于多数水果来说，糖含量下降较小，不至于影响果实食用品质。而块茎、块根类蔬菜，成熟度越高，含糖量越低。

果蔬在成熟衰老期间含糖量变化受呼吸、淀粉水解和组织失水程度的影响。

可溶性糖是果蔬的呼吸底物，在呼吸过程中分解放出热能，使糖含量逐渐减少。但有些种类的果蔬，由于淀粉水解所致，使糖含量测值有升高现象。

采收时淀粉含量较高（1%～2%）的果蔬（如苹果），采后淀粉水解，含糖量暂时增加，果实变甜，达到最佳食用阶段后，含糖量因呼吸消耗而下降。采收时不含淀粉或含淀粉较少的果蔬，如番茄和甜瓜等，随贮藏时间的延长，含糖量逐渐减少。

衰老或贮藏期间失水较严重的辣椒果实随着后熟变红，水分和淀粉粒减少，干物质与含糖量随果实成熟度增加而递增。

果蔬在成熟衰老或贮藏期间各种糖的比例也发生了变化。如成熟的甜瓜总糖含量虽高，蔗糖比例也大。在贮藏期间蔗糖因水解而减少，还原糖增加。未成熟的甜瓜经两个月贮藏还原糖减少，蔗糖增加，5个月后蔗糖又趋于减少，还原糖则又增加。在甜瓜果实成熟衰老时期，糖分组成变化经历了还原糖、蔗糖、还原糖的转化过程。

三、苦　　味

水果和蔬菜的苦味（bitter）主要来自含有生物碱和糖苷的苦味物质，果蔬中的苦味物质种类很多，依果蔬种类而不同，多数为苷类，果蔬中常见的苦味物质主要有以下几种。

1. 苦杏仁苷　苦杏仁苷（amarogentin）是果实种子中普遍存在的一种苷。以核果类含量最多，仁果类的种子中含量较少或没有。未成熟核果的果肉内含量0%～4%，桃、梅、李、杏、酸樱桃、苦扁桃、苹果、枇杷等的果核

种仁中均有存在，其中以核果类的杏核（含 0%～3.7%）、苦扁桃核（含 2.5%～3.0%）、李核（含 0.9%～2.5%）、苦杏仁（含 2%～3%）含量最多。

苦杏仁苷本身无毒，但在苦杏仁苷酶或酸的作用下，水解为 1 分子的苯甲醛、1 分子的氢氰酸和 2 分子的葡萄糖，氢氰酸具有剧毒。

$$\underset{\text{苦杏仁苷}}{C_{20}H_{27}NO_{11}} + 2H_2O \xrightarrow{E} \underset{\text{葡萄糖}}{2C_6H_{12}O_6} + \underset{\text{苯甲醛}}{C_6H_6CHO} + \underset{\text{氢氰酸}}{HCN}$$

2. 茄碱苷　茄碱苷（solanin）又称龙葵碱，不溶于水，溶于热酒精和酸溶液中，具有苦味且有剧毒，含量达 0.02%时即可引起中毒。主要存在于茄科植物中，其中以马铃薯块茎中含量较多，为 0.002%～0.01%，且大部分集中于薯皮中，薯肉中较少。当马铃薯在阳光下暴露而发绿或发芽后，其绿色部分和芽眼部分含量剧增。番茄和茄子果实中也含茄碱苷，未熟绿色果实中较高，成熟时含量逐渐降低。

茄碱苷在酶和酸的作用下，可以水解分解出葡萄糖、半乳糖、鼠李糖，非糖部分即茄碱。茄碱苷和茄碱均不溶于水，而溶于酒精和酸中。其反应式如下：

$$\underset{\text{茄碱苷}}{C_{45}H_{73}O_{15}N} + \underset{\text{水}}{3H_2O} \longrightarrow \underset{\text{茄碱}}{C_{27}H_{43}ON} + \underset{\text{葡萄糖}}{C_6H_{12}O_6} + \underset{\text{半乳糖}}{C_6H_{12}O_6} + \underset{\text{鼠李糖}}{C_6H_{12}O_5}$$

3. 葫芦苦素　葫芦苦素（cucurbitacin）种类较多，如苦瓜所含的苦瓜苷、奎宁等。葫芦苦素主要存在于葫芦科植物的果实中，是苦瓜、黄瓜、丝瓜及甜瓜等的呈苦物质，特别是葫芦，有时整个果实均有苦味，不堪食用，而黄瓜有时在“瓜把”部位，即近果柄一端带有苦味。

4. 苎烯　已知作为柑橘中的苎烯（limonoid），有柠檬苦素、异柠檬苦素、诺米林、萜二烯等的氧杂萘邻酮系物质。脐橙的苦味成分是柠檬苦素和异柠檬苦素。夏橙种子中苦味成分是柠檬苦素、异柠檬苦素及诺米林，它们在种子以外的部分也多少存在一些。即使只十万分之一浓度的柠檬苦素，人们也能感到有苦味。

5. 黑芥子苷　黑芥子苷普遍存在于十字花科蔬菜中，具有特殊的苦辣味。黑芥子苷在黑芥柳酸酯酶和硫苷酶的作用下进行水解，水解后生成具有特殊风味和香气的芥子油、葡萄糖和其他化合物，不但苦味消失，而且品质有所改进，此种变化在蔬菜腌渍中很重要。

$$\underset{\text{黑芥子苷}}{C_{10}H_{16}NS_2KO_9} + \underset{\text{水}}{H_2O} \longrightarrow \underset{\text{芥子油}}{CSNC_3H_5} + \underset{\text{葡萄糖}}{C_6H_{12}O_6} + \underset{\text{硫酸氢钾}}{KHSO_4}$$

6. 柑橘类糖苷　柑橘类糖苷存在于柑橘类果实中，以果皮、橘络、囊衣和种子中为多。主要有橘皮苷、柚皮苷、橙皮苷和柠檬苷等，这些苷类都是具有维生素 P 活性的黄酮类物质。柑橘类糖苷具有苦味，难溶于水，易溶于热碱，并随 pH 和温度的升高溶解度增大，是柑橘果实苦味的来源。这些苷类在稀酸和酶的作用下水解，其含量会随着果实的成熟和贮藏而降解。

四、辣　　味

适当的辣味（chili）能增进食欲，促进消化液的分泌，所以是形成食物风味的一个重要方面。天然辣味物质就其辣味可分为 3 类：

1. 辛辣（芳香性辣）**味物质**　辛辣味物质属于芳香族化合物，其辣味伴有较强烈的挥发性芳香味物质，如肉桂中的桂皮醛、生姜中的姜酮、百味胡椒中的丁香酚等。

2. 热辣（火辣）**味物质**　热辣味物质是在口中能引起灼烧感觉而无芳香的辣味。属于此类辣味的物质常见的主要有辣椒、胡椒、花椒 3 种。花椒除辣味成分外还富有一些挥发性香味成分。其中辣椒的主要辣味成分是类辣椒素，胡椒的主要辣味成分是胡椒碱，花椒的主要辣味成分是花椒素。

3. 刺激性辣味物质　刺激性辣味物质是含硫化合物，最突出的特点是能刺激口腔、鼻腔和眼睛，具有味感、嗅感和催泪性。此类辣味物质主要有蒜、葱、韭菜中的硫代丙烯类化合物和芥末、萝卜中的异硫氰酯两类。

五、涩　　味

涩味（astrigency）表现为口腔组织引起粗糙褶皱的收敛感觉和干燥感觉，这通常是由于涩味物质与黏膜上或唾液中的蛋白质生成了沉淀或聚合物而引起的。因此也有人认为涩味不是作用于味蕾产生的味感，而是由于触角神经末梢受到刺激而产生的。

引起涩味的分子主要是单宁等多酚类化合物，如未成熟的柿子和香蕉。此外某些金属、明矾、醛类、糖苷等也会产生涩感，如橄榄果实有相当强的涩味，不能生食，它的主要成分是橄榄苦素的糖苷；在某些果蔬中则是由于草酸、香豆素类和奎宁等所引起的。单宁分子具有很大的横截面，易于同蛋白质发生疏水结合；同时它还含有许多能转变为醌式结构的苯酚基团，也能与蛋白质发生交联反应。这种疏水作用和交联反应都可能是形成涩感的原因。

（一）单宁的分类和含量

单宁（tannin）又称鞣质，属于酚类化合物，其结构单体主要是邻苯二酚、邻苯三酚及间苯三酚。主要有两大类：水解型单宁和缩合型单宁。

水解型单宁也称焦性没食子酸单宁，是由没食子酸或没食子酸衍生物以酯键或糖苷键形成的酯或糖苷，如单宁酸和绿原酸。这类单宁在热、酸、碱或酶的作用下水解成单体。

单宁酸　　　　　　　　　　绿原酸

缩合型单宁也称儿茶酚单宁，如儿茶素。这类单宁在酸或热的作用下进一步缩合，成为高分子的无定形物质——红粉，也称栎鞣红。

儿茶素

果蔬种类不同，单宁含量不同。单宁广泛存在于水果中，特别是未成熟的柿、李等果实中含量高，一般果实含单宁0.02%～0.3%。蔬菜中除茄子、蘑菇等之外，一般单宁含量较少。单宁含量低时使人感觉有清凉味，若含量高时就不堪食用。各种果实中的单宁含量如表2-7。

表2-7　几种果实中单宁的含量（%）

（赵晋府，1999）

种类	含　量	种类	含　量
苹果	0.025～0.276	杏	0.020～0.100
梨	0.015～0.170	樱桃	0.053～0.151
李	0.065～0.200	草莓	0.100～0.410
桃	0.063～0.220	柿子	0.50～2.00

（二）褐变

单宁与食品的涩味和色泽的变化有十分密切的关系。单宁对风味的影响在酸味、甜味中已介绍。单宁能引起果蔬的变色，主要是由氧化酶和单宁类物质引起的氧化褐变。在苹果、梨、香蕉、樱桃、草莓、桃等水果中经常遇到，如含单宁较多的果蔬在去皮、切分后，暴露在空气中会发生氧化褐变，而影响其外观品质。在柑橘、菠萝、番茄、南瓜等果蔬中，由于缺乏诱发褐变的多酚氧化酶，因而很少出现褐变。

（三）涩味在成熟衰老过程中的变化

果蔬种类不同，单宁含量不同。一般果品未成熟时单宁含量较多，涩味较强。随着果实成熟度的提高，经过一系列的氧化或与酸、酮等作用，单宁含量逐渐降低，失去涩味。如李未成熟时单宁含 0.32%，成熟时为 0.22%，过熟时为 0.1%。

果蔬在成熟过程中，单宁与糖和酸的比例适当时，能表现出良好的风味。

水解型单宁具有很强的涩味，在果蔬生长发育过程中，多参与细胞代谢反应，随着果蔬的成熟，其含量不断下降。结合态单宁不溶解于水，也不呈现涩味。柿子等脱涩处理中就是水解型单宁发生氧化作用或者使之与醛、酮等作用，形成结合态单宁而脱涩，这其间单宁总含量虽有下降，但远不及游离态单宁下降的多。

未成熟的柿子是典型的含有单宁的水果。当未熟柿子的细胞膜破裂时，它从中渗出并溶于水而呈涩味。在柿子成熟过程中，单宁在酶的催化下氧化并聚合成不溶性物质，故涩味消失。青绿未熟的香蕉果肉也有涩味，但果实成熟后，单宁仅为青绿果肉含量的 1/5，单宁含量以皮部为最多，比果肉多 3～5 倍。

第四节　质　　地

质地（texture）是果蔬最主要的属性之一，主要体现为脆、绵、硬、软、柔嫩、粗糙、致密、疏松等。在生长发育、成熟、衰老、贮藏的过程中，果蔬的质地会发生很大变化。这种变化既可以作为判断果蔬成熟度、确定采收期的重要依据，又会影响到它的食用品质及贮藏寿命。果蔬的质地是由果蔬细胞的各种结构要素（水分、蛋白质、纤维素、淀粉、果胶等）的质、量和构成决定的。

一、水　　分

水分（moisture）是果蔬中含量最高的化学成分，大多数果蔬中水分占 80%～90%。一般鲜果含有 65%～92%，如山楂含 65%，枣含 73%，苹果含 88.7%，枇杷含 92%，草莓含 90%以上；鲜菜中含 65%～97%的水分，如百合含 65%，大蒜含 70%，马铃薯含 73%，胡萝卜含 88%，甘蓝、甜菜等含 90%，叶菜类水分含量一般可达 90%以上，黄瓜、西瓜、南瓜等瓜类高达 95%以上，如冬瓜和西葫芦含 97%。

水分是影响果蔬嫩度、鲜度和味道的重要成分，与果蔬的风味品质有密切关系。含水量高的果蔬细胞膨压大，使果蔬具有饱满挺拔、色泽鲜亮的外观和口感脆嫩的质地。果蔬中的一切可溶性物质都溶解在水中，水分多，表明鲜嫩多汁，品质优良；水分减少，就会降低食用价值。一般新鲜的果蔬水分减少5%以上，就会使果蔬萎蔫而降低鲜嫩品质。

含水量高的果蔬生理代谢非常旺盛，物质消耗很快，极易衰老败坏；同时，含水量高也给微生物、酶的活动创造了条件，使得果蔬容易腐烂变质。而水分减少，果蔬中酶的活性增强，加强了果蔬的化学反应速度，使营养物质减少，果蔬的耐贮性和抗病性减弱，常常引起品质的劣变，使贮藏期明显缩短。因此，正常的含水量是衡量果蔬新鲜程度的一个重要质量特征。

果蔬产品成熟时体内含水量最高，越是鲜嫩多汁，其质量也越高，随着产品衰老，含水量降低，采后的果蔬，随着贮藏时间的延长会发生不同程度的失水，表现疲软、萎蔫，造成新鲜度下降，使商品价值受到影响。果蔬产品的失水程度受环境温度影响，温度低，失水慢，所以采用低温贮藏果蔬是防止失水的有效措施。

二、淀　　粉

淀粉（starch）具有独特的化学与物理性质以及营养功能。淀粉和淀粉的水解产品是人类膳食中可消化的碳水化合物，它为人类提供营养和热量，而且价格低廉。淀粉存在于谷物、面粉、水果和蔬菜中，消耗量远远超过所有其他的食品亲水胶体。

（一）含量

淀粉是多种果蔬的重要成分，主要存在于未熟果实及根茎类、豆类蔬菜中。

果实中含量最多的是板栗，北方栗平均为51%，南方栗为60%；枣中淀粉含量也较多，为16%～40%，其他水果如桃、李、杏、柑橘、葡萄和核果类水果在成熟后基本不含淀粉。

仁果类水果未成熟时含有较多的淀粉，但是随着成熟，淀粉在淀粉酶的作用下逐渐水解成糖。如未成熟的香蕉，淀粉含量可达18%以上，待成熟后淀粉含量降到4%左右，过熟后可降到1%以下，而糖则由1%增至19.5%。未成熟的苹果含淀粉12%～16%，成熟后下降为1%～2%，从而影响果实的风味。

藕、菱、芋头、山药、马铃薯、凉薯、慈姑等薯芋类和豆类蔬菜中含有大量的淀粉，其他果蔬含量较少。其中薯类所含的淀粉最多，可达20%左右，如马铃薯为14%～25%，藕为12%～19%，青豌豆为6%，成熟后的豌豆为

20%～49%，成熟后的蚕豆为35%。

对于青豌豆、甜玉米等以细嫩子粒供食用的蔬菜，其淀粉含量的多少会影响食用及加工产品的品质。贮藏温度对淀粉的转化影响很大，如青豌豆采后存放在高温下，经2d后糖分合成淀粉，淀粉含量可由5%～6%增到10%～11%，糖量下降，甜味减少，品质变劣。

果蔬中的淀粉含量不仅在成熟中会发生变化，而且在采收后的贮藏期间也会由于水解酶的活性加强，淀粉逐渐变为糖，致使甜味增强，食用品质得到改善。

（二）结构与性质

淀粉是由D-葡萄糖分子经缩合而成的高分子多糖，以颗粒的状态存在于果蔬的细胞中，有两种结构，一种是直链结构，称直链淀粉（amylose）（图2-7），一种是支链结构，称支链淀粉（amylopectin）（图2-8）。

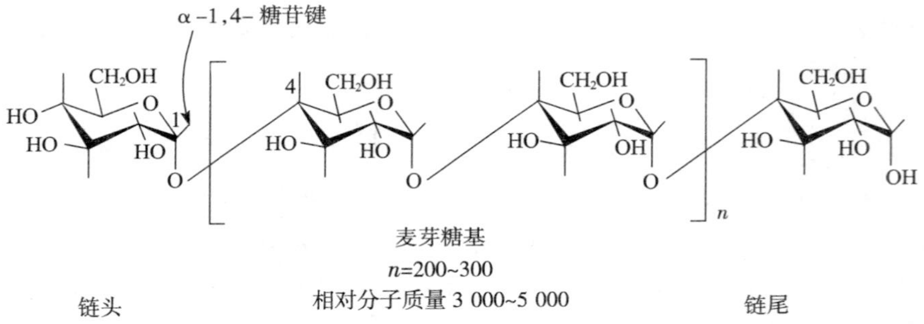

α-1,4-糖苷键

麦芽糖基

n=200~300

链头　　相对分子质量 3 000~5 000　　链尾

图2-7　直链淀粉的结构

果蔬中的淀粉在成熟和贮藏过程中可分解为可溶性的寡糖和单糖，示意图如下：

$$(C_6H_{12}O_5)_m \longrightarrow (C_6H_{12}O_5)_n \longrightarrow C_{12}H_{22}O_{11} \longrightarrow C_6H_{12}O_6$$

淀粉　　糊精　　麦芽糖　　葡萄糖

（三）果蔬中淀粉的变化

在植物体内光合作用所合成的糖，大部分转化为淀粉，很多高等植物尤其是谷类子粒及其贮藏组织中都贮存有丰富的淀粉。在植物体内淀粉依靠酶的作用也可转化为糖。淀粉-糖在组织中的变化可以影响到果蔬的品质。

1. 淀粉分解　许多果实在成熟时淀粉逐渐减少或消失。未催熟的绿熟期香蕉淀粉含量可达20%，成熟后下降到1%以下；苹果和梨在采收前，淀粉含量达到高峰，开始成熟时，大部分品种下降到1%左右。这些变化都是淀粉酶和磷酸化酶所引起的。前者使淀粉水解，后者使淀粉磷解。

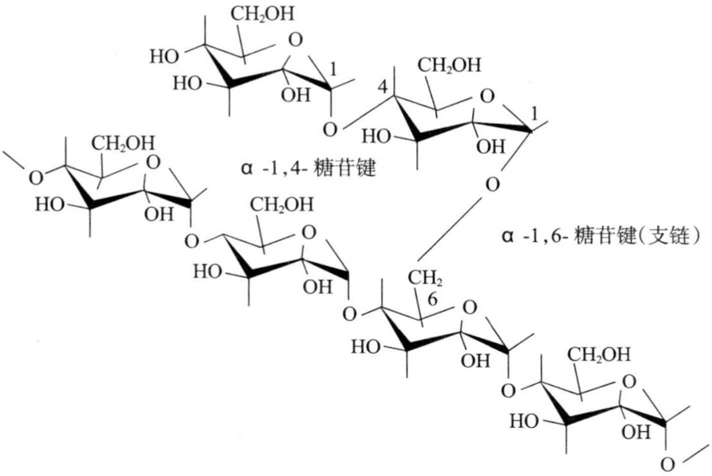

图 2-8　支链淀粉的结构

（1）水解作用：在子粒发芽和繁殖体（块茎、块根）萌发期，淀粉水解很强烈。淀粉的分解，也是在多种酶的参与下完成的。淀粉水解的最后产物是葡萄糖或 1-磷酸葡萄糖。

水解淀粉的酶有淀粉酶、R-酶、麦芽糖酶，淀粉酶有 α-淀粉酶与 β-淀粉酶两种，两者只能催化水解淀粉中的 α-1,4-糖苷键。水解淀粉分支点 α-1,6-糖苷键的酶为 R-酶。淀粉水解产物为葡萄糖和麦芽糖，所产生的麦芽糖在麦芽糖酶的催化下，分解为两个分子的葡萄糖，在植物体内麦芽糖酶与淀粉酶同时存在。

$$\underset{\text{直链淀粉}}{(C_6H_{10}O_5)n} + \frac{n}{2}H_2O \longrightarrow \underset{\text{麦芽糖}}{nC_{12}H_{22}O_{11}}$$

$$\underset{\text{麦芽糖}}{C_{12}H_{22}O_{11}} + H_2O \longrightarrow \underset{\text{葡萄糖}}{2C_6H_{12}O_6}$$

香蕉、苹果、洋梨（巴梨）等果蔬在淀粉酶和麦芽糖酶活动的情况下，可将淀粉转变为葡萄糖，该反应是不可逆的。当芒果成熟时，可观察到淀粉酶的活性增加，淀粉被水解为葡萄糖。

温度可影响淀粉-糖的互变，例如，在夏季室温下的香蕉，淀粉水解很快，香蕉迅速变甜，就是淀粉酶作用的结果。

淀粉的水解过程是由大分子逐渐变小，最后生成葡萄糖，因此在水解过程中与碘的呈色反应也是逐渐变化的，由蓝色、蓝紫色逐渐变成紫红色、红色、橙色，当分子小于 6 个葡萄糖单位时，就不起呈色反应。在生产实践中常用碘液来检验淀粉的水解是否完全。

（2）磷解作用：淀粉可在磷酸化酶和磷酸酯酶活动的情况下分解为糖类，转变是可逆的，淀粉的合成可由其逆反应得到。该反应在薯类中最常见。

低温时，磷酸化酶能断裂α-1，4-糖苷键，使淀粉转化为1-磷酸葡萄糖，其作用温度要求0～9℃，最适pH为7左右，高浓度磷酸能促进淀粉的分解。反应是可逆的，逆向反应最适pH为5左右。通常，高浓度的糖能促进淀粉的合成，例如，白天光合作用时可进行部分淀粉的有效合成，而夜晚糖浓度降低时淀粉便分解为糖，然后从叶片内运输到植物的其他部分。

$$\text{淀粉} + nH_3PO_4 \xrightleftharpoons{\text{淀粉磷酸化酶}} n\text{1-磷酸葡萄糖}$$

在冬季贮藏的马铃薯、果实、蔬菜等常常变得更甜，其原因就是由于淀粉磷酸化酶的作用将淀粉变成葡萄糖的结果。马铃薯在不同温度贮藏时，就有这种表现，如贮藏在0℃下，块茎还原糖含量可达6%以上，而贮于5℃以上，往往不足2.5%。

高温时，磷酸酯酶也能使磷酸糊精水解成葡萄糖，并释出磷酸，具有极明显的液化力，其作用最适宜的温度为57℃，最适宜的pH为5.5～6.0。

2. 淀粉合成 大多数果蔬在采收后，体内的淀粉会转化为糖类，但有些蔬菜不同，像甜玉米、豌豆、蚕豆等在采收后，如果放置于常温下，1～2d就会明显硬化，其主要原因是由于糖急速地转变成淀粉所致。植物体内淀粉合成分为直链淀粉和支链淀粉两个阶段（图2-9）。

如前所述，淀粉磷酸化酶既可使淀粉磷解，也可以催化直链淀粉的合成，反应是可逆的，反应方向由反应物浓度决定。由于植物细胞中无机磷酸浓度较高，不利于朝合成淀粉的方向反应，因此普遍认为，磷酸化酶的作用主要是使淀粉分解。

直链淀粉内部化学键全部是α-1,4-糖苷键，其合成主要是在淀粉合成酶，即UDPG（尿苷二磷酸葡萄糖）转葡萄糖苷酶和ADPG（腺苷二磷酸葡萄糖）转葡萄糖苷酶的催化下，以UDPG或ADPG为葡萄糖的供体，以麦芽糖、麦芽三糖或淀粉分子等为受体，进行糖链延长，该反应不可逆。

$$\begin{matrix} n\text{UDPG} \\ (\text{或 } n\text{ADPG}) \end{matrix} \xrightarrow[\text{引物}]{\text{UDPG（或 ADPG）转葡萄糖苷酶}} \begin{matrix} n\text{UDP} \\ (\text{或 } n\text{ADP}) \end{matrix} + (\alpha\text{-1，4-葡萄糖})_n$$

以上两种酶催化性质类似，其中ADPG转葡萄糖苷酶在植物中分布很广，酶活性很高，有不同的同工酶，合成淀粉的反应比UDPG快10倍，是高等植物合成淀粉的主要途径，至少有75%的淀粉是由ADPG合成的。如豆类及甜玉米中的淀粉含量高，有粉质感，就主要是淀粉合成酶合成的。

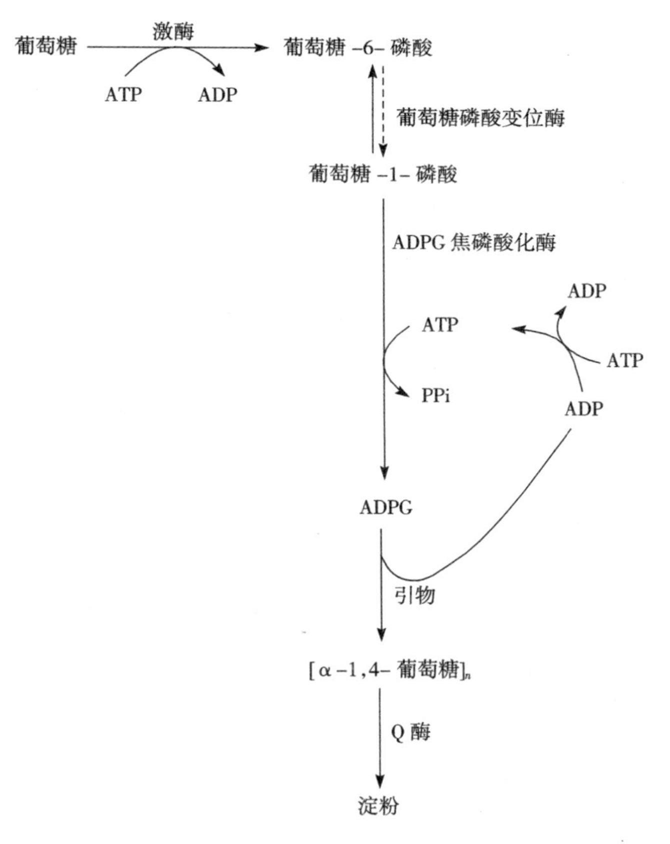

图2-9　淀粉的合成
（赵文恩等，2004）

支链淀粉含有α-1,6-糖苷键，是在淀粉合成酶和α-1,4-葡聚糖分支酶（Q酶）共同作用下合成的。淀粉合成酶催化葡萄糖以α-1,4-糖苷键结合，而Q酶能催化α-1,4-糖苷键转化为α-1,6-糖苷键，使直链淀粉转变为支链淀粉。其作用方式如下：

（1）Q酶与直链淀粉的非还原端结合，分裂为分子较小的断片。

$$O—O—O—O—O—O—O—O—O—O—C_1 + Q酶 \longrightarrow$$

非还原端　　　　　　　　还原端

$$O—O—O—O—O—C_1 + O—O—O—O—O—C_1$$

|
Q酶

（2）而后将断片移到C_6上，并以其C_1与C_6形成α-1，6-糖苷键的支链。

O—O—O—O—O—C_1 + O—O—O—O—O—O—O—O—O—O—C_1 ⟶
|　　　　　　　　　　　　|
Q 酶　　　　　　　　　　C_6

O—O—O—O—O—O—O—O—O—O—C_1
　　　|
　　　C_6—C_1—O—O—O—O—O

由此，在上述各种酶的协同作用下，便合成了直链淀粉和支链淀粉（图 2-9）。

三、纤 维 素

纤维素（cellulose）被称为现代人的“第七大营养素”，普遍存在于果蔬中，与果胶和半纤维素等结合在一起，是组成细胞壁的基本物质，起支持作用。细胞壁的物理性质大部分取决于纤维素的性质。果品中纤维素的含量为 0.2%～4.1%（橘 0.2%，桃 4.1%），蔬菜中为 0.3%～2.3%（南瓜 0.3%，辣椒 2.3%），特别是果蔬的皮层、输导组织和梗中含量更多。

在果实成熟过程中，纤维素通过果胶与木栓质、角质等结合成较坚实的复合纤维素，该物质具有抗机械损伤的能力，对果蔬的品质与贮运有重要意义，但因其组织粗糙，影响口感，降低了食用品质，如芹菜、菜豆等老化时纤维素增加，品质变劣。在梨的某些品种中，纤维素与木素结合在一起，构成木质化的细胞（即石细胞），使果肉粗糙而有砂粒状物质。

幼嫩果蔬组织的细胞壁中为水合纤维素，食用时口感细嫩，贮藏中随着果蔬组织的老化，纤维素则木质化、角质化，组织变得坚硬粗糙，影响质地，而且食用品质下降。含纤维素太多的果蔬，肉粗，皮厚，多筋，品质差；含量少的，脆嫩多汁，品质好。

四、果胶物质

果胶物质（pectin substance）是 α-1,4-D-吡喃半乳糖醛酸为单位组成的高聚物，存在于果蔬细胞的初生壁和中胶层，是构成细胞壁的主要成分之一，起着黏结细胞个体的作用。分生组织和薄壁组织富含果胶物质。它的形态、含量的变化，使果蔬具有了不同的质地，是影响果实质地软、硬、脆或绵的重要因素。

（一）含量

果胶物质在果蔬中的含量，因果蔬种类不同而有所区别，其中果品中果胶物质含量较多的有柚子（主要存在于柚皮中，其干计为 93.49%）、山楂（湿计为 6.4%）、香蕉（湿计为 2.24%）、苹果（湿计为 1%～1.8%）；在蔬菜中

含量多的有胡萝卜（干计为10%～18%）、南瓜（干计为7%～17%）、甘蓝（干计为5%～7.5%）和番茄（干计为2%～2.9%）等。

（二）变化

在果蔬组织中的果胶物质以原果胶、果胶、果胶酸三种形式存在。

1. 原果胶（protopectin） 原果胶存在于未成熟果蔬的细胞壁中。原果胶是果胶与纤维素结合而成的长链高分子化合物，不溶于水，质地较硬。未熟果实组织坚硬就是与原果胶的存在有关，未成熟果蔬的细胞间和细胞壁含有大量的原果胶，几乎不存在果胶，因而组织坚硬。原果胶含量越多，果肉硬度也越大，随着果实成熟度的提高，原果胶在原果胶酶或酸的作用下水解成果胶和纤维素，使果实变软。

2. 果胶（pectin） 果胶主要成分是半乳糖醛酸甲酯及少量半乳糖醛酸通过1，4-糖苷键连接而成的直链高分子化合物，是一种白色无味的胶体状物质，溶于水。果胶存在于果蔬细胞内的汁液中，与细胞汁一起呈溶液状态，也称可溶性果胶，成熟的果实组织中的果胶物质是以可溶性果胶为主。果胶虽具黏性，但黏性能力弱，使细胞间结合力松弛，果实质地变得柔软而富有弹性，脆嫩可口。当果实进一步成熟衰老时，果胶在果胶酶和酸、碱作用下水解。在半乳醛酸甲酯部分经果胶酯酶作用水解成果胶酸和甲醇。

3. 果胶酸（pectin acid） 果胶酸是由许多个半乳糖醛酸通过1，4-糖苷键结合而成，不溶于水。果胶酸存在于成熟的果实中，无黏性，使组织进一步变软，果实呈水烂状态，有的变“绵”。随着果蔬的进一步衰老，果胶酸在果胶酸酶的作用下，水解成半乳糖醛酸、己糖及戊糖，果实解体。

第五节 营养物质

果蔬是人体所需维生素、矿物质、膳食纤维的重要来源，有些果蔬中还含有淀粉、糖、蛋白质等维持人体正常生命活动必需的营养物质。

一、维 生 素

维生素（vitamin）虽然是果蔬的次要成分，但是却在人类营养（nutrition）中起着重要作用。新鲜的果蔬是食品中各种维生素的重要来源，对维持人体的正常生理机能起着重要作用。虽然人体对维生素需要量甚微，但缺乏时就会引起各种疾病。

果蔬中含有丰富的维生素C和作为维生素A原的胡萝卜素，还含有少量的B族维生素，如维生素B_1（硫胺素）、维生素B_2（核黄素）、维生素B_6（吡哆素)、维生素 B_{12}(钴胺素)、维生素 PP(尼克酸)、泛酸、叶酸等。其中豆类中维生素 B_1 含量最多，甘蓝、番茄中维生素 B_2 含量较多，莴苣富含维生素 E，菠菜、甘蓝、花椰菜、青番茄中富含维生素 K。

1. 维生素 C（抗坏血酸） 维生素 C 属于水溶性维生素，易溶于水。人类饮食中几乎所有的维生素 C 都是从水果和蔬菜中取得的。维生素 C 可治疗坏血病，调节脂肪代谢，促使胆固醇转化，有抗氧化作用，对动脉粥样硬化症也有防治功用。它参与人体代谢活动，加强对病菌的抵抗力，维持胶原的正常发育，在毛细血管中帮助铁的吸收和保护结缔组织，从而加速伤口的愈合，同时也是生成骨蛋白的重要成分。维生素 C 易与致癌物质亚硝胺结合，有防癌效应。但是维生素 C 易溶于水，易被氧化失去作用，是一种不稳定的维生素。

维生素 C 分为 L 型和 D 型（即还原型和氧化型）。只有 L-维生素 C 才具有生理活性，D-维生素 C 可以还原为 L-维生素 C。D-维生素 C 进一步氧化时，便生成二酮古罗糖酸，再进一步分解成为无生理活性的苏氨酸和草酸产物，这个过程是不可逆的。

维生素 C 在酸性条件下比较稳定，在中性或碱性介质中反应快。由于果蔬本身含有促使维生素 C 氧化的酶，因而在贮藏过程中会逐渐被氧化减少。减少的快慢与贮藏条件有很大关系，一般在低温、低氧中贮藏的果蔬，可以降低或延缓维生素 C 的损失。

果蔬种类不同，维生素 C 含量有很大差异。一般果品中维生素 C 含量较蔬菜高。100g 果品中维生素 C 含量高的有：沙棘为 800～1 700mg，刺梨为 1 500mg，猕猴桃为 200～400mg，鲜枣为 270～600mg，野生酸枣可达 830～1 170mg，山楂为 89mg，柑橘类为 40～60mg，而苹果、梨、葡萄、杏、桃等含量少，一般在 10mg 以下。蔬菜中维生素 C 含量高的有：青椒为 105mg，菜花、雪里蕻、金花菜、苦瓜为 80mg 以上，甜椒为 72mg，而一般的叶菜类及根茎菜类均在 60mg 以下。

果蔬的组织部位不同，维生素 C 含量也有所不同。一般是果皮中维生素 C 的含量高于果肉中的含量，红果皮又高于绿果皮。如甜椒的红果果皮中比绿果（适熟期）果皮中维生素含量高，过熟时含量降低。

随着果实品质的下降，维生素 C 含量逐渐减少，而氧化型维生素 C 则有所增加，因此维生素 C 含量的变化常作为衡量果实新鲜度的一个重要指标。

2. 维生素 A 原（胡萝卜素） 维生素 A 属于脂溶性维生素，能溶于油脂，不溶于水。植物体中不含维生素 A，但有维生素 A 原，即胡萝卜素。胡萝卜素中有功效的主要是 β-胡萝卜素，果蔬中的胡萝卜素被人体吸收后，在体内可经酶的作用转化为维生素 A。胡萝卜素呈橙黄色，主要与叶绿素、叶黄素等

共存于植物细胞的叶绿体中，此外还贮存在植物的块根、块茎和果实中。因此，具有绿、黄、橙等色泽的果蔬，均富含有胡萝卜素，如油菜、菠菜、空心菜、芫荽、芥菜、韭菜、雪里蕻、胡萝卜、马铃薯、番茄、南瓜、柑橘、杏、枇杷、黄肉桃、芒果等。果实中胡萝卜素功效最高的是鲜杏，每100g中含560IU，而其他大部分水果每100g含量为50～100IU。

果蔬中的维生素往往由于氧化而不断地损失，其中尤以维生素C含量的降低最为显著。因此，在贮运和加工中可以采取一些延缓维生素氧化的措施，如控制低温。

二、矿 物 质

果蔬中矿物质（mineral）的含量不多，一般在1.2%左右。用燃烧法可以测定食品中矿物质的含量，因此，矿物质又称为灰分或无机盐，是构成动物机体、调节生理机能的重要物质，是果蔬中具有特殊食用意义的化学成分。矿物质在果蔬中含量不高，是重要的营养成分之一。矿物质一般含量（以灰分计）在0.2%～3.4%，其中蔬菜的矿物质含量：根菜类0.6%～1.1%，茎菜类0.3%～2.8%，叶菜类0.5%～2.3%，花菜类0.7%～1.2%，果菜类0.3%～1.7%；果品的矿物质含量：仁果类0.2%～1.9%，核果类0.4%～1.8%，浆果类0.2%～2.9%，柑橘类0.3%～0.9%，坚果类1.1%～3.4%，瓜类0.2%～0.4%。

果蔬中矿物质的80%是钾、钠、钙等金属成分，其中钾约占总矿物质量的一半以上，由于钾盐能促进心肌的活动，因此，果蔬食品对心脏衰弱及高血压病有一定疗效。此外，磷酸和硫酸等非金属成分约占20%。果蔬中还含多种微量矿物质元素，如锰、锌、铂、硼等，对人体也具有重要的生理作用。水果虽然含有机酸，呈现酸味，但它的灰分却在体内呈现碱性，因此和蔬菜一样，都被称为碱性食品。而相对来讲，谷类和肉类中的磷、硫的含量很多，会在体内形成磷酸、硫酸而呈现酸性，因而被称为酸性食品。为了保持人体血液和体液的酸碱平衡，在食用肉类、谷类等酸性食品的同时，还需要食用水果和蔬菜等碱性食品，这在维持人体健康上是十分重要的。

果蔬中大部分矿物质是和有机酸结合成盐类或成为有机质的组成成分，如蛋白质的硫、磷，叶绿素的镁等，易为人体吸收，其余的部分与果胶物质结合。果蔬中含有丰富的钙、磷、铁等矿物质，是人体所需钙、磷、铁的重要来源。果品中的钙、磷、铁含量除坚果类较高以外，一般低于蔬菜的含量，而蔬菜中以雪里蕻、油菜、茴香菜、苋菜、芹菜、香菜、荠菜、青扁豆、毛豆、慈姑等含量较高。例如每100g果蔬中含钙量：甘蓝叶球为2.0g，菠菜叶为

1.2g，莴苣叶为1.7g，萝卜缨为280mg，雪里蕻为235mg，苋菜为200mg，山楂干为0.14g，橘饼为0.13g，柠檬为0.10g。呈游离状态的钙容易被人体吸收，如甘蓝、芥菜中的钙；呈草酸盐状态的钙不能被人体吸收，如菠菜、甜菜中的钙。每100g果蔬中含铁量：菠菜为2.3mg，芹菜为8.5mg，毛豆为6.4mg，葡萄干为9.1mg，草莓为1.8mg，猕猴桃为1.2mg，枇杷为1.1mg。每100g果蔬中含磷量：最多的是菠菜叶，含0.9g，黄瓜为0.53g，青豌豆为0.28g，山楂干为0.44g，山核桃为0.52g，椰子为0.009g。

三、含氮化合物

果蔬中含氮物质的种类主要有蛋白质、氨基酸、酰胺、氨的化合物及硝酸盐等。果实中除了坚果外，含氮物质一般比较少，在0.2%～1.5%，其中仁果类为0.2%～1.2%，核果类为0.4%～1.3%，浆果类为0.5%～1.5%，坚果中的含氮物质有的可高达16%左右。蔬菜中的含氮物质相对水果来讲较为丰富，一般含量在0.6%～9%。通常叶菜类为1.0%～2.4%，瓜果类为0.3%～1.5%，根茎类为0.6%～2.2%，葱蒜类为1.0%～4.4%，豆菜类中的含氮物质含量较高，一般为4.8%～13.6%。果蔬中含氮物质虽少，但其对果蔬及其制品的风味有着重要的影响。

人体所需的蛋白质主要不是靠新鲜果蔬提供。果蔬中的蛋白质主要是催化各种代谢反应的酶类，而不是作为贮藏物质。荔枝采后褐变和芒果、香蕉等的后熟过程都是在酶的作用下发生的。部分果蔬中的蛋白质含量见表2-8。

表2-8　部分果蔬中的蛋白质含量（%）

（赵晋府，1999）

水果			
种类	含量	种类	含量
苹果	0.3～0.1	枇杷	0.4～1.1
梨	0.1～0.2	蜜橘	0.5～0.7
桃	0.5～1.7	荔枝	0.7～0.8
李	0.2～0.5	龙眼	0.2
杏	0.8～1.2	芒果	0.6～0.7
樱桃	0.1～1.4	番石榴	0.7～1.1
杨梅	0.7	菠萝	0.4～0.6
葡萄	0.4～0.7	草莓	1.0

（续）

蔬	菜		
种　类	含　量	种　类	含　量
春笋	2.1～2.7	花椰菜	0.7～2.3
冬笋	4.0～4.1	番茄（红熟）	0.7～1.5
马铃薯	0.5～2.3	茄子	0.7～2.3
鲜榨菜	0.8～1.6	甜椒（红）	0.0～1.3
雪里蕻	0.9～2.8	黄瓜	0.4～1.2
结球甘蓝	0.2～1.4	苦瓜	0.7～1.0
菜豆	0.1～3.2	姜	0.4～2.3
青豆	4.4～7.2	藕	0.4～2.3
蚕豆（青豆瓣）	7.4～9.0	芋头	2.3～3.0
绿豆芽	0.5～3.2	茎用甘蓝	0.9～1.5
蘑菇	2.9	芦笋	0.7～1.8
胡萝卜	0.4～1.4	荸荠	0.4～1.5
大白菜	0.5～1.3	莴苣	0.4～1.3
菠菜	0.9～2.9		

果蔬中游离氨基酸为水溶性，存在于果蔬汁中。一般果实含氨基酸都不多，但对人体的综合营养来说，却具有重要价值。氨基酸是蛋白质的基础物质，提供人体中激素、酶、血液等所需的氮，也是骨骼的组成部分，又是生物缓冲液的重要成分，还有免疫的效应。氨基酸含量多的果实有桃、李、番茄等，含量少的有洋梨、柿子等。

蔬菜的20多种游离氨基酸中，含量较多的有14～15种，有些氨基酸是具有鲜味的物质。竹笋中含有天冬氨酸，香菇中有5-鸟嘌呤核苷酸，豆芽菜中有谷酰胺、天冬酰胺。辣椒中的含氮物质有氨态氮和酰胺态氮，其中胎座中以此两种为多，而种子中以蛋白质为多。叶菜类中有较多的含氮物质，如莴苣的含氮物质占干重的20%～30%，其中主要是蛋白质。蔬菜中的辛辣成分，如辣椒中的辣椒素，花椒中的花椒素，均为具有酰胺基的化合物。生物碱类的茄碱、糖苷类的黑芥子苷、色素物质中的叶绿素和甜菜色素等也都是含氮素的化合物。

果实在生长和成熟过程中，游离氨基酸的变化与生理代谢变化密切相关。果实中游离氨基酸的存在，是蛋白质合成和降解过程中代谢平衡的产物。果实成熟时氨基酸中的蛋氨酸是乙烯生物合成中的前体。如芒果成熟期间氨基酸有很大变化，19种氨基酸中，色氨酸、苯丙氨酸等渐渐增加，而赖氨酸、脯氨酸等被分解代谢，在呼吸高峰时，谷氨酰胺、精氨酸等有所增加，过后又下降。但“温州蜜柑”成熟期间脯氨酸大量增加。由此看来，不同种类果实，不同种类的氨基酸，在果实成熟期间的变化并无同一趋势。

1. 果蔬的色、香、味、质地、营养物质在成熟衰老中有哪些变化？
2. 说明花青素的呈色机制。
3. 果蔬的香气是怎样形成的？
4. 影响酸度及甜度的因素有哪些？
5. 果蔬味感的呈味机理是什么？

指定参考书

刘道宏.1995. 果蔬采后生理. 北京：中国农业出版社.
应铁进.2001. 果蔬贮运学. 杭州：浙江大学出版社.
Wills Lee，Graham Hall. 1981. Postharvest. Westport：The AVI Publishing Company Inc.

主要参考文献

曹雁平.2002. 食品调味技术. 北京：化学工业出版社.
段长青.1997. 园艺产品加工学. 北京：世界图书出版社.
国家旅游局人事劳动教育司.1996. 食品化学. 北京：中国旅游出版社.
胡慰望，谢笔钧.1992. 食品化学. 北京：科学出版社.
黄邦彦，杨谦.1990. 果蔬采后生理与贮藏保鲜. 北京：农业出版社.
黄梅丽，姜汝焘.1984. 食品色香味化学. 北京：轻工业出版社.
江小梅.1995. 食品商品学. 北京：中国人民大学出版社.
蒋爱民，章超桦.2000. 食品原料学. 北京：中国农业出版社.
李富军，张新华.2004. 果蔬采后生理与衰老控制. 北京：中国环境科学出版社.
刘道宏.1995. 果蔬采后生理. 北京：中国农业出版社.
刘邻渭.2002. 食品化学. 北京：中国农业出版社.
刘玲，李霞，金同铭.1998. 高压液相色谱法在花色素苷分析中的应用. 北京农业科学 (2)：30-33.
罗云波，等.2001. 园艺产品贮藏加工学. 北京：中国农业大学出版社.

潘瑞炽．2004．植物生理学．第五版．北京：高等教育出版社．
庞志申．2000．花色苷研究概况．北京农业科学（5）：37－42．
邵长富，赵晋府．1987．软饮料工艺学．北京：中国轻工业出版社．
王文辉，徐步前．2003．果品采后处理及贮运保鲜．北京：金盾出版社．
席嘉宾，等．2002．果蔬贮藏加工原理与技术．北京：中国农业科学技术出版社．
应铁进．2001．果蔬贮运学．杭州：浙江大学出版社．
张维一，毕阳．1996．果蔬采后病害及控制．北京：中国农业出版社．
张维一．1992．采后生理学．北京：农业出版社．
赵晋府．1999．食品工艺学．第二版．北京：中国轻工业出版社．
赵文恩，等．2004．生物化学．北京：化学工业出版社．
周山涛．1998．果蔬贮运学．北京：化学工业出版社．
Colin Dennis. 1983. Postharvest Pathology of Fruits and Vegetables. New York：Academic Press.
Kenneth V. 1990. Thimann. Senescence in Plants. Boca Raton：CRC Press.
John Friend，M J C Rhodes. 1981. Recent Advances in the Biochemistry of Fruits and Vegetables. New York：Academic Press.
Koening H，et al. 1983. Polyamines Regulate Calcium Fluxes in Rapid Plasma Membrane Response，Nature（305）：530－534.
Leshem Y，et al. 1982. Plant Growth Substances. New York：Academic Press.
Mayak S et al. 1984. Nonosmotic Inhibition by Sugar of the Ethyleneforming Activity Associated with Microsomal Membranes from Carnation Petals，Plant Physiology（76）：191－195.

第三章　果蔬成熟衰老过程中的呼吸作用

教学目标

1. 掌握呼吸的基本概念和呼吸作用的生理意义，熟悉呼吸作用与耐藏性和抗病性的关系，了解呼吸的代谢途径。

2. 掌握果蔬采后的呼吸变化特点。

3. 掌握影响果蔬产品呼吸的因素。

主 题 词

呼吸　呼吸作用　有氧呼吸　无氧呼吸　呼吸强度　呼吸商　呼吸温度系数　呼吸热　耐藏性　抗病性　糖酵解　三羧酸循环　戊糖磷酸途径　反馈调节　呼吸跃变　呼吸高峰　跃变型果实　非跃变型果实

果蔬采收后，光合作用停止，但仍是一个有生命的有机体，在商品处理、运输、贮藏过程中继续进行着各种生理活动，呼吸作用成为新陈代谢的主导过程。由于果蔬采收以后，脱离了母体，不能再继续获得水分和养料，而是不断地失去水分和分解在生长过程中所累积的营养物质，同时也有新物质的合成，但这种合成是建立在分解果蔬体内原有物质的基础上，随着这些物质的消耗，果蔬步入后熟和衰老的历程。呼吸作用是果蔬采后最主要的生理活动，也是生命存在的重要标志。因此，研究果蔬成熟期间的呼吸作用及其调控，不仅具有生物学的理论意义，而且在控制果蔬采后的品质变化、生理失调、贮藏寿命、病原菌侵染、商品化处理等多方面具有重要意义。

呼吸作用的实质是果蔬的生活细胞在一系列酶的催化下，经过许多中间反应进行的有控制的生物氧化还原过程。在这个过程中，把体内复杂的有机化合物分解成简单物质，同时放出能量，一部分转移到三磷酸腺苷（ATP）中，以供果蔬生命活动的需要，植物任何的生理生化活动无一不需要能量，呼吸停止就意味着细胞死亡。

呼吸作用也是采后各种有机物相互转化的中枢。果蔬产品采后呼吸的主要底物是有机物质，如糖、有机酸和脂肪等。所以，呼吸作用可以协调各个反应环节及能量转移之间的平衡，维持果蔬其他生命活动有序进行，保持耐藏性和抗病性。通过呼吸作用还可以防止对组织有害的中间产物的积累，将其氧化或水解为最终产物；但同时也使营养物质消耗，导致果蔬品质下降、组织老化、重量减轻、失水和衰老。

因此，控制和利用呼吸作用这个生理过程来延长果蔬的贮藏期是至关重要的。呼吸作用无论在维持果蔬生命活动，还是物质合成方面都有着重要的意义。但它毕竟是一个物质消耗过程，所以在贮藏和运输中，保持果蔬尽可能低而又正常的呼吸代谢，是新鲜果蔬贮藏和运输的基本原则和要求。

第一节　呼吸的基本概念

呼吸作用（respiration），是指生活细胞经过某些代谢途径使有机物质分解，并释放出能量的过程。根据呼吸过程是否有 O_2 的参与，可以将呼吸作用分为有氧呼吸和无氧呼吸两大类。

一、有氧呼吸

有氧呼吸（aerobic respiration），是指生活细胞在 O_2 的参与下，把某些有机物彻底氧化分解，形成 CO_2 和 H_2O，同时释放出能量的过程。有氧呼吸是高等植物呼吸的主要形式，通常所说的呼吸作用就是指有氧呼吸。呼吸作用中被氧化的有机物称为呼吸底物，碳水化合物、有机酸、蛋白质、脂肪都可以作为呼吸底物。一般来说，葡萄糖、果糖、蔗糖等碳水化合物是最常被利用的呼吸底物。

如以葡萄糖作为呼吸底物，则有氧呼吸的总反应可用下式表示：

$$C_6H_{12}O_6+6O_2 \longrightarrow 6CO_2+6H_2O+\text{能量}（2\ 867.5kJ）$$

这一过程实际上需要经过 50 多个生物化学反应步骤，每步反应都要受到专一酶的催化。在有氧呼吸时，呼吸底物被彻底氧化成为 CO_2 和 H_2O，O_2 被还原为 H_2O。

二、无氧呼吸

无氧呼吸（anaerobic respiration），一般指在无氧条件下，生活细胞降解为不彻底的氧化产物，同时释放出能量的过程。对于高等植物，这个过程习惯上称为无氧呼吸，对于微生物，则习惯上称为发酵。无氧呼吸是一个不完全的分解过程。这时，糖酵解产生的丙酮酸不再进入三羧酸循环，而是脱羧成乙醛，或继续还原成乙醇、乳酸等物质。葡萄糖作为底物时，生成乙醇，公式如下：

$$C_6H_{12}O_6 \longrightarrow 2C_2H_5OH + 2CO_2 + \text{能量（100kJ）}$$

马铃薯块茎、甜菜块根、胡萝卜叶子和玉米胚在进行无氧呼吸时，则产生乳酸。反应式如下：

$$C_6H_{12}O_6 \longrightarrow 2CH_3CHOHCOOH + \text{能量（75kJ）}$$

果蔬产品采后在贮藏过程中，尤其是气调贮藏时，如果贮藏环境通气性不良，或控制的 O_2 浓度过低，均易发生无氧呼吸，使产品品质劣变。无氧呼吸对于产品的贮藏是不利的：一方面它提供的能量比有氧呼吸要少。如以葡萄糖为底物时，无氧呼吸产生的能量约为有氧呼吸的 1/32，在需要一定能量的生理过程中，无氧呼吸消耗的呼吸底物更多，使产品更快失去生命力；另一方面，无氧呼吸生成的有害物乙醛、乙醇和其他有毒物质会在细胞内积累，并且会输导到组织的其他部分，造成细胞死亡或腐烂。因此，在贮藏期应防止产生无氧呼吸。但当产品体积较大时，内层组织气体交换差，部分无氧呼吸也是对环境的适应，使果蔬在暂时缺氧的情况下，仍能维持生命活动。即使在外界氧气充分的情况下，果实中进行一定程度的无氧呼吸也是正常的，只是这种缺氧呼吸在整个呼吸代谢中所占比重较小而已。但是长期严重的缺氧呼吸，会破坏果蔬正常的新陈代谢。在果蔬贮藏中，无论何种原因引起的无氧呼吸的加强，都被认为是对果蔬正常代谢的干扰，对贮藏都是不利的。

果实进行有氧呼吸或无氧呼吸的关键决定因素是环境中的 O_2 浓度。当 O_2 浓度从正常状态开始下降时，植物组织中 CO_2 的释放量减少，呼吸强度降低，基质消耗减少。但当 O_2 浓度降低到一定点以后继续下降，进入无氧呼吸，呼吸强度急速上升，CO_2 大量释放。通常情况下，大多数果蔬产品贮藏期间 O_2 小于 1%～5%即出现无氧呼吸，这个转折点称为缺氧呼吸的消失点，在消失点之前，进行有氧呼吸。这个点意味着 O_2 水平高于这个点，无氧呼吸就消失了。如在 20℃时，菠菜、菜豆 O_2 的临界浓度为 1%，豌豆为 4%。植物器官在生长、发育、成熟、衰老的过程中，消失点变幅很大，如果幼果在 3%～4%，接近成熟时可降至 0.5%，此后随着细胞的衰老，吸氧功能降低，充分成熟或衰老的果实，当环境中 O_2 的浓度还在 12%～13%时就可能开始无氧呼吸。当植物组织从无氧呼吸转入有氧呼吸时，可全部或部分地抑制发酵，并且可使碳水化合物的分解速度减慢，从而降低消耗和减少无氧呼吸产物，这种作

用称为巴斯德效应。巴斯德效应对果品贮藏有重要意义，它告诉人们必须精心地维持这样的 O_2 水平（一般为 3%～5%），使有氧呼吸减至最低限度，但不激发无氧呼吸。

呼吸作用消耗有机物，这是消极的一面，但为果蔬生命活动提供能量和合成新物质的原料，果蔬的呼吸作用是体内各种有机物相互交换的枢纽，它把体内碳水化合物代谢、脂肪代谢、蛋白质代谢三者联成一个整体。

三、有氧呼吸和无氧呼吸途径的比较

有氧呼吸和无氧呼吸的公共途径是呼吸作用的第一阶段（糖酵解），是在细胞质基质中进行的。在没有 O_2 的条件下，糖酵解过程的产物丙酮酸被［H］还原成酒精和 CO_2 或乳酸等。在不同的生物体中由于酶的不同，其还原的产物也不同。在有 O_2 的条件下，丙酮酸进入线粒体继续被氧化分解。由于无氧呼吸中有机物的氧化是不彻底的，释放的能量很少，转移到 ATP 中的能量就更少，还有大量的能量贮藏在不彻底的氧化产物中，如酒精、乳酸等。有氧呼吸在有氧气存在的条件下能把糖类等有机物彻底氧化分解成 CO_2 和 H_2O，把有机物中的能量全部释放出来，约有 44%的能量转移到 ATP 中。所以有氧呼吸为生命活动提供的能量比无氧呼吸要多得多，在进化过程中绝大部分生物选择了有氧呼吸方式，但为了适应不利的环境条件还保留了无氧呼吸方式。

四、呼吸强度（RI）与呼吸商（RQ）

呼吸强度（respiration rate）：是用来衡量呼吸作用强弱的一个指标，又称呼吸速率，以单位质量植物组织、单位时间内的 O_2 消耗量或 CO_2 释放量表示。常用单位有：μmol/（g·h）、μL/（g·h）等。呼吸强度是评价果蔬新陈代谢快慢的重要指标之一，根据呼吸强度可估计果蔬的贮藏潜力。产品的贮藏寿命与呼吸强度成反比，呼吸强度越大，表明呼吸代谢越旺盛，营养物质消耗越快。由于无氧呼吸不吸入 O_2，一般用 CO_2 生成的量来表示更确切。呼吸强度高，说明呼吸旺盛，消耗的呼吸底物（糖类、蛋白质、脂肪、有机酸）多而快，贮藏寿命不会太长。呼吸强度大的果蔬，一般其成熟衰老较快，贮藏寿命也较短。几种蔬菜在 0～2℃时的呼吸强度见表 3-1。

注：如无特殊说明，本教材呼吸强度均以果蔬放出 CO_2 计。

表 3-1　几种蔬菜在 0～2℃时的呼吸强度

（邓桂森，1989）

种　类	呼吸强度/［mg/（kg·h）］	种　类	呼吸强度/［mg/（kg·h）］
石刁柏	44	番　茄	18.8
甜玉米	30	甜　瓜	5
豌　豆	14.7（5℃时的呼吸强度）	甘　蓝	6
菠　菜	21	马铃薯	1.7～8.4
生　菜	11	胡萝卜	5.4
菜　豆	20	洋　葱	2.4～4.8

测定呼吸速率的方法有多种，常用的有：红外线 CO_2 气体分析仪测定 CO_2 释放量，奥氏气体分析仪法，氧电极测氧装置测定 O_2 吸收量，还有广口瓶法（小篮子法）、气流法、静止法、瓦布格微量呼吸检压法等。通常叶片、块根、块茎、果实等器官释放 CO_2 的速率，用红外线 CO_2 气体分析仪测定，而细胞、线粒体的耗氧速率可用氧电极和瓦布格检压计等测定。

呼吸商（RQ）：呼吸作用过程中释放出的 CO_2 与消耗的 O_2 在容量上的比值，即 CO_2/O_2，称为呼吸商（respiratory quotient，RQ），又称呼吸系数（respiratory coefficient）。呼吸商指示了呼吸底物的性质和供氧状态。一般认为呼吸商随呼吸底物不同而变化的情况有以下几种：

1. RQ＝1 时　呼吸底物为碳水化合物且被完全氧化。果蔬进行有氧呼吸时，消耗 1mol 己糖分子，则吸入 $6molO_2$，放出 $6molCO_2$，其呼吸系数为 1。

如以葡萄糖作为呼吸底物，则有氧呼吸的总反应可用下式表示：

$$C_6H_{12}O_6 + 6O_2 \longrightarrow 6CO_2 + 6H_2O + \text{能量}\ (2\ 867.5kJ)$$

$$RQ = 6CO_2/6O_2 = 1$$

2. RQ＜1 时　以富含氢的物质如脂肪、蛋白质或其他高度还原的化合物（H/O 比大）为呼吸底物，则在氧化过程中脱下的氢相对较多，形成 H_2O 时消耗的 O_2 多，呼吸商就小，其呼吸系数小于 1，以硬脂酸为例：

$$CH_3(CH_2)_{16}COOH + 26O_2 \longrightarrow 18CO_2 + 18H_2O$$

$$RQ = 18CO_2/26O_2 = 0.69$$

3. RQ＞1 时　若进行缺氧呼吸时，由于氧的供应不足，或吸氧能力减退，呼吸系数大于 1，缺氧呼吸所占的比重越大，呼吸系数也越大。

一些比碳水化合物含氧多的物质，如以有机酸作为底物时，由于有机酸是比糖氧化程度更高的化合物，所以，呼吸系数大于 1，以苹果酸为例：

$$COOHCHOHCH_2COOH + 3O_2 \longrightarrow 4CO_2 + 3H_2O$$

$$RQ = 4CO_2/3O_2 = 1.33$$

植物体内发生合成作用，呼吸底物不能完全被氧化，其结果使RQ增大，如有羧化作用发生，则RQ减小。

RQ还与贮藏温度有关。同种水果，不同温度下，RQ也不同，如茯苓夏橙0～25℃时，RQ为1左右，而38℃时为1.5。这表明高温下可能存在有机酸的氧化或有无氧呼吸，也可能两者兼而有之。在冷害温度下，果实发生代谢异常，RQ杂乱无规律，如黄瓜在13℃时，RQ=1；在0℃时，RQ有时小于1，有时大于1。

呼吸商越小，消耗的氧量越大，因此，氧化时所释放的能量也越多。同时，因为各种呼吸底物有着不同的RQ，RQ的大小与呼吸底物和呼吸状态（有氧呼吸、无氧呼吸）有关，故可根据呼吸商的大小大致推测呼吸作用的底物及其性质的改变，有时呼吸商也可能是来自多种呼吸底物的平均值。

然而，呼吸代谢是一个复杂的综合过程，如果同时进行着几种不同的氧化代谢方式，也可以同时有几种底物参与反应，因此，测得的呼吸商，只能综合地反映出呼吸的总趋势，不可能准确指出呼吸底物的种类或无氧呼吸的强度，所以根据果蔬的呼吸系数来判断呼吸的性质和呼吸底物的种类是具有一定局限性的。

五、呼吸温度系数与呼吸热

呼吸温度系数（Q_{10}），指在0～35℃范围内，当环境温度每提高10℃，呼吸强度所增加的倍数，以Q_{10}表示，一般为2～2.5。不同的种类、品种，Q_{10}的差异较大，同一果蔬产品，在不同的温度范围内Q_{10}也有变化，通常是在较低的温度范围内的Q_{10}大于较高温度范围内的Q_{10}（表3-2、表3-3），因此，在贮藏中应严格控制温度，即维持适宜而稳定的低温，是搞好贮藏的前提条件。

表3-2　几种果品在一定温度下的Q_{10}

（周山涛，1998）

种　类	温度/℃	Q_{10}	种　类	温度/℃	Q_{10}
番木瓜	4.5～15	3.0	香　蕉	5～15	2.4
苹　果	5～15	2.5	番　茄	10～15	2.3

采后果蔬产品进行呼吸作用的过程中，氧化有机物并释放的能量一部分转移到ATP和NADH分子中，供生命活动之用。一部分能量以热的形式散发

出来，这种释放的热量称为呼吸热（respiration heat）。通常以每千克果实在每小时中呼出的二氧化碳的毫克数来计算。果实在不同温度条件下的呼吸强度不同，因此，放出的呼吸热也不同。

表 3-3　几种果蔬 Q_{10} 与温度范围的关系

种　类	Q_{10}		种　类	Q_{10}	
	10～24℃	0.5～10℃		15～25℃	5～15℃
菜　豆	2.5	5.1	柠檬（青果）	2.3	13.4
菠　菜	2.6	3.2	柠檬（成熟）	1.6	2.8
胡萝卜	1.9	3.3	橘子（青果）	3.4	19.8
豌　豆	2.0	3.9	橘子（成熟）	1.7	1.5
辣　椒	3.2	2.8	桃（加尔曼）	2.1	—
番　茄	2.3	2.0	桃（阿尔巴特）	2.25	—
黄　瓜	1.9	4.2	苹果	2.6	—
马铃薯	2.2	2.1			

已知每摩尔葡萄糖通过呼吸作用彻底氧化分解为 CO_2 和 H_2O，放出自由能 2 867.5kJ；在这过程中形成 36molATP，每形成 1molATP 需自由能 305.1kJ，形成 36mol ATP 共消耗 1 099.3kJ 能量，约占葡萄糖氧化放出自由能的 45.2%。这就是说，其余 54.8%（1 768.1kJ）的自由能直接以热能的形式释放。

由于测定呼吸热的方法极其复杂，果蔬贮藏运输时，常采用测定呼吸速率的方法间接计算它们的呼吸热。为了有效降低库温和运输车船的温度，首先要算出呼吸热，以便配置适当功率的制冷机，控制适当的贮运温度。贮藏过程果实和蔬菜释放的呼吸热会增加贮藏环境的温度，因此在进行库房设计时的制冷量计算，需计入这部分热量。根据呼吸反应方程式，消耗 1mol 己糖产生 6mol（264g）CO_2，并放出 2 817.3kJ 能量，则每释放 1mg CO_2，应同时释放 10.676J 的热能。假设这些能全部转变为呼吸热，则可以通过测定果蔬的呼吸强度计算呼吸热。以下是使用不同热量单位计算时的公式。

呼吸热［J/（kg·h）］＝呼吸强度［mg/（kg·h）］×10.676

每天每吨产品产生的呼吸热：

呼吸热［kJ/（t·d）］＝呼吸强度［mg/（kg·h）］×256.22

例如，甘蓝在 5℃的呼吸强度为 24.8mg/（kg·h），则每吨甘蓝每天产生的呼吸热为 256.22×24.8＝6 354.26（kJ）。

呼吸热是贮藏期间产品温度升高的主要热源。由于果蔬采后呼吸作用旺

盛，释放出大量的呼吸热，当大量产品在采后贮藏中堆积在一起或长途运输因缺少通风散热装置而通风不良时，由于呼吸热无法及时散发，产品自身温度升高，进而又刺激了呼吸，也会放出更多的呼吸热，加速腐烂变质的速度。因此，在果蔬采收后贮运期间必须及时散热和降温，降低产品温度，以避免贮藏库温度升高，而温度升高又会使呼吸增强，放出更多的热，形成恶性循环，缩短贮藏寿命。但在北方寒冷的季节进行简易贮藏时，要求产品有一定的贮藏量，呼吸热也可以巧妙的利用，因为当贮藏环境的温度低于果蔬的贮藏适温时，可以利用果蔬自身释放的呼吸热来维持贮藏适温，防止冷害和冻害的发生。

六、呼吸作用的生理意义

呼吸作用对植物生命活动具有十分重要的意义，主要表现在以下 4 个方面：

1. 为生命活动提供能量 除绿色细胞可直接利用光能进行光合作用外，其他生命活动所需的能量都依赖于呼吸作用。呼吸作用将有机物质生物氧化，使其中的化学能以 ATP 形式贮存起来。当 ATP 在 ATP 酶作用下分解时，再把贮存的能量释放出来，以不断满足植物体内各种生理过程对能量的需要，未被利用的能量就转变为热能而散失掉。呼吸放热，可提高植物体温，有利于种子萌发、幼苗生长、开花传粉、受精等。另外，呼吸作用还为植物体内有机物质的生物合成提供还原力，如 NADPH、NADH。

2. 为重要有机物质提供合成原料 呼吸作用在分解有机物质过程中产生许多中间产物，其中有一些中间产物化学性质十分活跃，如丙酮酸、α-酮戊二酸、苹果酸等，它们是进一步合成植物体内新的有机物的物质基础。当呼吸作用发生改变时，中间产物的数量和种类也随之而改变，从而影响着其他物质的代谢过程。呼吸作用在植物体内的碳、氮和脂肪等代谢活动中起着枢纽作用。

3. 为代谢活动提供还原力 在呼吸作用中，底物氢化脱氢形成还原力，即还原性辅酶，如 NADH（还原型辅酶Ⅰ）、NADPH（还原型辅酶Ⅱ）、$FADH_2$（还原型黄素腺嘌呤二核苷酸），这些还原型辅酶是物质还原反应的氢供体（H^+和电子）。例如在细胞内，脂肪酸合成需要 NADPH 为氢供体，硝酸还原以 NADH 为氢供体。

4. 增强植物抗病免疫能力 在植物和病原微生物的相互作用中，植物依靠呼吸作用氧化分解病原微生物所分泌的毒素，以消除其毒害。植物受伤或受到病菌侵染时，也通过旺盛的呼吸，促进伤口愈合，加速木质化或栓质化，以减少病菌的侵染。此外，呼吸作用的加强还可促进具有杀菌作用的绿原酸、咖啡酸等的合成，以增强植物的免疫能力。

七、呼吸与耐藏性和抗病性的关系

由于果实、蔬菜等产品采后仍是生命活体，具有抵抗不良环境和致病微生物的特性，才使其损耗减少，品质得以保持，贮藏期延长。产品的这些特性被称为耐藏性和抗病性。耐藏性是指在一定贮藏期内，产品能保持其原有的品质而不发生明显不良变化的特性；抗病性是指产品抵抗致病微生物侵害的特性。生命消失，新陈代谢停止，耐藏性和抗病性也就不复存在。新采收的黄瓜、大白菜等产品在通常环境下可以存放一段时间，而炒熟的菜的保质期则明显缩短，说明产品的耐藏性和抗病性依赖于生命。

呼吸作用是采后新陈代谢的主导，正常的呼吸作用能为一切生命活动提供必需的能量，还能通过许多呼吸的中间产物使糖代谢与脂肪、蛋白质及其他许多物质的代谢联系在一起，使各个反应环节及能量转移之间协调平衡，维持产品其他生命活动能有序进行，保持耐藏性和抗病性。通过呼吸作用还可防止对组织有害中间产物的积累，将其氧化或水解为最终产物，进行自身平衡保护，防止代谢失调造成的生理障碍，这在逆境条件下表现得更为明显。

呼吸与耐藏性和抗病性的关系还表现在，当植物受到微生物侵袭、机械伤害或遇到不适环境时，能通过激活氧化系统，加强呼吸而起到自卫作用，这就是呼吸的保卫反应。呼吸的保卫反应主要有以下几方面的作用：采后病原菌在产品有伤口时很容易侵入，呼吸作用为产品恢复和修补伤口提供合成新细胞所需要的能量和底物，加速愈伤，不利于病原菌感染；在抵抗寄生病原菌侵入和扩展的过程中，植物组织细胞壁的加厚、过敏反应中植保素类物质的生成都需要加强呼吸，以提供新物质合成的能量和底物，使物质代谢根据需要协调进行；腐生微生物侵害组织时，要分泌胞外酶，破坏寄主细胞的细胞壁，并透入组织内部，作用于原生质，使细胞死亡后加以利用，其分泌的胞外酶主要是各类水解酶，植物的呼吸作用有利于分解、破坏、削弱微生物分泌的胞外酶，从而抑制或终止侵染过程。

呼吸作用虽然有上述的这些重要作用，但同时也是造成品质下降的主要原因。呼吸旺盛造成营养物质消耗加快，是贮藏中发生失重和变味的重要原因，表现在使组织老化、风味下降、失水萎蔫，导致品质劣变，甚至失去食用价值。新陈代谢的加快将缩短产品寿命，造成耐藏性和抗病性下降，同时释放的大量呼吸热使产品温度升高，容易造成腐烂，对产品的保鲜不利。

因此，延长果蔬贮藏期首先应该保持产品有正常的生命活动，不发生生理障碍，使其能够正常发挥耐藏性、抗病性的作用；在此基础上，维持缓慢的代谢，延长产品寿命，从而延缓耐藏性和抗病性的衰变，延长贮藏期。

第二节 呼吸的代谢途径

一、呼吸代谢的化学历程

在高等植物中存在着多条呼吸代谢的生化途径，这是植物在长期进化过程中，对多变环境条件适应的体现。在缺氧条件下进行酒精发酵和乳酸发酵，在有氧条件下进行三羧酸循环和戊糖磷酸途径，还有脂肪酸氧化分解的乙醛酸循环以及乙醇酸氧化途径等。

（一）糖酵解

己糖在细胞质中分解成丙酮酸的过程，称为糖酵解（glycolysis）。整个糖酵解化学过程于很早便得到阐明。糖酵解途径又称为 Embden - Meyerhof - Parnas 途径，简称 EMP 途径（EMP pathway）。糖酵解普遍存在于动物、植物、微生物的细胞中。

1. 糖酵解的化学历程 糖酵解途径可分为下列几个阶段（图 3 - 1）：

（1）发酵己糖的活化（1～9）：是糖酵解的起始阶段。己糖在己糖激酶作用下，消耗 2 个 ATP 逐步转化成果糖- 1，6 -二磷酸（F - 1，6 - BP）。如以淀粉作为底物，首先淀粉被降解为葡萄糖。淀粉降解涉及多种酶的催化作用，其中，除淀粉磷酸化酶（starch phosphorylase）是一种葡萄糖基转移酶外，其余都是水解酶类，如 α -淀粉酶（α - amylase）、β -淀粉酶（β - amylase）、脱支酶（debranching enzyme）、麦芽糖酶（maltase）等。

（2）己糖裂解（10～11）：即 F - 1，6 - BP 在醛缩酶作用下形成甘油醛-3 -磷酸和二羟丙酮磷酸，后者在异构酶（isomerase）作用下可变为甘油醛- 3 -磷酸。

（3）丙糖氧化（12～16）：甘油醛- 3 -磷酸氧化脱氢形成磷酸甘油酸，产生 1 个 ATP 和 1 个 NADH，同时释放能量。然后，磷酸甘油酸经脱水、脱磷酸形成丙酮酸，并产生 1 个 ATP，这一过程分步完成，有烯醇化酶和丙酮酸激酶参与反应。糖酵解过程中糖的氧化分解是在没有分子氧的参与下进行的，其氧化作用所需要的氧来自水分子和被氧化的糖分子。

在糖酵解过程中，1mol 葡萄糖产生 2mol 丙酮酸时，净产生 2molATP 和 2molNADH$+H^+$。

糖酵解的总反应可归纳为

$$C_6H_{12}O_6 + 2NAD^+ + 2ADP + 2H_3PO_4 \longrightarrow 2CH_3COCOOH + 2NADH + 2H^+ + 2ATP$$

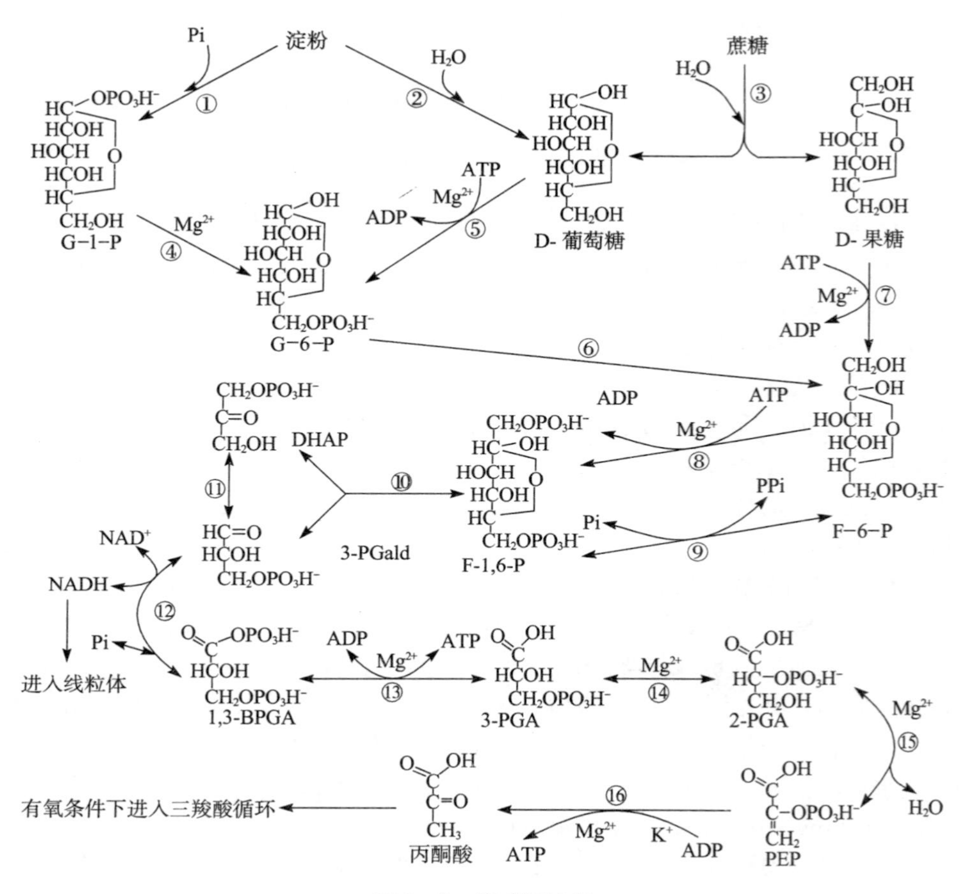

图 3-1 糖酵解过程

2. 糖酵解的生理意义

（1）糖酵解普遍存在于生物体中，是有氧呼吸和无氧呼吸途径的共同部分。

（2）糖酵解的产物丙酮酸的化学性质十分活跃，可以通过各种代谢途径生成不同的物质。

（3）通过糖酵解，生物体可获得生命活动所需的部分能量。对于厌氧生物来说，糖酵解是糖分解和获取能量的主要方式。

（4）糖酵解途径中，除了由己糖激酶、磷酸果糖激酶、丙酮酸激酶等所催化的反应以外，多数反应均可逆转，这就为糖异生作用提供了基本途径。

（二）发酵作用

生物体中重要的发酵作用有酒精发酵和乳酸发酵。在酒精发酵（alcohol fermentation）过程中，糖类经过糖酵解生成丙酮酸。然后，丙酮酸先在丙酮酸脱羧酶（pyruvic acid decarboxylase）作用下脱羧生成乙醛。

$$CH_3COCOOH \longrightarrow CO_2 + CH_3CHO$$

乙醛再在乙醇脱氢酶（alcohol dehydrogenase）的作用下，被还原为乙醇。

$$CH_3CHO + NADH + H^+ \longrightarrow CH_3CH_2OH + NAD^+$$

在缺少丙酮酸脱羧酶而含有乳酸脱氢酶（lactic acid dehydrogenase）的组织里，丙酮酸便被 NADH 还原为乳酸，即乳酸发酵（lactate fermentation）。

$$CH_3COCOOH + NADH + H^+ \longrightarrow CH_3CHOHCOOH + NAD^+$$

在无氧条件下，通过酒精发酵或乳酸发酵，实现了 NAD^+ 的再生，这就使糖酵解得以继续进行（图 3－2）。无氧呼吸过程中形成乙醇或乳酸所需的 $NADH+H^+$，一般来自于糖酵解。因此，当植物进行无氧呼吸时，糖酵解过程中形成的 2 分子 $NADH+H^+$ 就会被消耗掉，这样每分子葡萄糖在发酵时，只净生成 2 分子 ATP，葡萄糖中的大部分能量仍保存在乳酸或乙醇分子中。可见，发酵作用能量利用效率低，有机物耗损大，依赖无氧呼吸不可能长期维持细胞的生命活动，而且发酵产物的产生和累积，对细胞原生质有毒害作用。如酒精累积过多，会破坏细胞的膜结构；若酸性的发酵产物累积量超过细胞本

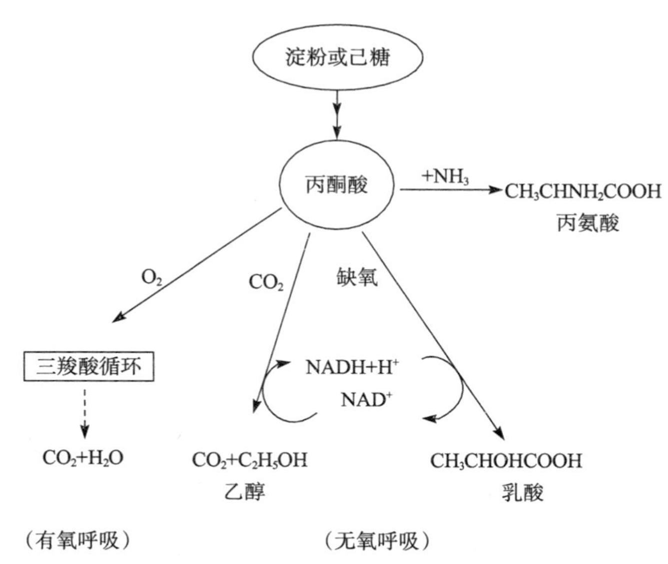

图 3－2 丙酮酸在呼吸代谢和物质转化中的作用

身的缓冲能力时，也会引起细胞酸中毒。

（三）三羧酸循环

糖酵解的最终产物丙酮酸，在有氧条件下进入线粒体，通过一个包括三羧酸和二羧酸的循环逐步脱羧脱氢，彻底氧化分解，这一过程称为三羧酸循环（tricarboxylic acid cycle，TCA）。这个循环是英国生物化学家克雷布斯（H Krebs）首先发现的，所以又名 Krebs 循环（Krebs cycle）。1937 年他提出了一个环式反应来解释鸽子胸肌内的丙酮酸是如何分解的，并把这一途径称为柠檬酸循环（citric acid cycle），因为柠檬酸是其中的一个重要中间产物。

TCA 循环普遍存在于动物、植物、微生物细胞中，是在线粒体基质中进行的。TCA 循环的起始底物乙酰 CoA 不仅是糖代谢的中间产物，也是脂肪酸和某些氨基酸的代谢产物。因此，TCA 循环是糖、脂肪、蛋白质三大类物质的共同氧化途径。

1. 三羧酸循环的化学历程

TCA 循环共有 9 步反应（图 3-3）。

反应（1）：丙酮酸在丙酮酸脱氢酶复合体催化下氧化脱羧生成乙酰 CoA，这是连接 EMP 与 TCA 的纽带。

丙酮酸脱氢酶复合体（pyruvic acid dehydrogenase complex）是由 3 种酶组成的复合体，含有 6 种辅助因子。这 3 种酶是丙酮酸脱羧酶（pyruvic acid decarboxylase）、二氢硫辛酸乙酰基转移酶（dihydrolipoyl transacetylase）、二氢硫辛酸脱氢酶（dihydrolipoic acid dehydrogenase）。6 种辅助因子分别是硫胺素焦磷酸（thiamine pyrophosphate，TPP）、辅酶 A（coenzyme A）、硫辛酸（lipoic acid）、FAD（flavin adenine dinucleotide）、NAD^+（nicotinamide adenine dinucleotide）和 Mg^{2+}。

上述反应中从底物上脱下的氢是经 FAD→$FADH_2$ 传到 NAD^+ 再生成 NADH＋H^+。

反应（2）：乙酰 CoA 在柠檬酸合成酶催化下与草酰乙酸缩合为柠檬酸，并释放 CoA—SH，此反应为放能反应（$\Delta G^{\ominus}=-32.22$kJ/mol）。

反应（3）：由顺乌头酸酶催化柠檬酸脱水生成顺乌头酸，然后加水生成异柠檬酸。

反应（4）：在异柠檬酸脱氢酶催化下，异柠檬酸脱氢生成 NADH，其中间产物草酰琥珀酸是一个不稳定的 β-酮酸，与酶结合即脱羧形成 α-酮戊二酸。

反应（5）：α-酮戊二酸在 α-酮戊二酸脱氢酶复合体催化下形成琥珀酰 CoA 和 NADH，并释放 CO_2。

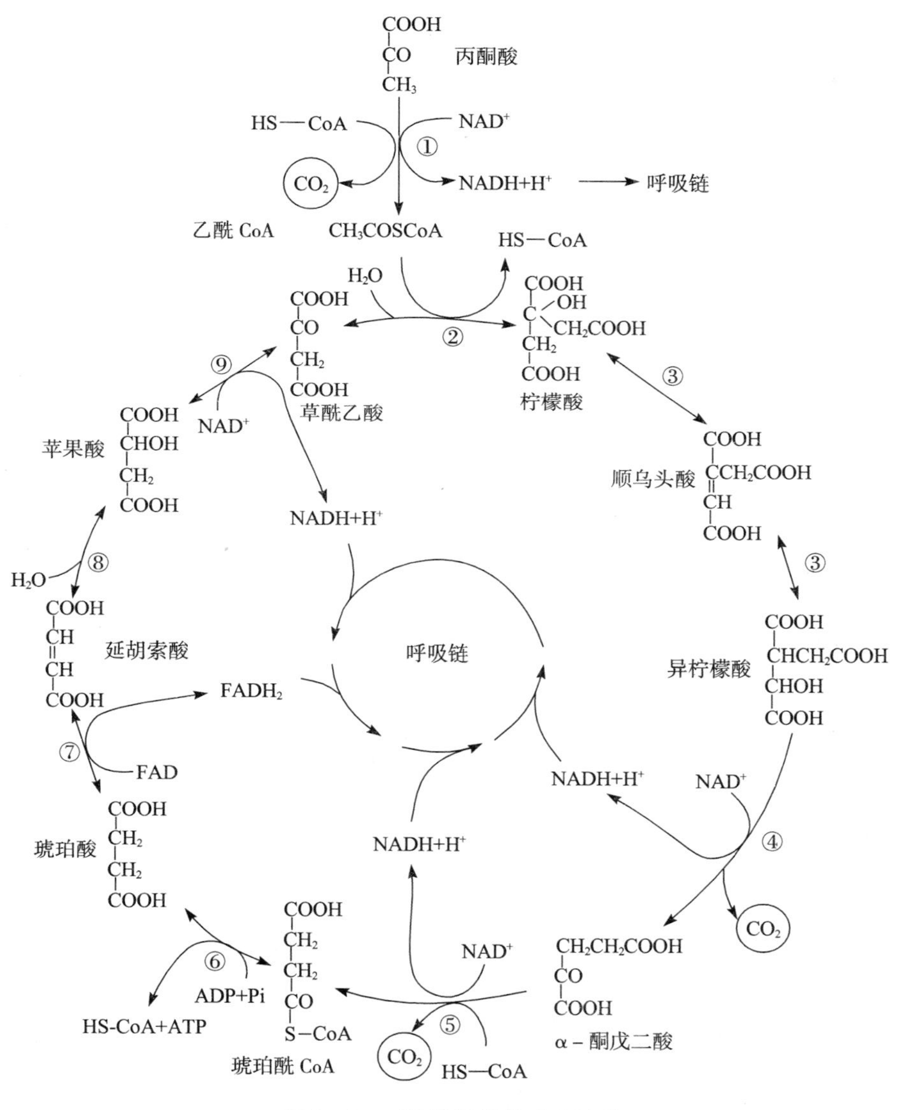

图 3-3　三羧酸循环的反应过程

α-酮戊二酸脱氢酶复合体是由 α-酮戊二酸脱羧酶（α-ketoglutaric acid decarboxylase）、二氢硫辛酸琥珀酰基转移酶（dihydrolipoyl transsuccinylase）及二氢硫辛酸脱氢酶所组成的，含有 6 种辅助因子：TPP、NAD^+、CoA、FAD、硫辛酸及 Mg^{2+}。该反应不可逆。

反应（6）：含有高能硫酯键的琥珀酰 CoA 在琥珀酸硫激酶催化下，利用硫酯键水解释放的能量，使 ADP 磷酸化成 ATP。该反应是 TCA 循环中唯一的一次底物水平磷酸化，即由高能化合物水解，放出能量直接形成 ATP 的磷酸化作用。

反应（7）：琥珀酸在琥珀酸脱氢酶催化下，脱氢氧化生成延胡索酸，脱下的氢生成 $FADH_2$。丙二酸、戊二酸与琥珀酸的结构相似，是琥珀酸脱氢酶特异的竞争性抑制剂。

反应（8）：延胡索酸经延胡索酸酶催化加水生成苹果酸。

反应（9）：苹果酸在苹果酸脱氢酶的催化下氧化脱氢生成草酰乙酸和 NADH。草酰乙酸又可重新接受进入循环的乙酰 CoA，再次生成柠檬酸，开始新一轮 TCA 循环。

TCA 循环的总反应式：

$$CH_3COCOOH+4NAD^+ +FAD+ADP+Pi \longrightarrow 2H_2O_3CO_2+4NADH+4H^+ +FADH_2+ATP$$

2. 三羧酸循环的回补机制 TCA 循环中某些中间产物是合成许多重要有机物的前体。例如草酰乙酸和 α-酮戊二酸分别是天冬氨酸和谷氨酸合成的碳架，延胡索酸是苯丙氨酸和酪氨酸合成的前体，琥珀酰 CoA 是卟啉环合成的碳架。如果 TCA 循环的中间产物大量消耗于有机物的合成，就会影响 TCA 循环的正常运行，因此必须有其他的途径不断补充，这称为 TCA 循环的回补机制（replenishing mechanism）。主要有三条回补途径：

（1）丙酮酸的羧化：丙酮酸在丙酮酸羧化酶催化下形成草酰乙酸。

$$Pyr+CO_2+H_2O+ATP \longrightarrow OAA+ADP+Pi$$

丙酮酸羧化酶的活性平时较低，当草酰乙酸不足时，由于乙酰 CoA 的累积可提高该酶活性。这是动物中最重要的回补反应。

（2）磷酸烯醇式丙酮酸（PEP）的羧化作用：在糖酵解中形成的 PEP 不转变为丙酮酸，而是在 PEP 羧化激酶作用下形成草酰乙酸，草酰乙酸再被还原为苹果酸，苹果酸经线粒体内膜上的二羧酸传递体与 Pi 进行电中性的交换，进入线粒体基质，可直接进入 TCA 循环；苹果酸也可在苹果酸酶的作用下脱羧形成丙酮酸，再进入 TCA 循环都可起到补充草酰乙酸的作用。这一回补反应存在于高等植物、酵母和细菌中，动物中不存在。

$$PEP+CO_2+H_2O \longrightarrow OAA+Pi$$

（3）天冬氨酸的转氨作用：天冬氨酸和 α-酮戊二酸在转氨酶作用下可形成草酰乙酸和谷氨酸。

$$ASP+\alpha\text{-酮戊二酸} \longrightarrow OAA+Glu$$

通过以上这些回补反应，保证有适量的草酰乙酸供 TCA 循环的正常

运转。

3. 三羧酸循环的特点和生理意义

（1）在 TCA 循环中底物（含丙酮酸）脱下 5 对氢原子，其中 4 对氢在丙酮酸、异柠檬酸、α-酮戊二酸氧化脱羧和苹果酸氧化时用以还原 NAD^+，1 对氢在琥珀酸氧化时用以还原 FAD。生成的 NADH 和 $FADH_2$，经呼吸链将 H^+ 和电子传给 O_2 生成 H_2O，同时偶联氧化磷酸化生成 ATP。此外，由琥珀酰 CoA 形成琥珀酸时通过底物水平磷酸化生成 ATP。因而，TCA 循环是生物体利用糖或其他物质氧化获得能量的有效途径。

（2）乙酰 CoA 与草酰乙酸缩合形成柠檬酸，使 2 个碳原子进入循环。在两次脱羧反应中，2 个碳原子以 CO_2 的形式离开循环，加上丙酮酸脱羧反应中释放的 CO_2，这就是有氧呼吸释放 CO_2 的来源，当外界环境中 CO_2 浓度增高时，脱羧反应减慢，呼吸作用就减弱。TCA 循环中释放的 CO_2 中的氧，不是直接来自空气中的氧，而是来自被氧化的底物和水中的氧。

（3）在每次循环中消耗 2 分子 H_2O。一分子用于柠檬酸的合成，另一分子用于延胡索酸加水生成苹果酸。水的加入相当于向中间产物注入了氧原子，促进了还原性碳原子的氧化。

（4）TCA 循环中并没有分子氧的直接参与，但该循环必须在有氧条件下才能进行，因为只有氧的存在，才能使 NAD^+ 和 FAD 在线粒体中再生，否则 TCA 循环就会受阻。

（5）该循环既是糖、脂肪、蛋白质彻底氧化分解的共同途径，又可通过代谢中间产物与其他代谢途径发生联系和相互转变。

（四）戊糖磷酸途径

20 世纪 50 年代初的研究发现 EMP－TCA 途径并不是高等植物中有氧呼吸的唯一途径。实验证据是，当向植物组织匀浆中添加糖酵解抑制剂（氟化物和碘代乙酸等）时，不可能完全抑制呼吸。瓦伯格（Warburg）也发现，葡萄糖氧化为磷酸丙糖可不需经过醛缩酶的反应。此后不久，便发现了戊糖磷酸途径（pentose phosphate pathway，PPP），又称己糖磷酸途径（hexose monophosphate pathway，HMP）或己糖磷酸支路（shunt）。

1. 戊糖磷酸途径的化学历程　戊糖磷酸途径是指葡萄糖在细胞质内直接氧化脱羧，并以戊糖磷酸为重要中间产物的有氧呼吸途径。该途径可分为两个阶段（图 3－4）。

（1）葡萄糖氧化脱羧阶段：

①脱氢反应：在葡萄糖-6-磷酸脱氢酶（glucose－6－phosphate dehydrogenase）的催化下以 $NADP^+$ 为氢受体，葡萄糖-6-磷酸（G－6－P）脱氢生成

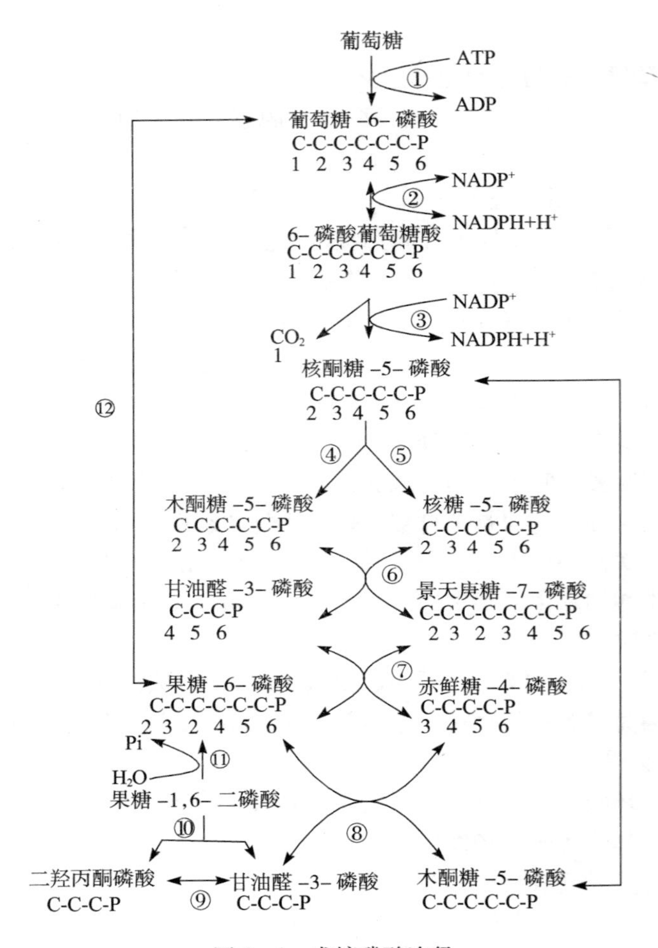

图 3-4 戊糖磷酸途径

①己糖激酶 ②葡萄糖-6-磷酸脱氢酶 ③6-磷酸葡萄糖酸脱氢酶
④木酮糖-5-磷酸表异构酶 ⑤核糖-5-磷酸异构酶 ⑥转羟乙醛基酶（即转酮醇酶）
⑦转二羟丙酮基酶（即转醛醇酶） ⑧转羟乙醛基酶 ⑨磷酸丙糖异构酶
⑩醛缩酶 ⑪磷酸果糖酯酶 ⑫磷酸己糖异构酶

6-磷酸葡萄糖酸内酯（6-phosphogluconolactone，6-PGL）。

②水解反应：在6-磷酸葡萄糖酸内酯酶（6-phosphogluconolactonase）的催化下，6-PGL被水解为6-磷酸葡萄糖酸（6-phosphogluconate，6-PG）。反应是可逆的。

③脱氢脱羧反应：在6-磷酸葡萄糖酸脱氢酶（6-phosphogluconate dehydrogenase）催化下，以$NADP^+$为氢受体，6-PG氧化脱羧，生成核酮糖-5-

磷酸（Ru5P）。

本阶段的总反应：

$$G-6-P+2NADP^{+}+H_2O \longrightarrow Ru5P+CO_2+2NADPH+2H^{+}$$

（2）分子重组阶段：经过一系列糖之间的转化，最终可将6个Ru5P转变为5个G-6-P（图3-4中反应④～⑫）。

从整个戊糖磷酸途径来看，6分子的G-6-P经过两个阶段的运转，可以释放6分子CO_2、12分子NADPH，并再生5分子G-6-P。戊糖磷酸途径的总反应式：

$$6G-6-P+12NADP^{+}+7H_2O \longrightarrow 6CO_2+12NADPH+12H^{+}+5G-6-P+Pi$$

2. 戊糖磷酸途径的特点和生理意义

（1）PPP是葡萄糖直接氧化分解的生化途径，每氧化1分子葡萄糖可产生12分子的$NADPH+H^{+}$，有较高的能量转化效率。

（2）该途径中生成的NADPH在脂肪酸、固醇等的生物合成，非光合细胞的硝酸盐、亚硝酸盐的还原，氨的同化，丙酮酸羧化还原成苹果酸等过程中起重要作用。

（3）该途径中的一些中间产物是许多重要有机物质生物合成的原料，如途径中的赤藓糖、赤藓糖-4-磷酸、景天庚酮糖等可用于芳香族氨基酸合成、碱基合成及多糖合成，还可合成与植物生长、抗病性有关的生长素、木质素、绿原酸、咖啡酸等。

（4）该途径分子重组阶段形成的丙糖、丁糖、戊糖、己糖和庚糖的磷酸酯及酶类与卡尔文循环的中间产物和酶相同，因而戊糖磷酸途径和光合作用可以联系起来。

（5）PPP在许多植物中普遍存在，特别是在植物感病、受伤、干旱时，该途径可占全部呼吸的50%以上。由于该途径和EMP-TCA途径的酶系统不同，因此当EMP-TCA途径受阻时，PPP则可替代正常的有氧呼吸。在糖的有氧降解中，EMP-TCA途径与PPP所占的比例，随植物的种类、器官、年龄和环境而发生变化，这也体现了植物呼吸代谢的多样性。

（五）乙醛酸循环

植物细胞内脂肪酸氧化分解为乙酰CoA之后，在乙醛酸体（glyoxysome）内生成琥珀酸、乙醛酸和苹果酸；此琥珀酸可用于糖的合成，该过程称为乙醛酸循环（glyoxylic acid cycle，GAC）。动物和人类细胞中没有乙醛酸体，无法将脂肪酸转变为糖。植物和微生物有乙醛酸体。油料植物种子（花生、油菜、棉子等）萌发时存在着能够将脂肪转化为糖的乙醛酸循环。水稻叶片中也分离出了乙醛酸循环中的两个关键酶——异柠檬酸裂解酶和苹果酸合成酶。

1. 乙醛酸循环的化学历程 脂肪酸经过β-氧化分解为乙酰CoA，在柠檬酸合成酶的作用下乙酰CoA与草酰乙酸缩合为柠檬酸，再经乌头酸酶催化形成异柠檬酸。随后，异柠檬酸裂解酶（isocitratelyase）将异柠檬酸分解为琥珀酸和乙醛酸。再在苹果酸合成酶（malate synthetase）催化下，乙醛酸与乙酰CoA结合生成苹果酸。苹果酸脱氢重新形成草酰乙酸，可以再与乙酰CoA缩合为柠檬酸，于是构成一个循环。其总结果是由2分子乙酰CoA生成1分子琥珀酸，反应方程式如下：

$$2\text{乙酰CoA}+NAD^{+}\longrightarrow\text{琥珀酸}+2CoA+NADH+H^{+}$$

琥珀酸由乙醛酸体转移到线粒体，在其中通过三羧酸循环的部分反应转变为延胡索酸、苹果酸，再生成草酰乙酸。然后，草酰乙酸继续进入TCA循环或者转移到细胞质，在磷酸烯醇式丙酮酸羧激酶（PEP carboxykinase）催化下脱羧生成PEP，PEP再通过糖酵解的逆转而转变为葡萄糖-6-磷酸并形成蔗糖。

油料种子在发芽过程中，细胞中出现许多乙醛酸体，贮藏脂肪首先水解为甘油和脂肪酸，然后脂肪酸在乙醛酸体内氧化分解为乙酰CoA，并通过乙醛酸循环转化为糖，直到种子中贮藏的脂肪耗尽为止，乙醛酸循环活性便随之消失。淀粉种子萌发时不发生乙醛酸循环。可见，乙醛酸循环是富含脂肪的油料种子所特有的一种呼吸代谢途径。

以后在研究蓖麻种子萌发时脂肪→糖类的转化过程中，对上述乙醛酸循环途径做了修改。一是乙醛酸与乙酰CoA结合所形成的苹果酸不发生脱氢，而是直接进入细胞质逆着糖酵解途径转变为蔗糖；二是在乙醛酸体和线粒体之间有“苹果酸穿梭”发生。

2. 乙醛酸循环的特点和生理意义

（1）乙醛酸循环和三羧酸循环中存在着某些相同的酶类和中间产物。但是，它们是两条不同的代谢途径。乙醛酸循环是在乙醛酸体中进行的，是与脂肪转化为糖密切相关的反应过程。而三羧酸循环是在线粒体中完成的，是与糖的彻底氧化脱羧密切相关的反应过程。

（2）油料植物种子发芽时把脂肪转化为碳水化合物是通过乙醛酸循环来实现的。这个过程依赖于线粒体、乙醛酸体及细胞质的协同作用。

（六）乙醇酸氧化途径

乙醇酸氧化途径（glycolic acid oxidation pathway）是发生在水稻根系中的一种糖降解途径。水稻根呼吸产生的部分乙酰CoA不进入TCA循环，而是形成乙酸，然后乙酸在乙醇酸氧化酶及其他酶类催化下依次形成乙醇酸、乙醛

酸、草酸、甲酸及 CO_2，并且不断地形成 H_2O_2。H_2O_2 在过氧化氢酶催化下产生具有强氧化能力的新生态氧，并释放于根的周围，形成一层氧化圈，使水稻根系周围保持较高的氧化状态，以氧化各种还原性物质（如 H_2S、Fe^{2+} 等），抑制土壤中还原性物质对水稻根的毒害，从而保证根系旺盛的生理机能，使稻株正常生长。

二、呼吸过程的调控

果蔬呼吸作用多条途径都具有自动调节和控制能力。细胞内呼吸代谢的调节机理主要是反馈调节。所谓反馈调节（feedback regulation）就是指反应体系中的某些中间产物或终产物对其前面某一步反应速度的影响。凡是能加速反应者，称为正效应物（positive effector）（正反馈物）；凡是能使反应速度减慢者，称为负效应物（negative effector）（负反馈物）。对于呼吸代谢来说，反馈调节主要是效应物对酶的调控，包括酶的形成（基因的表达）和酶的活性这两方面的调控。

（一）巴斯德效应和糖酵解的调节

当植物组织周围的氧浓度增加时，酒精发酵产物的积累逐渐减少，这种氧抑制酒精发酵的现象称做“巴斯德效应”（Pasteur effect）。有氧条件下使发酵作用受到抑制是因为 NADH 的缺乏。在无氧条件下，当 3-磷酸甘油醛氧化为 1，3-二磷酸甘油酸时，NAD^+ 被还原成 $NADH^+ + H^+$；而当丙酮酸被还原为乳酸，乙醛被还原为乙醇时，NADH 又被氧化成 NAD^+，如此循环周转。但在有氧条件下则不同，NADH 能够通过 GP-DHAP 穿梭透入线粒体，用于呼吸链电子传递，因此，NADH 不能用于丙酮酸的还原，发酵作用就会停止。在有氧条件下，糖酵解速度减慢的原因是调节糖酵解的两个变构调节酶——磷酸果糖激酶和丙酮酸激酶在有氧条件下受到抑制的缘故。因为在有氧条件下，丙酮酸通过丙酮酸脱氢酶形成乙酰 CoA，进入 TCA 循环，这样就会产生较多的 ATP 和柠檬酸，它们作为负效应物对两个关键酶起反馈抑制作用，糖酵解的速度自然就减慢了。这样就可以减少底物的消耗，把呼吸作用的速度自动控制在恰当的水平上。作为糖酵解两个关键酶的正效应剂有 ADP、Pi、F-1，6-BP（果糖-1，6-二磷酸）、Mg^{2+} 和 K^+，负效应剂有 Ca^{2+}、3-磷酸甘油酸、2-磷酸甘油酸、PEP 等。在无氧条件下，丙酮酸的有氧降解受到抑制，柠檬酸和 ATP 的合成减少，积累较多的 ADP 和 Pi，促进了两个关键酶活性，使糖酵解速度加快。此外，己糖激酶也参与调节糖酵解速度，属于变构调节酶，其变构抑制剂为其产物 6-磷酸葡萄糖。

简单的总结为无氧条件下，ATP 减少，ADP 有效浓度和无机磷增加，刺激糖酵解进行；有氧条件下，有利于ATP合成，ADP有效浓度降低，发酵作用受到抑制。

（二）代谢调节

代谢调节是呼吸代谢的重要调节途径，从两方面影响代谢的进行。一是通过质量代谢原理，在可逆反应中底物与产物之间按质量作用关系调节反应平衡。二是变构调节，不改变酶的催化部分，主要通过某种物质结合在酶的某一个结构部位，从而改变酶的活性。

（三）丙酮酸有氧分解的调节

丙酮酸在有氧条件下继续氧化的过程中，多种酶促反应受到反馈调节。首先是丙酮酸氧化脱羧酶系的催化活性受到乙酰CoA和NADH的抑制。这种抑制效应可相应地为CoA和NAD^+所逆转。

TCA循环也受到许多因素的调节。过高浓度的NADH，对异柠檬酸脱氢酶、苹果酸脱氢酶等的活性均有抑制作用。NAD^+为上述酶的变构激活剂。ATP对异柠檬酸脱氢酶、α-酮戊二酸脱氢酶和苹果酸脱氢酶均有抑制作用，而ADP对这些酶有促进作用。琥珀酰CoA对柠檬酸合成酶和α-酮戊二酸脱氢酶有抑制作用。AMP对α-酮戊二酸脱氢酶活性、CoA对苹果酸酶活性都有促进作用。α-酮戊二酸对异柠檬酸脱氢酶的抑制和草酰乙酸对苹果酸脱氢酶的抑制则属于终点产物的反馈调节。此外，柠檬酸的含量可调节丙酮酸进入TCA循环的速度，柠檬酸多时，可以反馈抑制丙酮酸激酶，减少柠檬酸的合成。

（四）PPP的调节

PPP主要受$NADPH/NADP^+$比值的调节，NADPH竞争性地抑制葡萄糖-6-磷酸脱氢酶的活性，使葡萄糖-6-磷酸转化为6-磷酸葡萄糖酸的速率降低。NADPH也抑制6-磷酸葡萄糖酸脱氢酶活性。葡萄糖-6-磷酸脱氢酶也被氧化的谷胱甘肽所抑制。而光照和供氧都可提高$NADP^+$的生成，可以促进PPP。植物受旱、受伤、衰老、种子成熟过程中PPP都明显加强，在总呼吸中所占比例加大。

（五）能荷的调节

由ATP、ADP、AMP组成的腺苷酸系统是细胞内最重要的能量转换与调节系统。阿特金森（Atkinson，1968）提出“能荷”（energy charge，EC）的概念，它所代表的是细胞中腺苷酸系统的能量状态。细胞中由ATP、ADP和AMP三种腺苷酸组成的腺苷酸库是相对稳定的，它们易在腺苷酸激酶（adenylate kinase）催化下进行可逆的转变。通过细胞内腺苷酸之间的转化对呼吸代谢的调节作用称为能荷调节。可用下列方程式表示：

能荷=([ATP]+[1/2ADP])/([ATP]+[ADP]+[AMP])

从上式可以看出，当细胞中全部腺苷酸都是ATP时，能荷为1；全部是AMP时，能荷为0；全部是ADP时，能荷为0.5。三者并存时，则能荷随三者比例的不同而异。通过细胞反馈控制，活细胞的能荷一般稳定在0.75～0.95。反馈控制的机理如下：合成ATP的反应受ADP的促进和ATP的抑制，而利用ATP的反应则受到ATP的促进和ADP的抑制。如果在一个组织中需能过程加强时，便会大量消耗ATP，ADP增多，氧化磷酸化作用加强，呼吸速率增高，因而便大量产生ATP。相反，当需能降低时，ATP积累，ADP处于低水平，氧化磷酸化作用减弱，呼吸速率就下降。因而，细胞内的能荷水平可以调节植物呼吸代谢的全过程。

（六）电子传递途径的调控

线粒体中电子传递途径会由于内外因的影响而发生改变。如处于稳定生长期的酵母细胞内线粒体在氧化NADH时，P/O是3；而处于稳定生长期前的P/O则是2，这说明二者的电子传递途径是不同的。大量实验证明，植物在感病、受旱、衰老时交替途径都有明显加强。马铃薯块茎的伤呼吸，刚开始的时候，切片呼吸的80%～100%是对CO及CN^-敏感的，24h以后CO对切片的呼吸只起极小的作用，CN^-的作用也减小。这表明，电子传递途径已由以细胞色素氧化系统为主的途径改变为对CN^-和CO不敏感的抗氰途径。在植物体内，内源激素乙烯和内源水杨酸（salicylic acid）可诱导交替途径的运行，外源水杨酸和乙烯也能诱导交替途径的增强，同时可以诱导交替氧化酶基因的提前表达。植物缺磷时，体内ADP和Pi含量降低，磷酸化作用受到抑制，底物脱下的电子就越过复合体Ⅰ而直接交给UQ，并进入交替途径，以适应缺磷环境。

第三节　果蔬采后的呼吸变化特点

一、果蔬呼吸的一般特点

果蔬产品分属于各种器官，和一般植物一样，不同种类的果蔬，其呼吸速率各不相同，即使是同一品种，因采收时生理年龄和生理状况不同，呼吸速率也有很大差别。通常生长旺盛的、幼嫩的器官的呼吸较生长缓慢、年老的器官快，随着植株或器官发育成长，呼吸逐渐减慢；生殖器官的呼吸较营养器官强。

在各类器官间，一般是花和叶的呼吸最强。同为叶类，一般是散叶型高于结球型，因为结球型的叶片已变态抱合，成为营养器官，散叶型的叶片仍是正常的同化器官。叶的形态结构最适于气体交换，不仅呼吸强度大，呼吸进程一般也较正常，呼吸商多接近于1。各类蔬菜中以块茎、鳞茎等地下器官的呼吸最低，主要是因为地下器官在进化过程中已适应了土壤中较低的氧气条件，而且根菜器官肥大，组织致密，细胞间隙系统所占体积的比例较小，这些都是已经成长了的营养贮藏器官，并且贮藏期间大都正处在生理休眠阶段，气体交换比较困难，无氧呼吸所占比重大，呼吸商常大于1。果菜类则因采收成熟度不同，呼吸差别较大。果皮组织呼吸强而呼吸系数较小，果心、果肉位于内层，气体交换相对困难，呼吸减弱而呼吸系数增至1.5以上，其他蔬菜的内层组织和外层组织也有这种区别。

果实呼吸速率的高低与果实的生长发育有密切关系，其呼吸动态比较复杂。在果实中，一般像桃子、杏、枇杷等果实的呼吸较苹果和梨强，耐藏性好的品种比耐藏性差的品种呼吸低，有核果实比无核果实的呼吸量稍高一些。同一品种的果实，呼吸也随部位或组织的不同而异，通常皮层比内部组织大，果蒂端比果顶端强。

二、果蔬生长和成熟期间的呼吸变化

1. 果实的发育与呼吸作用　植物在开花受精后，由于细胞的分裂和体积的增大，果实在外形上逐渐肥大起来，其内部也不断进行着各种化学成分的变化，形成各种果实所特有的构造和风味。一般在受精后果实生长的初期，呼吸急剧上升，此时呼吸强度最大，这相当于受精后不久的细胞分裂旺盛期。这个呼吸上升期是短暂的，然后随着果实的生长而急剧减少，逐渐趋于缓慢，在接近果实成熟期，呼吸又逐渐上升，随后达到顶峰，接着又开始下降，这种伴随着果实的后熟而呼吸作用异常上升的现象，称为呼吸跃变。

2. 根茎菜类的肥大成熟和呼吸作用　马铃薯块茎、甘薯块根、洋葱鳞茎等根茎类蔬菜的呼吸，在生长初期一般比较大，以后随着成熟的进程而逐渐减弱。马铃薯在由匍匐茎转变为块茎时，呼吸急剧变化的匍匐茎先端不断膨大，在形成小块茎期间，O_2 的吸收量和 CO_2 的排出量都达到块茎形成时的1/2以上。大块茎开始肥大的同时，作为呼吸基质的还原糖逐渐减少，含量很少的非还原糖开始有轻微的增加，而最初几乎没有的淀粉却显著地增多。甘薯的呼吸与马铃薯相同，在成熟期间也逐渐下降，但在收获期地上部分一旦受到霜冻，甘薯的呼吸再次增加，造成淀粉减少。这时收获的甘薯对运输和贮藏都是十分不利的。

无论是哪个品种的洋葱，伴随着鳞茎的成熟，呼吸逐渐减弱而进入休眠状态，其他鳞茎类蔬菜也存在这种呼吸变化。然而，成熟的后半期，早熟品种的

呼吸强度往往比晚熟品种低，早熟品种很快地结束成熟进入休眠状态。在以根茎菜类的营养器官作为生产对象时，通常越是充分成熟的，其稳定性越强，只有在一定限度内延迟收获期对贮藏才有利。

3. 叶菜类的生长发育与呼吸作用　叶菜类蔬菜分为散叶型（绿叶菜类）和结球型两类。散叶型叶菜类（如菠菜、小白菜等）具有典型叶片的解剖结构与代谢特点，而且在幼嫩时就开始采收，所以，在生长期间和采收以后，呼吸作用一直都比较旺盛。结球型叶菜类（如甘蓝等），其变态抱合，具有营养贮藏的一些代谢特点，采收期也在结球充分紧实成熟以后。所以在整个生长发育期间，开始呼吸作用比较强，结球形成及膨大过程中，呼吸作用逐渐减弱变缓，这样也有利于营养物质在结球内积累。

另外，种子和荚果类如果在完全成熟时采收，则随着成熟的进程，含水量逐渐降低，呼吸作用也逐渐减小。相反，所有当做鲜菜消费的种子，其呼吸作用都比较旺盛，如豆类、甜玉米等。这时因为它们在未成熟阶段采收，常随带着其非种子部分，如豆荚（即果皮）的缘故。有些种子以发芽产品当做蔬菜上市时，在发芽期间，除了明显的解剖结构及重要的化学成分发生变化以外，呼吸作用显著增加。

三、呼吸漂移和呼吸高峰

果实的呼吸漂移（respiration drift）是指在某一生命过程中呼吸强度变化的总趋势。Blackman（1920）首先发现，许多果实在幼果成长中呼吸强度不断下降，进入后熟期间其呼吸强度出现骤然升高，随后趋于下降，呈一明显的峰型变化，这个峰即为呼吸高峰（respiration peak），当果实进入衰老时，呼吸再次下降。其后，Kidd 和 West（1925）把果实呼吸的这一漂移现象命名为“呼吸跃变”（climacteric）。呼吸跃变可分为跃变前期（pre - climacteric）、呼吸高峰（climacteric maximum）和跃变后期（post - climacteric）三个阶段（图 3 - 5）。

具有呼吸跃变的果实称为跃变型果实（climacteric fruit）。一般呼吸跃变开始时是果实品质提高阶段，到了呼吸跃变后期，衰老开始发生，此时品质变劣，抗性降低。现已证明，凡表现后熟现象的果实都具有呼吸跃变，呼吸高峰正是后熟和衰老的分界。呼吸跃变与果实的品质、耐贮性有密切关系。跃变型果实伴随着呼吸跃变，果实的颜色、质地、风味、营养物质都在发生变化。在多数情况下，变化最大的时期是在呼吸跃变的最低点和高峰之间，高峰或稍后于高峰的时期是具有最佳鲜食品质的阶段，呼吸高峰过后果实品质迅速下降，不耐贮藏。各种果实出现跃变的时间和呼吸高峰的大小差别很大，出现得越快，采后果实的寿命就越短。故呼吸跃变期实际是果实从开始成熟向衰老过度的转折时期。呼吸跃变型水果包括：苹果、梨、香蕉、猕猴桃、杏、李、桃、柿、鳄梨、荔枝、番木瓜、无花果、芒果等。呼吸跃变型蔬菜包括：番茄、甜瓜、西瓜等。

这类果蔬有 3 个特点：①生长过程与成熟过程明显，呼吸高峰标志着果蔬开始进入衰老期，故保藏应在高峰期出现之前进行；②乙烯对其呼吸影响明显，乙烯的使用使果蔬的呼吸高峰提前出现，乙烯的催熟作用在高峰之前才有用；③可以推迟高峰期的出现：在高峰期到来之前收获，通过冷藏、气调等方法可使呼吸高峰期推迟。呼吸高峰后不久的短暂期间鲜食为佳。

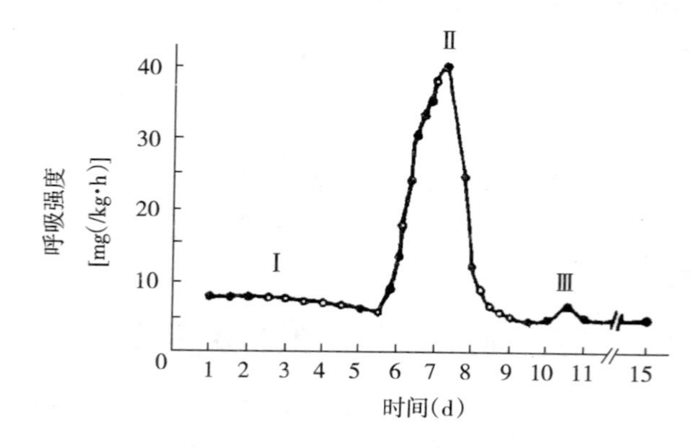

图 3-5　西瓜的呼吸跃变现象
Ⅰ.跃变前期　Ⅱ.呼吸高峰　Ⅲ.跃变后期
(Passam and Bird，1978)

进一步研究表明，并非所有的果实在完熟期间都出现呼吸高峰，不形成呼吸高峰的果实称为非跃变型果实（non - climacteric fruit）。由于非跃变型果实不显示呼吸高峰，所以它的成熟比跃变型果实缓慢得多。非跃变型果蔬包括：柠檬、柑橘、荔枝、甜椒、菠萝、草莓、葡萄、黄瓜等。此类果蔬的特点有两个：①生长与成熟过程不明显，生长发育期较长；②多在植株上成熟收获，没有后熟现象。成熟后不久的短暂时期鲜食品质变化不大。乙烯作用不明显。乙烯可能有多次作用，但无明显高峰。

非跃变型果实也表现与完熟相关的大多数变化，只不过是这些变化比跃变型果实要缓慢些而已。柑橘是典型的非跃变型果实，呼吸强度很低，完熟过程较长，果皮退绿而最终呈现特有的果皮颜色。

跃变型果实出现呼吸跃变伴随着的成分和质地变化，可以辨别出从成熟到完熟的明显变化。而非跃变型果实没有呼吸跃变现象，果实从成熟到完熟发展

过程中变化缓慢，不易划分。大多数的蔬菜在采收后不出现呼吸跃变，只有少数的蔬菜在采后的完熟过程中出现呼吸跃变。在多数情况下，果实品质的最大变化发生在呼吸的最低点和高峰之间，延长这一变化过程也就是推迟高峰的到来，就能达到延长贮藏寿命的目的。因此，对跃变型果实要把握的关键是适时采收和采取各种措施延缓呼吸高峰的出现。果实生命周期中跃变型和非跃变型呼吸漂移的变化如图 3－6。

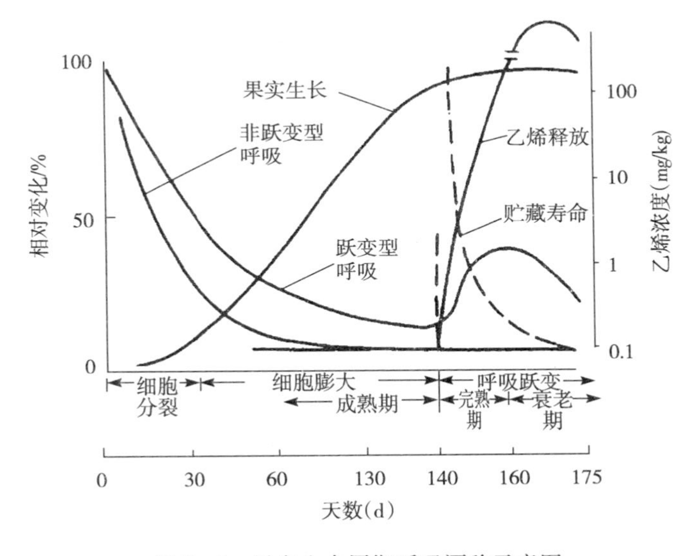

图 3－6　果实生命周期呼吸漂移示意图

四、跃变型和非跃变型果实乙烯的产生和对外源乙烯的反应

跃变型果实和非跃变型果实的区别，不仅在于完熟期间是否出现呼吸跃变，而且在内源乙烯的产生和对外源乙烯的反应上也有显著的差异。

1. 两类果实中内源乙烯的产生量不同　所有的果实在发育期间都产生微量的乙烯。然而在完熟期内，跃变型果实所产生乙烯的量比非跃变型果实多得多，而且呼吸跃变型果实在跃变前后的内源乙烯的量变化幅度很大。非跃变型果实的内源乙烯一直维持在很低的水平，没有产生上升现象。例如，用 500μg/g 丙烯处理跃变型果实香蕉，成功地诱导出典型的呼吸跃变和内源乙烯的上升；而非跃变型果实柠檬和甜橙用丙烯处理，虽能提高呼吸强度，但不能增加乙烯的产生。表明跃变型果实有自身催化乙烯产生的能力，非跃变型果实则没有这个能力。Mcmurchic (1972) 等由此提出了植物体内有两套乙烯合成系统的理论，认为所有植物生长发育过程中都能合成并能释放微量的乙烯，这种乙烯的合成系统称为系统Ⅰ（system Ⅰ）。就果实而言，非跃变型果实或未成熟的跃变型果实所产生的乙烯，都是来自乙烯合成系统Ⅰ。而跃变型果实在完熟期前期合成并大量释放的乙烯，则是由另一系统产生，称为乙烯合成系统Ⅱ（system Ⅱ），它既可以随果实的自然完熟而产生，也可被外源乙烯所诱导。当跃变型果实内源乙烯积累到一定限值，便出现生产乙烯的自动催化作用，产生大量内源乙烯，从而诱导呼吸跃变和完熟期生理生化变化的出现。系统Ⅱ引发乙烯自动催化作用一旦开始即可自动催化下去，产生大量的内源乙烯。非跃变型果实只有乙烯生物合成系统Ⅰ，缺少系统Ⅱ，如将外源乙烯除去，则各种完熟反应便停止。发现系统Ⅱ是通过ACC合酶和乙烯形成酶（EFE）激活所致。当系统Ⅰ生成的乙烯或外源乙烯的量达到一定阈值时，便启动了这两种酶的活性。非跃变型果实只有系统Ⅰ而无系统Ⅱ，跃变型果实则两者都有，可能这就是两种类型果实的本质差异所在。

2. 对外源乙烯刺激的反应不同 对跃变型果实来说，外源乙烯只在跃变前期处理才有作用，可引起呼吸上升和内源乙烯的自身催化，这种反应是不可逆的，一旦反应发生即可自动进行下去，在呼吸高峰出现以后，果实就达到完熟阶段，虽停止处理也不能使呼吸恢复到处理前的状态。而对非跃变型果实来说，任何时候处理都可以对外源乙烯发生反应，但将外源乙烯除去，由外源乙烯所诱导的各种生理生化反应便停止了，呼吸又恢复到未处理时的水平，呼吸高峰的出现并不意味着果实已完全成熟。两类果实对乙烯的反应见图 3-7。

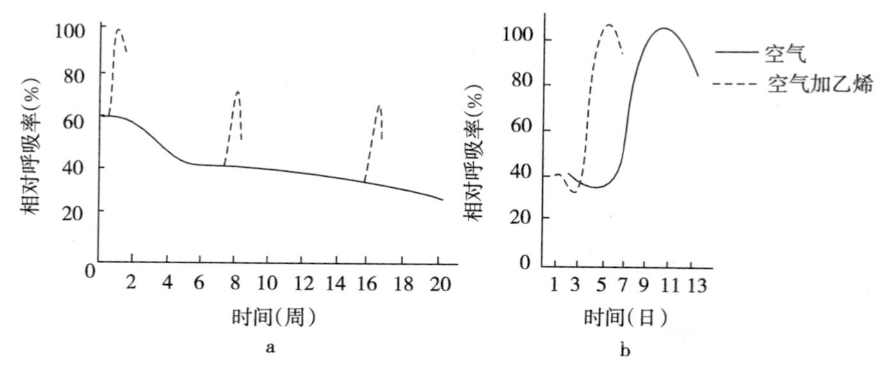

图 3-7 两类果实对乙烯的反应

a. 非跃变型果实对乙烯的反应 b. 跃变型果实对乙烯的反应

（Biale，Young，1972）

3. 对外源乙烯浓度的反应不同 提高外源乙烯的浓度，可使跃变型果实的呼吸跃变出现的时间提前，但不改变呼吸高峰的强度，乙烯浓度的改变与呼吸跃变的提前时间大致成对数关系；对非跃变型果实，提高外源乙烯的浓度，可提高呼吸的强度，但不能提早呼吸高峰出现的时间。

4. 呼吸速率变化幅度不同 Biale（1976）指出非跃变型果实与跃变型果实相比，前者的呼吸速率是很低的，再者，跃变型果实除有较高的呼吸速率外，最高和最低的呼吸速率之间的变化幅度是很大的。

第四节 影响果蔬产品呼吸的因素

控制采后果蔬产品的呼吸强度，是延长贮藏期和货架期的有效途径。影响呼吸强度的因素很多，概括起来主要有以下几方面。

一、种类和品种

果蔬种类繁多，被食用部分各不相同，包括根、茎、叶、花、果实和变态器官，这些器官在组织结构和生理方面有很大差异，采后的呼吸作用有很大不同。在蔬菜的各种器官中，生殖器官新陈代谢异常活跃，呼吸强度一般大于营养器官，而营养器官又大于贮藏器官，所以通常以花的呼吸作用最强，叶次之，其中散叶型蔬菜的呼吸要高于结球型，最小为根茎类蔬菜，如直根、块根、块茎、鳞茎的呼吸强度相对较小，也较耐贮藏。除了受器官特征的影响外，还与其在系统发育中形成的对土壤环境中缺氧的适应特性有关，有些产品采后进入休眠期，呼吸更弱。

同一类产品，不同品种之间呼吸也有差异，这是由遗传特性决定的。一般来说，晚熟品种的呼吸强度大于早熟品种的呼吸强度。由于晚熟品种生长期较长，积累的营养物质较多，呼吸强度高于早熟品种；热带、亚热带果实的呼吸强度比温带果实的呼吸强度大，夏季成熟品种的呼吸强度比秋冬成熟品种强；南方生长的比北方的要强。就种类而言，浆果的呼吸强度较大，柑橘类和仁果类果实的较小。一般来说，呼吸强度愈大，耐藏性愈低。

二、发育阶段与成熟度

不同采收成熟度的果蔬，呼吸强度也有较大差异。以嫩果供食的果蔬，其呼吸强度也大，而成熟果蔬的呼吸强度较小。

在果蔬的个体发育和器官发育过程中，幼果期幼嫩组织处于细胞分裂和生长代谢旺盛阶段，且保护组织尚未发育完善，便于气体交换而使组织内部供氧充足，呼吸强度较高，呼吸旺盛，随着生长发育、果实长大，呼吸逐渐下降。幼嫩蔬菜的呼吸最强，是因为正处在生长最旺盛的阶段，各种代谢活动都很活跃，而且此时的表皮保护组织尚未发育完全，组织内细胞间隙也较大，便于气体交换，内层组织也能获得较充足的 O_2。一般而言，生长发育过程的植物组织、器官的生理活动很旺盛，呼吸代谢也很强。如生长期采收的叶菜类蔬菜（菠菜、生菜等），此时营养生长旺盛，各种生理代谢非常活跃，呼吸强度也很大。成熟产品（南瓜等）表皮保护组织如蜡质、角质加厚，使新陈代谢缓慢，呼吸较弱。跃变型果实在成熟时呼吸升高，达到呼吸高峰后又下降，非跃变型果实成熟衰老时则呼吸作用一直缓慢减弱，直到死亡。块茎、鳞茎类蔬菜（马铃薯、洋葱等）田间生长期间呼吸强度一直下降，采后进入休眠期呼吸降到最低，休眠期后重新上升。

一般果品均不在生长期采收，因为此时养分未充分积累，风味、品质均较差，同时呼吸强度很高。跃变型果实在生长末期采收，此时果实已基本成熟，营养积累较充分，呼吸强度明显下降。老熟的瓜果和其他蔬菜，新陈代谢强度降低，表皮组织和蜡质、角质保护层加厚并变得完整，呼吸强度较低，则较耐贮藏。一些果实如番茄在成熟时细胞壁中胶层溶解，组织充水，细胞间隙被堵塞而使体积缩小，这些都会阻碍气体交换，使得呼吸强度下降，呼吸系数升高。

三、温　　度

呼吸作用是一系列酶促生物化学反应过程，温度是影响呼吸强度最重要的因素，在一定范围内随着温度的升高，酶的活性增强，呼吸强度增大。如图 3-8 所示。

在 0～35℃范围内，随着温度的升高，呼吸强度增大。温度变化与果蔬呼吸作用的关系，可以用温度系数（Q_{10}）表示，如果不发生冷害，多数果蔬温度每升高 10℃，呼吸强度增大 1～1.5 倍（Q_{10}=2～2.5）。在 0～10℃范围的温度系数往往比其他范围的温度系数的数值大，这说明越接近 0℃，温度的变化对果蔬呼吸强度的影响越大。在 0℃左右时，酶的活性极低，呼吸很弱，跃变型果实的呼吸高峰得以推迟，甚至不出现呼吸高峰，因此，在不出现冷害的前提下，果蔬采后应尽量降低贮运温度，并且要保持冷库温度的恒定，否则，温度的变动可刺激果蔬的呼吸作用，缩短贮藏寿命。当温度高于一定的程度（35～45℃），呼吸强度在短时间内可能增加，但稍后呼吸强度很快就急剧下降，这是由于温度太高导致酶的钝化或失活。适宜的低温可以显著降低产品的呼吸强度，并推迟呼吸跃变型果蔬产品的呼吸跃变高峰的出现，甚至不表现呼

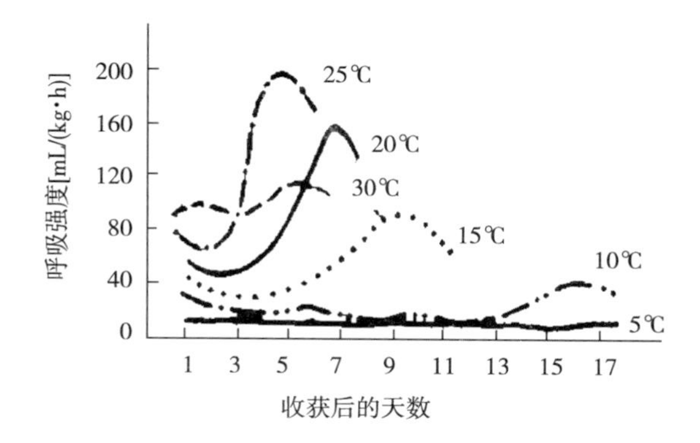

图 3-8　鳄梨的呼吸曲线与温度的关系

注：呼吸强度以吸收 O_2 计。

（Biale，1981）

吸跃变。

同样，呼吸强度随着温度的降低而下降，但是如果温度太低导致冷害（chilling injury），反而会出现不正常的呼吸反应。为了抑制呼吸强度，贮藏温度并非越低越好。

一些原产于热带、亚热带的产品对冷敏感，在一定低温下会发生代谢失调，失去耐藏性和抗病性，反而不利于贮藏。过高或过低的温度对产品的贮藏不利。超过正常温度范围时，初期的呼吸强度上升，其后下降为 0。这是由于在过高温度下，O_2 的供应不能满足组织对 O_2 消耗的需求，同时 CO_2 过多的积累又抑制了呼吸作用的进行。温度低于产品的适宜贮藏温度时会造成低温伤害或冷害。所以，应根据各种水果和蔬菜对低温的忍耐性不同，在不破坏正常生命活动的条件下，尽可能维持较低的贮藏温度，使呼吸降到最低的限度又不至于产生冷害。另外，贮藏环境的温度波动会刺激水果和蔬菜中水解酶的活性，促进呼吸，增加营养物质的消耗，缩短贮藏时间，因此水果和蔬菜贮藏时应尽量避免库温波动。

根据温度对呼吸强度的影响原理，在生产实践上贮藏蔬菜和水果时应该降低温度，以减少呼吸消耗。温度降低的幅度以不破坏植物组织为标准，否则细胞受损，对病原微生物的抵抗力大减，也易腐烂损坏。

四、相对湿度

相对湿度是表示湿润空气的湿度，指的是一定温度下空气中的水蒸气压与该温度下饱和水蒸气压的百分比。湿度对呼吸的影响虽不及温度，但也是一个重要因素，就目前来看还缺乏系统深入的研究，但这种影响在许多贮藏实例中确有反映。稍干燥的环境可以抑制呼吸，大白菜、菠菜、温州蜜柑、红橘等采收后进行预贮，晾晒蒸发掉一小部分水分，使产品轻微失水有利于降低呼吸强度，增强贮藏性。洋葱贮藏时要求低湿，低湿可以减弱呼吸强度，保持器官的休眠状态，有利于贮藏。另一方面，湿度过低对香蕉的呼吸作用和完熟也有影响，香蕉在90%以上的相对湿度时，采后出现正常的呼吸跃变，果实正常完熟；当相对湿度下降到80%以下时，没有出现正常的呼吸跃变，不能正常完熟，即使能勉强完熟，但果实不能正常黄熟，果皮呈黄褐色而且无光泽。对于柑橘类果实如酸橙，在较湿润的环境条件下，呼吸作用有所促进；在过湿条件下，由于果肉部分生理活动旺盛，形成浮皮果，使果肉干缩，风味变淡，品质下降，此外，高湿还会引起油桃褐变。常见果蔬的最适冷藏条件和贮藏寿命如表3-4。

表3-4　常见果蔬的最适冷藏条件和贮藏寿命

果蔬种类	贮藏温度/℃	贮藏相对湿度/%	贮藏寿命
苹果	0～1	85～90	4～6月
洋梨	−1.5～0	85～90	2～6月
葡萄	−1～0.5	85～90	1.5～6月
甜橙	0～1	85～90	8～12周
桃	0	85～90	2～4月
李	0～1	80～85	3～4周
杏	−0.5～0	90～95	3～4周
蜜柑	0～3	90～95	1～2周
樱桃	0	85～90	10～14日
柿	−1	85～90	2月
板栗	0～10	65～75	8～12月
甜瓜（蜜瓜）	7～10	85～90	2～4周
芒果	10	85～90	2～3周
柠檬	12.7～14.4	85～90	1～4月
油梨（鳄梨）	8～13	85～90	4周
菠萝（绿熟）	10～15	85～90	3～4周
菠萝（完熟）	4.5～7	85～90	2～4周
香蕉	13～15	85～90	1.5～3月

（续）

果蔬种类	贮藏温度/℃	贮藏相对湿度/%	贮藏寿命
柚	7.2～8.9	85～90	10～12 周
荔枝	3～5	90～95	3～5 周
花椰菜	0～1	90～95	4～7 周
芹菜	−2～0	90～95	4～13 周
菠菜	−1～0	90～95	10～30 日
萝卜（春）	1～3	95	20～30 日
萝卜（秋）	1～3	95	17～21 周
胡萝卜	−1～0	90～95	17～21 周
蒜薹	−0.5～0.5	85～95	7～10 月
大白菜	−1～1	90～95	14～17 周
莴笋	0～2	90～95	30～40 日
洋葱	−3～0	65～75	21～28 周
蒜头（干）	−1～0	65～75	21～28 周
青豌豆	0～1	85～90	10～15 日
番茄（红熟）	0～2	85～90	3～7 日
番茄（绿熟）	10～12	80～85	1～3 月
马铃薯	3～5	80～90	8～30 周
菜豆（嫩荚）	7～12	90～95	7～10 日
茄子	7～10	85～90	7～10 周
青椒（黑龙江）	7～9	80～85	7～14 周
黄瓜	7～13	90～95	10～30 日

五、环境气体成分

贮藏环境中影响果蔬产品的气体主要是 O_2、CO_2 和乙烯。正常空气中 O_2 所占的比例为 20.9%，CO_2 为 0.03%。

1. O_2 O_2 是进行有氧呼吸的必要条件，正常空气中，一般空气中 O_2 是过量的。在 O_2＞16%而低于大气中的含量时，对呼吸无抑制作用；当 O_2 浓度降到 16%以下时，植物的呼吸强度便开始下降；在 O_2＜10%时，呼吸强度受到显著的抑制；O_2＜5%～7%时，受到较大幅度的抑制；但在 O_2＜2%时，无氧呼吸出现并逐步增强，有氧呼吸迅速下降。但是个别果蔬能够在短时间内忍受低 O_2 条件，例如，蒜薹在 O_2＜1%时仍能保持很好的贮藏特性。在缺氧条

件下提高 O_2 浓度时，无氧呼吸随之减弱，直至消失。一般把无氧呼吸停止进行的 O_2 含量最低点（10%左右）称为无氧呼吸消失点。低 O_2 浓度主要抑制了果实的呼吸作用，进而影响许多代谢活动。同时，低 O_2 浓度也可抑制乙烯的合成，推迟 ACC 向乙烯的转化。值得注意的是，在一定范围内，虽然降低 O_2 浓度可抑制呼吸作用，但 O_2 浓度过低，无氧呼吸会增强，过多消耗体内养分，甚至产生酒精中毒和异味，缩短贮藏寿命，称为缺氧障碍。在 O_2 浓度较低的情况下，呼吸强度（有氧呼吸）随 O_2 浓度的增大而增强，但 O_2 浓度增至一定程度时，对呼吸就没有促进作用了，这一 O_2 浓度称为氧饱和点。因此，贮藏中 O_2 浓度常维持在 2%～5%，一些热带、亚热带产品需要在 5%～9%的范围内。提高环境 CO_2 浓度对呼吸也有抑制作用，对于多数果蔬来说，适宜的浓度为 2%～5%，过高会造成生理伤害，但产品不同，差异也很大，在不干扰组织正常呼吸代谢的前提下，适当降低环境 O_2 浓度，并提高 CO_2 浓度，可以有效抑制呼吸作用和延缓呼吸跃变的出现，减少呼吸消耗，抑制乙烯的生物合成，更好地维持产品品质，这就是气调贮藏（CA 贮藏）的理论依据。CA 贮藏具有明显抑制果实的呼吸作用、减少乙烯释放、降低膜脂质代谢、延缓成熟衰老、保持果实品质和延长贮藏时间的优良效果，已被广泛用于苹果、桃、梨等水果的商业贮藏。

近年来，高浓度 O_2 在控制果蔬采后褐变和腐烂中所起的作用已越来越受到人们的重视。高浓度 O_2 处理，又称为“氧休克”，可有效地控制新陈代谢、保持原有品质、延长贮藏时间，是近年来果蔬采后 CA 贮藏研究的热点。高浓度 O_2 能够抑制酶促褐变反应、阻止无氧发酵、抑制好氧微生物和厌氧微生物的生长。大量的试验结果表明：高浓度 O_2 可以抑制或刺激果蔬采后呼吸代谢和乙烯生成，亦或对两者没有影响，这主要取决于果蔬种类、成熟度、O_2 浓度、贮藏时间以及贮藏环境中 CO_2 和乙烯含量等。

2. CO_2 提高空气中的 CO_2 浓度，呼吸也会受到抑制，多数果品比较合适的 CO_2 浓度为 2%～5%。若 CO_2 浓度过高，会使细胞中毒而导致某些果蔬出现异味，称为 CO_2 中毒。20℃下将“Springcrest”桃子在超低氧（<1%）配合高浓度 CO_2（30%）的 CA 条件下贮藏 24h 或 48h 后转入空气中，不仅可以有效地抑制或延缓果实软化、减少乙烯的生成，而且能避免低温冷藏对果实造成的冷害和品质风味的下降。杏经 1.0%～3.0%的 CO_2 预处理后转入空气中贮藏可以明显地减少硬度的降低和褐腐病的发生。

O_2 和 CO_2 有拮抗作用，一方面，CO_2 毒害可因提高 O_2 浓度而有所减轻，而在低 O_2 中，CO_2 毒害会更为严重；另一方面，当较高浓度的 O_2 伴随着较高浓度的 CO_2 时，对呼吸作用仍能起明显的抑制作用。低 O_2 和高 CO_2 不但

可以降低呼吸强度，还能推迟果实的呼吸高峰，甚至使其不发生呼吸跃变。因此，要维持果蔬正常生命活动，又要控制适当的呼吸作用，就要使贮藏环境中 O_2 和 CO_2 的含量保持一定的比例。

3. 乙烯　乙烯（ethylene）是影响呼吸作用的重要因素。它是一种成熟衰老植物激素，即果蔬催熟剂，它可以增强呼吸强度。乙烯是五大类植物内源激素中结构最简单的一种，但对果蔬的成熟衰老有重要影响，微量的乙烯（0.1mg/L）就可诱导果蔬的成熟。通过抑制或促进乙烯的产生，可调节果蔬的成熟进程，影响贮藏寿命。因此，了解乙烯对果品蔬菜成熟衰老的影响、乙烯的生物合成过程及其调节机理，对于做好果蔬的贮运工作有重要的意义。

在果实发育和成熟阶段均有乙烯产生，跃变型果实在跃变开始到跃变高峰时的内源乙烯的含量比非跃变型果实高得多，而且在此期间内源乙烯浓度的变化幅度也比非跃变型果实要大。一般认为乙烯浓度的阈值为 0.1μg/g，因此，不同果实的乙烯阈值是不同的，而且果实在不同的发育期和成熟期对乙烯的敏感度是不同的。一般来说，随果龄的增大和成熟度的提高，果实对乙烯的敏感性提高，因而诱导果实成熟所需的乙烯浓度也随之降低。幼果对乙烯的敏感度很低，即使施加高浓度外源乙烯也难以诱导呼吸跃变。但对于即将进入呼吸跃变的果实，只需用很低浓度的乙烯处理，就可诱导呼吸跃变出现。乙烯是成熟激素，可诱导和促进跃变型果实成熟，主要的根据如下：①乙烯生成量增加与呼吸强度上升时间进程一致，通常出现在果实的完熟期间；②外源乙烯处理可诱导和加速果实成熟；③通过抑制乙烯的生物合成（如使用乙烯合成抑制剂AVG、AOA等）或除去贮藏环境中的乙烯（如减压抽气、使用乙烯吸收剂如消石灰等），能有效地延缓果蔬的成熟衰老；④使用乙烯作用的拮抗物（如 Ag^+、CO_2、1-MCP）可以抑制果蔬的成熟。虽然非跃变型果实成熟时没有呼吸跃变现象，但是用外源乙烯处理能提高呼吸强度，同时也能促进叶绿素破坏、组织软化、多糖水解等。所以，乙烯对非跃变型果实同样具有促进成熟衰老的作用。

果蔬产品采后贮运过程中，由于组织自身代谢可以释放乙烯，并在贮运环境中积累，这对于一些对乙烯敏感产品的呼吸作用有较大的影响。果蔬在贮藏过程中不断产生乙烯，并使果蔬贮藏场所的乙烯浓度增高，果蔬在提高了乙烯浓度的环境中贮藏时，空气中的微量乙烯又能促进呼吸强度提高，从而加快果蔬成熟和衰老。所以，对果蔬贮藏库要通风换气或放入乙烯吸收剂，排除乙烯以防止过量积累，可以延长果蔬贮藏时间。

六、机 械 伤

机械伤包括外伤和内伤，外伤是指开放性的伤口，外表容易察觉；内伤是指由挤压、振动、摩擦等原因造成的损伤，外表不易察觉。在贮藏期间易导致产品出现品质劣变。任何机械伤，即便是轻微的挤压和擦伤，都会导致采后果蔬产品呼吸强度不同程度的增加。为利于贮藏，应尽量避免果蔬受机械损伤和微生物浸染。

果蔬受机械损伤后，呼吸强度和乙烯的产生量明显提高。组织因受伤引起呼吸强度不正常的增加称为“伤呼吸”。呼吸强度的增加与损伤的严重程度成正比。

机械损伤引起呼吸强度增加的可能机制：①开放性伤口使内层组织直接与空气接触，增加气体的交换，可利用的 O_2 增加；细胞结构被破坏，从而破坏了正常细胞中酶与底物的空间分隔。②当组织受到机械损伤、冻害、紫外线辐射或病菌感染时，内源乙烯含量可提高 3～10 倍。乙烯合成的加强加速了有关的生理代谢和贮藏物质的消耗以及呼吸热的释放，导致品质下降，促进果实的成熟和衰老，从而加强对呼吸的刺激作用。③果实受机械损伤后，易受真菌和细菌侵染，真菌和细菌在果品上发育可以产生大量的乙烯，也促进了呼吸和乙烯的产生，导致果实的成熟和衰老，形成恶性循环。果蔬通过增强呼吸来加强组织对损伤的保卫反应和促进愈伤组织的形成等。在贮藏实践中，受机械损伤的果实容易长霉腐烂，而长霉的果实往往提早成熟，贮藏寿命缩短。因此，在采收、分级、包装、装卸、运输和销售等环节中，必须做到轻拿轻放和良好包装，以避免机械损伤。

七、化学物质

在果蔬采收前后和贮藏期间进行各种化学药剂处理，以控制果蔬产品的呼吸作用。主要有植物激素和化学物质两部分，如青鲜素（MH）、矮壮素（CCC）、6-苄基腺嘌呤（6-BA）、赤霉素（GA）、2，4-D、重氮化合物、脱氢醋酸钠、1-MCP、AVG、AOA 等都对呼吸强度都有不同程度的抑制作用，其中的一些也作为果蔬产品保鲜剂的重要成分。

毫无疑问，植物的生理机能是受化学调节物质，特别是受植物激素等生理活性物质的制约。有关应用植物激素调节果蔬的采后生理机能，达到贮藏保鲜效果的报道，现今已相当普遍。其中，细胞分裂素类具有高度的保鲜效应，其功能之一就是对有些果蔬的呼吸作用的抑制作用。例如，用 10mg/kg 的苄基腺嘌呤（BA）浸渍石刁柏、芹菜、绿菜花等，能抑制贮藏中的呼吸作用；采前田间喷洒，也有同样的反应。香蕉通过赤霉素（GA）处理可以延迟呼吸跃变期的到来。用 5 000mg/kg MH 处理马铃薯，有抑制发芽、延长保藏期的良好效果。在梨子呼吸高峰出现之前，施用亚胺已酮可显著抑制果肉软化、叶绿素降解、乙烯合成和延迟呼吸高峰的到来。1994 年 Sisler 和 Serek 等发现 1－MCP 能够竞争性地抑制乙烯与受体的结合，从而抑制乙烯的作用，1－MCP 对于具有明显呼吸高峰的果实如苹果、香蕉、西洋梨等的成熟衰老影响较大，能明显抑制其呼吸强度，延迟果实呼吸高峰的出现，并降低峰值，抑制乙烯的生成，保鲜效果好；对于非高峰型果实如柑橘、枣等仅对延缓果皮叶绿素的分解有一定的作用，对保鲜效果的影响不是特别明显。

1. 试述果蔬的呼吸作用对于采后生理和贮藏保鲜的意义。
2. 果蔬产品呼吸代谢的主要途径有哪些？各有什么特点？
3. 影响果蔬采后呼吸强度的因素有哪些？怎样调节？
4. 什么是跃变型果实与非跃变型果实？在采后生理上有什么区别？
5. 在贮藏实践上有哪些措施可调控果蔬采后的呼吸作用？

指定参考书

邓伯勋．2002．园艺产品贮藏运销学．北京：中国农业出版社．
刘道宏．1995．果蔬采后生理学．北京：中国农业出版社．

主要参考文献

邓伯勋．2002．园艺产品贮藏运销学．北京：中国农业出版社．
冯双庆，赵玉梅．2004．水果蔬菜保鲜食用技术．北京：化学工业出版社．
刘道宏．1995．果蔬采后生理学．北京：中国农业出版社．
罗云波，蔡同一．2001．园艺产品贮藏加工学．北京：中国农业大学出版社．
田世平．2000．果蔬产品采后贮藏加工与包装技术指南．北京：中国农业出版社．
张有林、苏东华．2000．果蔬贮藏保鲜技术．北京：中国轻工业出版社．
赵丽芹．2000．园产品贮藏加工学．北京：中国轻工业出版社．
Burg Stanley P. 2004. Postharvest Physiology and Hypobaric Storage of Fresh Produce. CABI Publishing.
Pantastico E R B. 1975. Postharvest Physiology, Handling and Utilization of Tropical and Subtropicol Fruits and Vegetables. The AVI Publishing Company Inc.
Salunkhe D K and Desai B B. 1984. Postharvest Biotechnology of Fruits. Boca Raton: Fla. CRC Press.

第四章　乙烯及其他植物激素对成熟衰老的调控

教学目标

1. 掌握乙烯生物合成和信号转导途径。
2. 了解乙烯对植物成熟衰老的生理作用。
3. 掌握乙烯合成和作用环境因素调控的方法。
4. 了解其他激素对果蔬成熟衰老的影响。

主题词

成熟　衰老　乙烯生物合成　乙烯受体　信号转导　脱落酸　细胞分裂素　生长素　赤霉素

收获后的园艺产品仍然是一个活体，继续进行着生命代谢活动，朝着完成生长发育的方向发展，最终走向成熟、衰老和死亡。在这一过程中，各类植物激素相互协调，共同作用，参与各阶段的调控。其中，乙烯是最重要的成熟衰老激素之一。

第一节　乙烯的生物合成与信号转导途径

乙烯（ethylene）是一种简单的不饱和烃类化合物，其化学结构为 $CH_2=CH_2$，在常温常压下为气体。乙烯参与生物代谢许多过程，特别是果实成熟、衰老、对逆境反应以及“三重反应”（triple response）等。几乎所有高等植物的器官、组织和细胞都能产生乙烯。空气中极其微量的乙烯（0.01～0.1μl/L）就能对植物产生生理效应。

一、乙烯的发现和研究历史

在 20 世纪早期人们就发现泄漏的燃气使附近的树叶变黄、实验的照明气

体能引起黄化豌豆幼苗的横向生长以及燃烧煤油的加热器可以使绿色的柠檬变黄。随后证明这是由于这些气体中含有乙烯，从而人们开始认识到外源乙烯对植物具有多方面的影响，包括在低剂量时就能够促进果实成熟的作用。1934年，Gane首次研究发现植物自身能够产生乙烯，随后人们提出乙烯是植物生长发育的内源调节剂。

限于当时的检测技术，尚不能对植物体内生理响应浓度极低的乙烯含量进行分析。所以在1935年之后的近20年对乙烯作用的地位一直有争议。直到20世纪60年代初期，才有了通过压力计法、粗略色度计法以及基于叶片偏上性或黄化豌豆和绿豆苗生长的生物实验法对乙烯进行定量的测定。特别是James和Martin（1952）发明了气相色谱（gas chromatograph）和火焰离子检测器，将检测乙烯的灵敏度提高了10^6倍，从而使检测微量乙烯的存在成为可能。研究手段的进步极大地推动了乙烯研究领域的快速进展，帮助人们认识到果实中乙烯的存在与成熟的关系，证明了乙烯的确是促进果实成熟衰老的一种内源植物激素。此后，人们开始了对乙烯的生物合成途径及其调控的研究。

Lieberman等（1964）利用离体化学反应体系研究证明氨基酸特别是甲硫氨酸（蛋氨酸，methionine，Met）可能是生成乙烯的前体。后来用^{14}C-甲硫氨酸饲喂苹果组织，发现有^{14}C-乙烯生成，进而证明了在植物组织中甲硫氨酸是乙烯生成的前体。Yang等分别运用离体和活体研究体系对甲硫氨酸转化为乙烯可能的中间产物和机制进行了研究。

Murr和Yang（1975）观察到甲硫氨酸转变成乙烯需要氧参加，氧化磷酸化的解偶联剂DNP（二硝基苯酚）能抑制这一转化，因此推测由甲硫氨酸和ATP合成了腺苷甲硫氨酸（*S*-adenosyl-L-methionine，SAM）。Adams和Yang（1977）研究发现当在厌氧条件下给苹果组织施喂^{14}C-SAM时，阻止了乙烯的形成，但有一种标记的化合物在组织中累积。进一步的研究表明甲硫氨酸在氮气中无乙烯生成，只有5′-甲硫基腺苷（5′-methylthioadenosine，MTA）和1-氨基环丙烷-1-羧酸（1-aminocyclopropane-1-carboxylic acid，ACC）产生。通过进一步在活体中的研究，最终确定了ACC是乙烯生成的最后前体，即在有氧及其他条件满足时，SAM可以通过ACC形成乙烯，同时形成MTA及其水解产物甲硫基核糖（5-methylthioribose，MTR），并通过ACC化学法转换成乙烯，建立了灵敏的ACC测定方法。从而确定了植物体内乙烯生物合成途径：Met（甲硫氨酸）→SAM（S-腺苷蛋氨酸）→ACC（1-氨基环丙烷-1-羧酸）→ethylene（乙烯），这成为乙烯研究的一个里程碑。

为了探明植物体内蛋氨酸的来源，进行了S标记试验。发现S是与甲基结合在一起形成甲硫基，然后在组织中参与循环。Murr和Yang（1975）将^{14}C

标记在 MTA 的甲基上，结果在植物组织中得到了标记的 Met。Adams 和 Yang（1977）又在 MTA 中的硫原子和甲基上进行了双重标记试验，结果表明 MTA 的甲硫基被结合到 Met 上。由此证明了乙烯的生物合成是经过 Met→SAM→MTA（5-甲硫基腺苷）→Met 这样一个循环，其中甲硫基可以循环使用，这个循环称甲硫氨酸循环，又称 Yang's Cycle（杨氏循环，图 4-1）。

随着乙烯生物合成途径的明确，特别是分子生物学的迅速发展，建立了模式植物拟南芥（*Arabidopsis thaliana*）和番茄的基因组学研究，相关基因得以克隆，基因功能进一步明确，使得乙烯生物合成和作用机制及调控的研究取得了突破性进展。

二、乙烯生物合成

乙烯生物合成包括两个部分，即甲硫氨酸的再生和乙烯的形成（图 4-1）。

（一）甲硫氨酸循环

通过甲硫氨酸循环完成甲硫氨酸的再生（图 4-1）。这个过程可概括为以下 4 个环节：

（1）Met 在 SAM 合成酶的催化下与 ATP 反应形成 SAM。SAM 是植物体内主要的甲基供体，用于许多生物合成途径的底物，例如乙烯合成途径和精胺/亚精胺合成途径等。但是植物体内 SAM 的水平对乙烯合成有一定的影响，如将从大肠杆菌噬菌体 T_3 等微生物中分离出来的 SAM 水解酶基因导入番茄后，降低了番茄植株内 SAM 的含量，结果使 ACC 的合成显著减少，从而降低乙烯的生成。

（2）SAM 在 ACC 合酶（ACC synthase，ACS）作用下生成 ACC，同时形成 MTA。MTA 在 5′-甲硫基核糖（5′-methylthioribose，MTR）核苷酶催化下进一步分解为 MTR。

ACS 是整个乙烯合成途径中的关键酶和限速酶，该酶以磷酸吡哆醛为辅基，所以可以被 AOA（aminooxyacetic acid，氨基羟基乙酸）、AVG（2-aminoethxyvinlglycine，氨基乙氧基乙烯甘氨酸）及其类似物所抑制。ACS 是由一个多基因家族编码，每个基因的表达调控受不同诱导因子的诱导，包括物理的、化学的和生长发育等因素，如拟南芥 12 个 ACS 分别受伤害、环己酰亚胺（CHX）、乙烯处理、吲哚乙酸（IAA）、氯化锂、氰化物、低浓度细胞分裂素等的诱导；番茄的 9 个 ACS 基因中 *LeACS*2 和 *LeACS*4 为果实成熟所诱导。

外界环境对 ACC 的合成影响很大，成熟和多种逆境如机械伤、冷害、干旱、淹涝、高温和化学毒害等都会刺激 ACC 合酶活性增强，从而导致 ACC 合成的增加，促进乙烯生物合成。

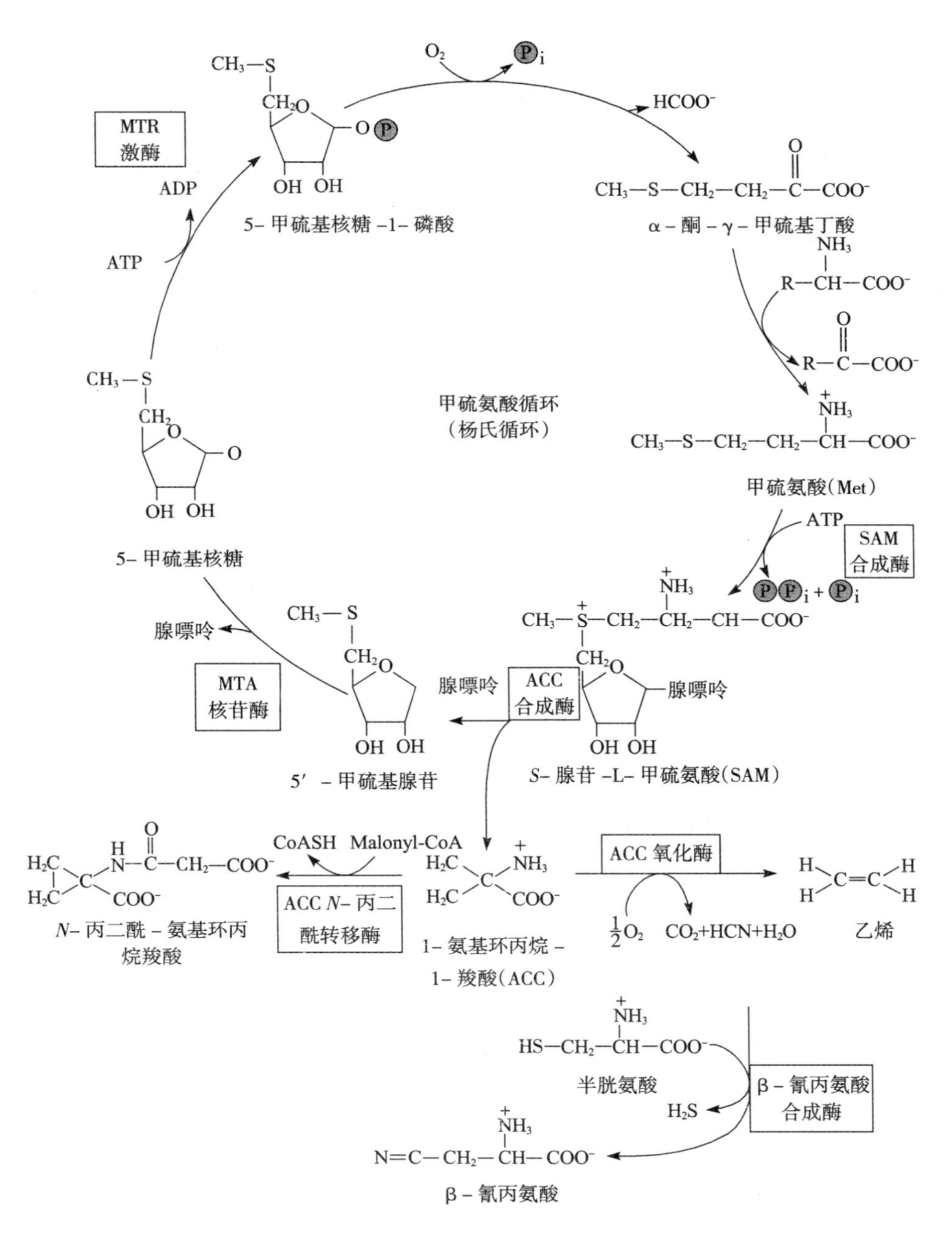

图 4-1　甲硫氨酸循环和乙烯及来自 ACC 的其他产物的形成

(Bradford，2008)

（3）MTR通过MTR激酶转变为MTR-1-P，后者进一步转变为2-酮基-4-甲硫基丁酸（α-Keto-γ-methylthiobutyric acid，KMB）。目前在植物体内催化MTR-1-P形成KMB的酶尚未被鉴定。

（4）KMB通过专一的转氨酶作用再形成Met。通过这一循环，Met中丁酸部分的4个碳原子最终来自ATP的核糖分子，而原来的Met中的甲硫基被保存下来，使其不断地在甲硫氨酸循环中再生和利用。

（二）ACC的转化与乙烯的形成

经甲硫氨酸循环生成的ACC既可以用于乙烯生成，也可以转化为不具活性的结合态ACC。

（1）Met循环形成的ACC在ACC氧化酶（ACC oxidase，ACO）作用下形成乙烯，同时形成氰甲酸。氰甲酸不稳定，分解形成CO_2和HCN。

催化反应的ACO需要抗坏血酸和O_2作为辅助底物，Fe^{2+}和CO_2为辅基因子。ACO也是乙烯合成中的一个重要的酶，在果实成熟等过程ACO的表达也具有限速酶的特点。这个反应是需氧的，厌氧条件、解偶联剂（DNP）、自由基清除剂、钴离子（Co）以及高温（大于35℃）等都会抑制ACO的活性，抑制乙烯的生物合成。但反应产物CO_2能够激活ACO的活性，促进乙烯的产生。

ACO也是由一个多基因家族编码，乙烯、脱落酸（ABA）、机械伤害、渍水、病原体侵染、果实成熟等因素均可诱导相应的ACO基因表达。

（2）HCN对植物有毒，HCN在β-氰丙氨酸合成酶的催化下与半胱氨酸形成β-氰丙氨酸（图4-1）。

（3）ACC也可在*N*-丙二酰转移酶作用下与丙二酰辅酶A（malonyl-CoA）反应生成*N*-丙二酰-氨基环丙烷羧酸（N-malonyl-ACC，MACC），即不具活性的结合态ACC。该反应可能有助于降低体内过高水平的ACC，但目前尚未证明该反应是可逆的。

因此，乙烯生成可用下式表示：

$$Met + 2ATP \rightarrow ADP + 2Pi + PPi + HCOOH + CO_2 + HCN + C_2H_4$$

HCOOH、CO_2及HCN中的C分别来自核糖残基的1、2、3位碳，最终生成乙烯分子的2个碳原子是由蛋氨酸的第3、4位C形成的，其来自ATP核糖残基的第4和第5碳原子。

三、乙烯受体与信号转导

乙烯的作用包括了乙烯的生物合成、乙烯与受体结合以及随后的信号转导。有关乙烯受体（乙烯结合蛋白）和乙烯信号转导的研究，主要是利用分子

生物学和遗传学方法在模式植物拟南芥上获得了突破性进展。黄化的拟南芥幼苗对乙烯表现了明显的“三重反应”：下胚轴短粗、根伸长受抑制而变短和苗顶部呈弯曲的钩。近年来，人们根据对乙烯“三重反应”的改变，从拟南芥中分离出十几个乙烯反应突变体，这些突变体可以分为乙烯不敏感突变体（ethylene-insensitive mutant）和组成型“乙烯反应”突变体（constitutive ethylene response mutant）两大类。乙烯不敏感突变体对乙烯不表现“三重反应”或者反应很轻微，这类突变体包括 *etr*1（ethylene response or ethylene resistant，乙烯反应或抗乙烯突变体）、*etr*2、*ein*2（ethylene-insensitive，乙烯不敏感突变体）、*ein*3、*ein*4、*ein*5、*ein*6、*ein*7 和 *ain*1（ACC insensitive，ACC 不敏感突变体）。组成型“乙烯反应”突变体包括 *eto*1（ethylene overproducer，乙烯过量产生突变体）、*eto*2、*eto*3 和 *ctr*1（constitutive triple response，组成型“三重反应”突变体），这些突变体即使在没有乙烯存在的情况下也始终表现“三重反应”。

通过对这些突变体进行遗传学及分子生物学的研究分析，已在拟南芥中确立了一条从膜上的乙烯感受到核内的转录调控的线性乙烯信号转导模型（图 4-2）。

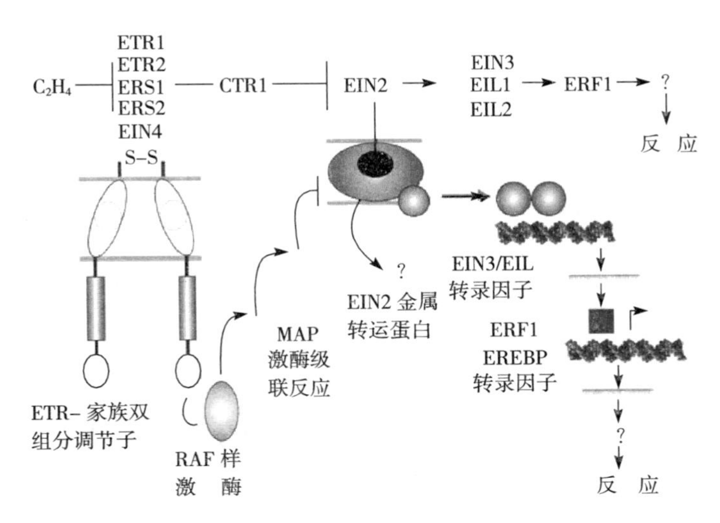

图 4-2 乙烯信号转导中各组分之间的关系

（Bleecker，2000）

乙烯信号转导开始于乙烯受体蛋白与乙烯的结合，随后激活具有蛋白激酶活性的乙烯反应的负调控子 CTR1，CTR1 蛋白失活使 EIN2 蛋白活化，进而激活下游的 EIN3、EIL1 和 EIL2，诱导 ERF1 和其他转录因子的表达，这些转录因子依次激活乙烯反应目的基因的表达，表现出乙烯反应。

1. 乙烯的感受 乙烯受体是乙烯信号转导途径的第一级元件，与细菌的双组分调控蛋白具有相似性，负责接收乙烯并将外源乙烯信号转化为可传递的生物信号，是乙烯信号的负调控子，被认为是实现乙烯生理效应的关键因素之一。

2. 乙烯的胞质内信号转导 乙烯受体下游的 CTR1 也是一个负调控组分，*CTR*1 是第一个被克隆到的乙烯信号转导途径基因，编码 821 个氨基酸的蛋白。目前研究认为 CTR1 可能通过激活 MAPK（促分裂原活化蛋白激酶）级联信号系统来行使功能。

EIN2 是目前为止利用遗传学方法鉴定到的位于受体/CTR1 复合物下游的乙烯信号转导途径中的第一个正调控组分，在乙烯信号转导途径中，EIN2 具有关键性的作用，但作用机制至今仍不清楚。有研究表明 EIN2 可能在多种信号途径中起作用，包括生长素极性运输、细胞分裂素反应、ABA 敏感性、生物胁迫等，或者可能是多种信号途径的交叉点。

3. 乙烯的核内信号转导 位于 EIN2 的下游是 EIN3/EILs，存在于细胞核中。乙烯对 EIN3 的调控是通过泛素降解途径来完成。通过对乙烯受体基因表达水平的调控可以增加或降低乙烯敏感性。

第二节 乙烯对果蔬成熟衰老的生理作用及其调控

乙烯广泛作用于植物的各个阶段，除了与果实成熟衰老等有关外，还参与了种子萌发、根毛发育、性别分化、器官脱落及植物对生物和非生物逆境胁迫反应等代谢过程。乙烯的生理效应不仅与自身的乙烯合成、环境中乙烯的存在有关，还与植物组织对乙烯的感受、信号转导等有关。因此，目前调控乙烯的作用主要是抑制乙烯生成、降低环境中乙烯的浓度以及抑制乙烯的作用。

一、乙烯对果蔬成熟衰老的生理作用

（一）内源乙烯的作用

1. 对成熟衰老的影响 所有果实在发育期间都会有微量乙烯产生。内源乙烯（exogenous ethylene）是调控果实成熟衰老的重要激素之一。成熟（ripening）是果实生长发育后期的一个阶段，一般是指果实生长停止后发生的一系列生理生化变化达到可食状态的过程。在整个果实发育过程中，跃变型果实和非跃变型果实其乙烯合成的变化动态是不同的。跃变型果实在果实未成熟时

乙烯含量很低，通常在果实进入成熟和呼吸高峰出现之前乙烯含量开始增加，并且出现一个与呼吸高峰类似的乙烯高峰（图 4-3），同时果实内部的化学成分也发生一系列的变化，如淀粉含量下降，可溶性糖含量上升，叶绿素降解，类胡萝卜素（carotenoid）和花色素苷（anthocyanin）等色素增加，水溶性果胶含量增加，果实硬度降低，特有的风味出现等。成熟期间跃变型果实一般比非跃变型果实产生更多的乙烯（表 4-1）。乙烯对跃变型果实在协同和完成成熟过程中是必需的。因此，采取措施推迟乙烯跃变出现的时间将有利于延长跃变型果实的贮藏期。但是非跃变型果实在整个发育过程中乙烯含量没有很大的变化，在成熟期间乙烯产生量比跃变型果实少得多（表 4-1），乙烯并不为这类果实成熟所必需。

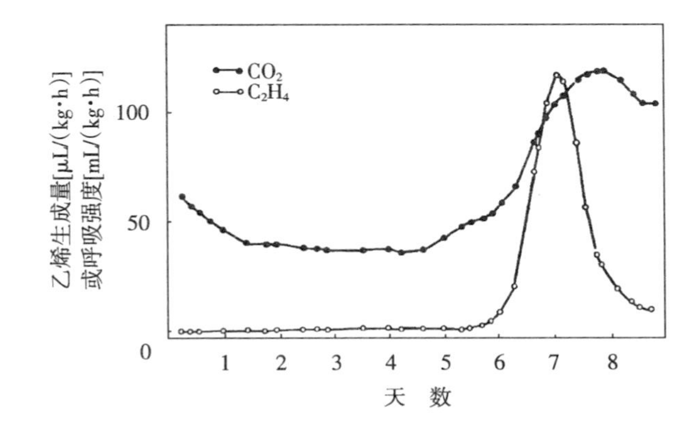

图 4-3　Fuerte 鳄梨果实的呼吸和乙烯生成

表 4-1　几种跃变型和非跃变型果实内源乙烯的含量

(S P Burg and E A Burg, 1962)

果实	乙烯/（μL/L）	果实	乙烯/（μL/L）
跃变型		西番莲	466～530
苹果	25～2 500	李	0.14～0.23
梨	80	番茄	3.6～29.8
桃	0.9～20.7	非跃变型	
油桃	3.6～602	柠檬	0.11～0.17
鳄梨	28.9～74.2	酸橙	0.30～1.96
香蕉	0.05～2.1	橙	0.13～0.32
芒果	0.04～3.0	菠萝	0.16～0.40

花、叶等植物器官发育和衰老过程中呼吸和乙烯的变化与果实相似，如在叶片衰老黄化过程中呼吸速率上升常伴随着乙烯产生的同步增加。商品期收获的青花菜、切花康乃馨采后衰老过程均表现为典型的呼吸跃变型，部分切花玫瑰则表现出非呼吸跃变型的特点。乙烯对于跃变型花、叶等器官的衰老同样具有重要的作用，一般认为是乙烯启动了这些器官或产品的衰老。

2. 对植物器官脱落的影响 在叶、花和果实在衰老及受伤时可产生乙烯，并作用于叶柄、花梗和果柄基部的离层区，促进离层组织的纤维素酶、果胶酶等水解酶类的合成和转运，从而导致细胞壁和中胶层成分的降解，引起离层区的结合强度降低，分离程度增大，导致叶片、花和果实在稍加外力（风和重力）作用下的机械脱落。

（二）外源乙烯的作用

1. 提高果实的呼吸强度 外源乙烯处理能促进果实的呼吸，但呼吸跃变型（climacteric）和非跃变型（non-climacteric）两类果实对外源乙烯的反应不同。

对于跃变型果实，外源乙烯只在跃变前起作用，能诱导呼吸高峰的提早到来。在作用阈值以上，呼吸峰值的高低与所用乙烯浓度关系不大（图 4-4），是不可逆的反应，且这种影响只有一次。对于非跃变型果实，外源乙烯促进呼吸速率的增加可发生在整个成熟期间。在一定的浓度范围内，呼吸强度的大小与所用的乙烯浓度成正比（图 4-5），而且是可逆的。在果实的整个发育过程中呼吸强度对外源乙烯都有反应，每施用一次，就会有一个呼吸高峰出现。当

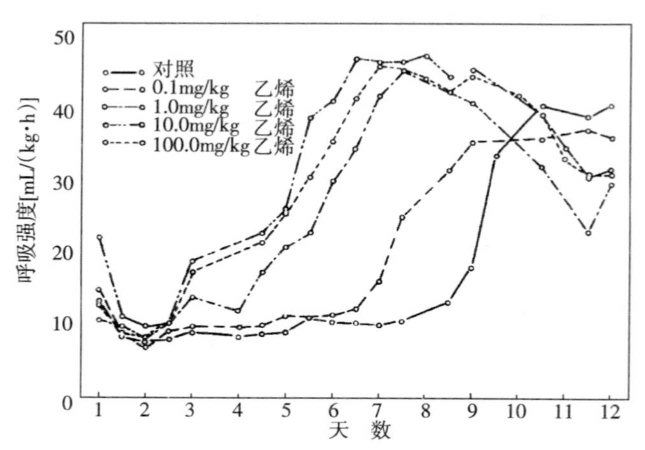

图 4-4 外源乙烯对 Gros Michel 香蕉呼吸的影响

注：呼吸强度以吸收 O_2 计。

（Biale 和 Yang，1981）

除去处理乙烯后，呼吸速率降至原水平。

2. 促进内源乙烯的产生　对于跃变型果实，外源乙烯能通过乙烯的自我催化作用，促进内源乙烯的急剧增加，产生乙烯跃变，从而引发相应的成熟变化，促进果实成熟。

对于非跃变型果实则相反，尽管也同跃变型果实一样可以对外源乙烯作出反应，例如外源乙烯可以诱导柑橘外皮中色素累积，但外源乙烯并不促进果实产生乙烯跃变性增加。

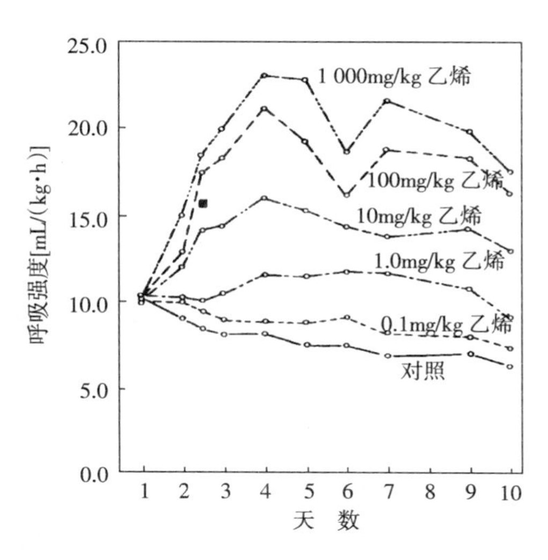

图 4-5　外源乙烯对柠檬呼吸的影响

注：呼吸强度以吸收 O_2 计。

（Biale 和 Yang，1981）

3. 促进果蔬产品成熟衰老　成熟（ripening）是果实生长发育的一个阶段，一般是指果实生长停止后发生的一系列生理生化变化达到可食状态的过程。促进成熟是最早发现的乙烯重要作用之一。

人们现已清楚，所有果实在发育期间都会有微量乙烯产生。跃变型果实在果实未成熟时乙烯含量很低，通常在果实进入成熟和呼吸高峰出现之前乙烯含量开始增加，并且出现一个与呼吸高峰类似的乙烯高峰，同时果实内部的化学成分也发生一系列的变化，乙烯对跃变型果实在协同和完成成熟过程中是必需的。

非跃变型果实在整个发育过程中乙烯含量没有很大的变化，在成熟期间乙烯产生量比跃变型果实少得多，也并不为这类果实成熟所必需。

外源乙烯的存在能加快叶绿素的分解使水果和蔬菜转黄，加速蔬菜组织的纤维化，促进果蔬的衰老，品质下降。

4. 乙烯的其他生理作用　乙烯对植物器官的脱落有极显著的促进作用。其在叶或花组织衰老及受伤时产生，并作用于叶柄、花梗和果柄基部的离层区，促进离层组织的纤维酶、果胶酶等水解酶类的合成和转运，从而导致细胞壁和中胶层成分的降解，引起离层区的结合强度降低，分离程度增大，导致叶片、花和果在稍加外力（风和重力）作用下的机械脱落。

环境中较高浓度乙烯的存在可以使香石竹、月季、金鱼草、紫罗兰等发生花色变劣或花瓣卷曲、退色、早脱落等，也可使满天星等花蕾不能正常开放。

二、影响乙烯生物合成的因素

（一）温度

1. 影响乙烯的生成 乙烯生物合成与温度有关，在一定的温度范围内，随着温度上升，乙烯的生成速率明显增加，在30℃时乙烯生成速率可达到5℃时的4倍。当温度超过35℃时乙烯生成开始下降。但是低温贮藏会刺激园艺产品的乙烯释放，特别是对许多低温敏感型的园艺产品，当温度下降到冷害临界温度下即可诱导伤害乙烯的产生。此时，虽然在低温下这些产品的乙烯释放量很低，但当从低温或冷害温度下转移到室温条件下时，乙烯生成会急剧增加。在切花玫瑰上的研究认为，这是由于ACS在低温下仍具有活性，而ACO在1℃的反应速度仅为20℃的1/4，从而使ACC大量积累。对黄瓜的研究发现，虽然在冷害温度（2.5℃）下黄瓜果实的乙烯释放与ACC水平均略高于非冷害温度（13℃），但差异不显著，均没有乙烯释放的增加和ACC的积累。当转移到25℃下后，乙烯释放和ACC含量急剧增加，经7h达到最高峰，约增加了70倍。但是如果冷害低温时间过长，已经引起细胞膜等的破坏，即使有ACC的累积，转移到室温下，乙烯的释放也是很微弱。

2. 影响乙烯的作用 研究表明，乙烯处理跃变前的苹果，在3.3℃或7.2℃下没有观察到乙烯刺激呼吸速率的增加，而在12℃以上才观察到乙烯的这种效应。用1 000mg/kg的乙烯催熟番茄果实在18～21℃条件下，经8d全部果实变红；在12℃下相同时间仅有35%果实变成半红；温度再低，外源乙烯则不能催熟番茄果实。用100mg/kg乙烯处理鳄梨，高于34℃或低于9℃，乙烯都不能激发呼吸跃变，也不能催熟，催熟的最佳温度在14～24℃。这说明乙烯作用与温度有关。

（二）O_2和CO_2

1. 低O_2 ACC向乙烯的转化是一个需O_2的过程，所以厌O_2条件会抑制乙烯的生成。例如，将苹果或番茄果实放在低O_2条件下乙烯产生停止，将这些果实重新放置到空气中乙烯又急剧增加。这是由于在低O_2条件下SAM可以转变成ACC，但不能生成乙烯。当转移到空气中后，ACC即可迅速转变成乙烯。因此，降低贮藏环境的氧分压，则会降低乙烯的生成。将苹果气调贮藏中O_2分压从21%迅速降至4%，乙烯生成量就降至原水平的15%左右。南瓜在贮藏适温（10℃）下，随着O_2分压下降，乙烯释放速率也随之下降，在21%O_2下乙烯释放率最高，在1%O_2下乙烯释放速率最低。通气使O_2分压恢复到21%以后，乙烯释放速率也重新上升。在轻度冷害温度（5℃）、不同O_2分压下，南瓜果实的乙烯释放速率与非冷害温度下相似。但是，当将果实转移

到10℃并通风以后，则表现了原来所处环境的 O_2 分压越低，乙烯释放越高。在严重冷害温度（2.5℃）、不同的 O_2 分压下，南瓜果实乙烯释放量都很低，差异不明显，因为严重的冷害已经破坏了细胞的结构，此时氧分压对乙烯释放的影响已经没有意义。

2. 高 CO_2 高 CO_2 主要是抑制乙烯的作用，理论上高 CO_2 并不抑制乙烯生物合成的已知步骤，但是气调贮藏中，高 CO_2 抑制了呼吸和ATP供应，进而可抑制蛋氨酸循环，降低蛋氨酸的供应水平，所以高 CO_2 间接抑制了乙烯的生成。如将气调贮藏环境中 CO_2 浓度提高到3%时，苹果乙烯生成量大约降低到原来水平的15%。在 O_2 分压不变的条件下，用10%～12%的 CO_2 处理元帅、金冠、国光苹果30～40d，明显抑制了果实乙烯的产生。经30d贮藏的元帅苹果，果肉乙烯浓度为26mg/kg，60d时仅为58mg/kg。而对照果实30d时乙烯浓度已经达到124mg/kg。因此，气调贮藏环境中高浓度的 CO_2，不仅能抑制乙烯的作用，还能间接抑制乙烯生成而有助于延缓乙烯促进成熟的作用。

（三）逆境胁迫

各种逆境如低温、高温、干旱、水涝、机械损伤、射线、虫害、真菌分泌物、除草剂、杀虫剂、杀菌剂、金属离子、O_3、SO_2 等均可诱导乙烯的大量产生，这种由于逆境所诱导产生的乙烯，称逆境乙烯（stress ethylene）。逆境乙烯的产生通常在受影响的活细胞中经过一定的滞后期（诱导期），然后乙烯释放增加。所有研究过的材料中均证明逆境乙烯的生成也是遵循 Met→SAM→ACC→C_2H_4 途径，该途径可被蛋白质抑制剂所抑制。因此，认为逆境乙烯的滞后期有新蛋白质的合成，其中主要是ACS。但ACS、ACO以及ACC丙二酰转移酶三者的活性均对乙烯生成有不同程度的影响。

水解细胞壁的酶类如多聚半乳糖醛酸酶、纤维素酶以及细胞壁的水解产物，如小分子的多糖残基也可刺激乙烯的生成。所以在胁迫或受伤时产生的细胞壁的碎片，可能作为刺激乙烯生成的"信号"。

1. 机械损伤 机械损伤刺激果实组织产生的乙烯称为伤乙烯（wound ethylene）。南瓜切伤试验表明，切伤后其组织中乙烯生成速率快速增加，16h达到高峰。但组织切面第一层（0～1mm）的乙烯峰值远远高于相毗邻的第二层（1～2mm），ACS活性和ACC水平的变化与乙烯生成变化相一致。基因表达分析看出，切伤后4h，*CMa-ACS* mRNA在第一层有明显的累积，第二层很弱，几乎检测不到，这与组织中ACC活性水平是一致的。切伤后，组织中ACO活性逐渐增加，直到后期仍保持高的活性，1～2mm处的活性甚至高于0～1mm，*CMa-ACO* mRNA累积高峰出现在16h以后。收获伤害对青花菜茎组织伤乙烯诱导与南瓜相类似，并且认为青花菜收获后小花乙烯跃变与伤乙烯诱导有关。完整的甜瓜果实 ACC 含量不到 0.1nmol/g，切伤后经 25h 增加到 350nmol/g。由此说明 ACS 是伤乙烯形成的关键酶，伤害刺激了该酶的基因表达和活性，使 ACC 水平增加，促进乙烯的大量产生。

2. 病原物侵染 病原物侵染可明显促进寄主释放乙烯。例如，甜橙在 20℃释放乙烯很少，0.05～0.8μL/（kg·h），接种意大利青霉（*Penicillium italicum*）3d 后刺激乙烯释放增加 10～15 倍。健康的甜瓜果实乙烯释放量很小［0.14～0.19μL/（kg·h）］，接种匍枝根霉（*Rhizopus stolonifer*）第 2 天，乙烯释放为 0.38μL/（kg·h），第 9 天上升到 0.85μL/（kg·h）。侵染的病原微生物不同，刺激乙烯产生的程度不同。匍枝根霉（*R. stolonifer*）侵染甜瓜刺激乙烯释放量最强，链格孢（*Alternaria alternata*）侵染几乎不刺激乙烯产生。同一病原物侵染不同组织刺激乙烯产生的效应也不同。甜瓜皮层（外果皮）因病原物刺激乙烯释放明显大于果肉（内果皮）。对甘薯研究发现，黑斑病菌感染甘薯后，24h 受感染的第 1 层（0～0.5mm）乙烯生成高达 217nL/（g·h），随后下降。24h 时相毗邻的第 2 层（0.5～1mm）仅有 4.821 7nL/（g·h），而在 48h 时达到高峰。病原微生物侵染寄主，刺激寄主乙烯释放的原因之一可能由于病原微生物侵染导致寄主组织细胞损伤所致。

（四）化学物质

在前面乙烯生物合成部分我们已经涉及一些可抑制乙烯生成化学物质，例如 AVG 和 AOA 能有效的抑制 ACC 合酶的活性，从而阻止了 SAM 向 ACC 的转化。用 AVG 处理桃、油桃、苹果以及康乃馨等均在一定程度上降低了乙烯的产生，延长了采后寿命。但这两种化合物不适于生产实践应用。解偶联剂、自由基清除剂、无机离子中的 Co^{2+}、Ni^{2+} 和 Ag^{+} 常抑制 ACC 氧化酶活性，直接影响了 ACC 向乙烯的转化。

三、乙烯作用抑制剂

乙烯作用抑制剂与乙烯合成抑制剂不同，其作用在于阻止乙烯与乙烯受体结合，中断乙烯信号的感受或转导，从而抑制乙烯的作用。

有关乙烯作用抑制剂研究表明，CO_2、2,5-降冰片二烯（2,5-norbornadiene，NBD）、环辛烯、银离子（Ag^{+}）、重氮基环戊二烯（diazocyclopentadiene，DACP）、环丙烯（cyclopropene，CP）、1-甲基环丙烯（1-methylcyclopropene，1-MCP）和 3,3-二甲基环丙烯（3,3-methylcyclopropene，3,3-MCP）等，或是乙烯作用的拮抗剂，或是乙烯信号转导的阻断剂。

1. CO_2 早期的研究发现，CO_2 可以作为乙烯的拮抗剂，而且很多观点认为 CO_2 的抑制位点在乙烯受体，但其作用模式尚不清楚。在低浓度乙烯条件

下，CO_2可有效地抑制乙烯的作用，但当乙烯浓度超过 1μL/L 时，其效果便消失。气调贮藏环境中高浓度的CO_2，有助于延缓乙烯促进成熟的作用。由此看来，CO_2作用较为复杂，既可刺激乙烯产生，又能够抑制乙烯的作用，还能间接影响乙烯生物合成。

2. NBD NBD 是 Sisler 等于 1973 年发现的有抑制乙烯作用效应的环烯烃化合物，其结构与乙烯相似，能竞争乙烯受体，阻断植物组织对乙烯的响应。研究表明，NBD 处理能够降低康乃馨乙烯生成、抑制柑橘叶片的脱落、延缓园艺产品采后衰老。但是，NBD 与乙烯受体结合是可逆的，因此，要连续供给有效浓度的 NBD，才能达到控制园艺产品采后衰老的目的。此外，NBD 有刺激性的气味，并可能有致癌性，因此，限制了其在生产上的应用。

3. 环辛烯 环辛烯是通过与乙烯受体作用来抵消乙烯作用效果，但它和 NBD 一样需要持续的高浓度处理，而且具有很浓的气味。

4. 银离子（Ag^+） Beyer 首次在植物体内发现 Ag^+ 具有抗乙烯的作用。这个过程可能是非竞争性的抑制作用。但也有人认为它可能是通过竞争抑制方式与乙烯受体作用。硫代硫酸银（STS）比 Ag^+ 更稳定，已经在延长切花寿命上得到广泛应用。Ag^+ 减弱乙烯作用效果的有效性因乙烯浓度的增加而下降，然而在高乙烯条件下，其抗乙烯作用的效果比 CO_2 显著。但 Ag^+ 是重金属，不能在食品中应用，存在环境污染问题，因而有些国家已经禁止使用。

5. DACP DACP 能不可逆地与乙烯的结合位点结合，从而阻断了乙烯与受体的结合。在香蕉、猕猴桃、鳄梨、番茄和柿子等果实和康乃馨、天竺葵、玫瑰等花卉上，DACP 处理都表现出对乙烯作用的抑制效应。但是 DACP 极不稳定，高浓度时具有爆炸性，这也是限制 DACP 商业上应用的最直接因子。

6. 丙烯类物质 丙烯类物质是乙烯反应的有效抑制剂，为阻断乙烯信号的有机分子。如 CP、1-MCP 和 3,3-DMCP 等都具有抑制活性，且这三种物质在常温下都是气体，无色、无味、无毒。其中，CP 和 1-MCP 的活性是 3,3-DMCP 的 1 000 倍，1-MCP 稳定性高于 CP，所以绝大部分研究都集中在 1-MCP 上。

研究认为，1-MCP（CP 和 3,3-DMCP 也类似）可以与乙烯竞争结合乙烯受体。1-MCP 可能是结合到乙烯受体中的一个金属原子上，从而阻止了乙烯与受体的结合。减少或消除组织对乙烯的敏感性，消除乙烯的效应，从而延缓许多果实、蔬菜和切花等的成熟与衰老进程。如 1-MCP 处理可抑制番茄、草莓、苹果、鳄梨、李、杏、香蕉等果实以及香石竹等切花的采后乙烯释放与跃变。

四、环境中乙烯的脱除

1. 吸附脱乙烯 利用疏松多孔的物质如活性炭、沸石、硅藻土、黏土等做成透气的小包装或者将这些物质聚合到聚乙烯膜中制成对乙烯等气体具有透性的包装膜，以此来吸附贮藏环境或袋内的乙烯。但这类物质吸收能力有限，且容易发生解吸作用。

2. 氧化脱乙烯 利用一些氧化活性强的化学物质将乙烯氧化分解。

（1）高锰酸钾法：高锰酸钾是一种常用的氧化脱乙烯剂。通常用比表面积大的物质，如硅藻土、蛭石、矾土、硅胶、活性炭等与4%～6%的高锰酸钾溶液混合装入能透过乙烯的袋中，制成乙烯脱除包放入包装袋内。日本研制出的“Green Park”即是将高锰酸钾包埋在硅胶中，硅胶吸附的乙烯由高锰酸钾氧化。但这种类型脱除剂的脱除作用不持久，需要经常更换小包装，而且容易造成污染。

（2）触媒法：利用特定的有选择性的金属、金属氧化物、有机酸等催化乙烯氧化分解，主要有氯铂氢酸、次氯酸盐、Fe_2O_3等。据报道，这种类型药剂用量少，作用时间持久，尤其在低乙烯环境中有良好的效果。

（3）高温法：在高温（250℃左右）条件下，通过催化剂的作用，将乙烯分解成水和CO_2。在现代化的气调贮藏库中可采用这种装置，通过闭路循环系统将脱除乙烯后的气体送入贮藏库中，反复循环，完成脱除乙烯的过程。这种方法脱除乙烯效果比较好，并对园艺产品贮藏过程中释放的多种有害物质和芳香物质有脱除作用。

（4）臭氧法：臭氧有极强的氧化性，不仅能与乙烯反应脱除乙烯，而且还有杀菌作用。但是，脱乙烯有效浓度的臭氧对人体也会造成伤害。

（5）二氧化钛法：二氧化钛在340～350nm的紫外光的激发下活化，催化乙烯和挥发性碳氢化合物氧化成水和CO_2。同时紫外光产生的羟自由基有强烈的杀菌作用，能杀死空气中98%的病原菌。目前由紫外光源和二氧化钛催化剂组成的Bio-KES产品系列可以在0℃下工作，适用于冷藏库、冷藏室、展示橱窗等场所。

第三节　其他激素对果蔬成熟衰老的影响

一、脱 落 酸

脱落酸（abscisic acid，ABA）也是促进衰老的重要激素。在果实生长发育过程中，ABA水平在幼果期较高，随着果实的发育，ABA水平下降，在果

实开始成熟之前又开始回升。Goldschmidt 等（1973）认为，成熟衰老组织中 ABA 的累积可能是对衰老诱导刺激物的反应，也可能是进一步促进衰老的“扳机”。在葡萄、柑橘、草莓、番茄成熟突变体（*rin*）等非跃变型果实中，ABA 浓度的升高与果实的成熟进程一致，外源 ABA 处理促进果实提前成熟，所有抑制或促进果实成熟的处理都相应地抑制或促进 ABA 的积累。因此，认为 ABA 可能在非跃变型果实成熟的启动中起主导作用。在苹果、桃、梨、番茄、鳄梨等跃变型果实成熟衰老过程中 ABA 的作用与乙烯有密切的关系，乙烯引起的这类果实的成熟衰老常常是伴随 ABA 水平的增加。但也有 ABA 高峰是出现在乙烯高峰前，这可能是 ABA 直接刺激了乙烯的合成或改变了果实对乙烯的敏感性，从而间接地促进了果实的成熟。有研究表明，ABA 促进 ACC 的合成和 ACC 向乙烯的转化，激发系统Ⅱ乙烯的产生，引起果实成熟。使用 ABA 间接合成抑制剂 Fluridone 处理，可使果实推迟成熟。相反，二甲亚砜（DMSO）处理促进果实内源 ABA 的积累，使果实提早成熟。对苹果果实发育后期的研究表明，ABA 可能是果实成熟过程中乙烯上游的调控因子，PG 等胞壁降解酶与 ACS、ACO 均是 ABA 调控作用的靶酶。ABA 对 PG 等胞壁降解酶的表达可能具有直接调控作用，而对系统Ⅱ乙烯合成的触发作用和对果实成熟的最终控制，可能通过两种途径实现：直接通过 ABA 反应元件实现对成熟基因组表达的调控，或借助 ABA 信号转导系统通过对靶酶（如 ACS）的活力调节而实现代谢途径的转化。还有研究结果认为，ABA 的作用早于乙烯且不一定要通过乙烯起作用。不论以何种方式，越来越多的证据表明，ABA 可能作为跃变型和非跃变型果实成熟的共同调控因子。

ABA 对果实成熟的生理效应主要表现在以下三个方面：

（1）ABA 促进果实糖分的积累，有利于改善果实的品质。在葡萄、草莓等果实的成熟过程中，内源 ABA 浓度的升高与果实糖分积累具有同步效应。成熟期间的果实是一个非常强的库，在此期间叶片光合速率提高，同化物向果实的运输加强。ABA 浓度的变化与果实库强变化非常一致，ABA 可能调节植物叶片光合速率及同化物的运输，促进果实中光合同化物的卸出。外源 ABA 处理可以促进糖的吸收及向液泡的转运。同时，ABA 可提高葡萄糖异生酶的活性，促进果肉细胞内有机酸向糖的转化，改变果肉组织的糖酸比，使果实变甜。

（2）ABA 促进果实的软化。ABA 可提高与果实软化有关酶的活性，如多聚半乳糖醛酸酶（PG）和纤维素酶的活性，从而促进柑橘、草莓等果实的软化与成熟。如 ABA 缺陷型（Sit^{w}）番茄果实在花后 50d 仍不变软，而野生型（wt）的果实此时已软化成熟。

（3）ABA 促进果实的着色。ABA 可提高与色素代谢有关酶的活性，如苯丙氨酸裂解酶（PAL）和多酚氧化酶等。对 ABA 缺陷型番茄的研究表明，该类番茄果实比野生型的果实迟转色 10～15d。

近年来发现果肉细胞中存在 ABA 特异结合蛋白。同 ABA 浓度在果实发育成熟过程中有规律性变化一致，ABA 结合蛋白与 ABA 的亲和力和最大容量在果实发育成熟的不同阶段也有相似的规律性变化。在果实始熟时，结合蛋白对 ABA 的亲和力显著提高，这可能是 ABA 启动果实成熟的前提。对 ABA 结合蛋白的亚细胞定位研究表明，在果实组织细胞中存在质膜和胞质两个相互关联的 ABA 识别与结合位点体系。

二、细胞分裂素

细胞分裂素（cytokinin，CTK）对大多数植物种类和植物的不同器官具有广泛的延缓衰老作用，包括延缓活体和离体叶片、花及果实等的衰老。内源 CTK 含量与植物衰老呈现明显的负相关，如果实、叶和切花中的 CTK 水平一般随着成熟衰老进程而降低。外源 CTK 处理，能不同程度上延缓组织衰老，如苄基腺嘌呤（BA）等细胞分裂素类生长调节剂处理能减轻植物因淹水而引起的衰老，能较长时间保持樱桃采后果柄的绿色和菠菜、芹菜、石刁柏、青花菜等的新鲜度，延长玫瑰等切花的瓶插寿命。研究表明，CTK 可协同 IAA 诱导黄化豌豆幼苗增加乙烯产生，其原因可能是提高了 IAA 水平，但是 CTK 可抑制跃变前或跃变后的苹果、鳄梨果实的乙烯产生。BA 和激动素（KT）处理能够阻碍香石竹离体花瓣将外源 ACC 转变成乙烯，因此，有人认为 CTK 可能促进了 ACS 和 ACO 两者抑制剂的合成，进而抑制乙烯的合成。研究表明 CTK 处理在抑制香石竹切花乙烯生成的同时，还降低了香石竹对乙烯的敏感性。

CTK 延衰作用还在于其调节了衰老过程中叶绿素的合成、物质的分解代谢、矿质营养的转移和再分配等多种生理生化过程，抑制蛋白质分解，活化合成过程。能维持液泡膜的完整性，防止液泡中蛋白酶渗漏到细胞质中水解可溶性蛋白质及线粒体等膜结构蛋白质，或者通过抑制羟自由基（·OH）和超氧化物的形成及加速它们的分解，从而避免这些自由基对膜不饱和脂肪酸成分的氧化，保护膜体系免于降解，从而延迟衰老。CTK 还可能利于保持果实内的 GA 水平，抑制 ABA 增加和乙烯的产生。在分子水平上，CTK 通过对衰老相关基因的表达调控来影响衰老的进程。尽管 CTK 含量下降不是导致衰老的充分信号，但却是衰老所需要的。

幼果和未成熟的种子是内源 CTK 的主要来源，种子成熟时 CTK 的含量减少，甚至完全消失。正在发育中的果实，如苹果、番茄、梨、桃等都有很多 CTK，在授粉后到果实生长旺盛时期，CTK 含量很高，随着果实的长大其含

量降低，成熟果实甚至完全消失。根尖也生成较多的 CTK，根部合成的 CTK 可运送到地上部分。所以部分园艺产品采后比在植株上成熟衰老快的原因之一可能是，由于产品采后切断了来自根部的 CTK 的供应，CTK 水平下降，对乙烯的敏感性增加，衰老加快。

三、生 长 素

生长素（auxin）具有延迟成熟和衰老的作用，在果实成熟前内源生长素吲哚乙酸（IAA）一般降至很低的水平，在猕猴桃、柿子等的后熟过程中均表现出随着 IAA 水平的不断下降，出现乙烯跃变峰。Frenkel 认为果实完熟可能是由于生长素作用降低所致。Yang 等认为 IAA 的作用具有双重效应，一方面可直接调节组织对乙烯的响应，与乙烯起相反的作用；另一方面又参与了诱导乙烯，促进完熟。研究表明，低浓度的 IAA（1～10μmol/L）抑制呼吸跃变，对果实成熟有抑制作用；较高浓度的生长素（100～1 000μmol/L）刺激呼吸，可诱导 ACS 的合成，促进 ACS 的活性，促进 ACC 的积累，因而促进乙烯的生物合成。IAA 浓度越高，乙烯的释放量也就越大。但乙烯抑制生长素的合成和生长素的极性运输，促进 IAA 氧化酶的活性。因此，在乙烯作用下，生长素水平下降。从某种角度上说，植物的生长发育，是通过生长素与乙烯的相互作用来实现的。如 IAA 促进细胞伸长，延迟成熟；而乙烯抑制伸长，促进细胞横向扩大，促进成熟，表现了一种拮抗关系。果实成熟中 IAA 虽然也促进乙烯产生，但果实成熟并不能被促进，这可能是 IAA 影响了组织对乙烯的敏感性。

生长素在植物体内各部分都有分布，除顶端分生组织生长素比较丰富外，一些正在扩展的组织中也富含生长素，例如幼嫩叶片生长素多，衰老叶片少。受精后子房中生长素含量大大增加，促进果实的膨大。

用合成的生长素类似物 BTOA（benzothiazole-2-oxyacetic acid）处理葡萄果实，使葡萄成熟延迟近 2 周，并使伴随成熟而发生的 ABA 的增加也延迟，同时还改变了许多调控发育的基因的表达。如液泡转化酶（invertase）基因从坐果开始表达，在成熟开始后关闭，而经 BTOA 处理的果实，整个发育阶段转化酶一直表达，结果增加了转化酶活性。相反，其他 4 个上游调控的一般在成熟时表达的基因，因 BTOA 处理而延迟，其中包括查尔酮合成酶（chalcone synthase，CHS）、UDP-葡萄糖-类黄酮-3-*O*-葡萄糖基转移酶（UDP-glucose-flavonoid-3-*O*-glucosyl transferase）、几丁质酶和一个功能不清楚但与成熟有关的基因，前两种酶与花青素合成有关。因此，认为生长素在调控葡萄浆果成熟中可能是通过影响与成熟有关的基因表达而起作用。

对草莓的研究发现，尽管乙烯对草莓果实成熟没有明显的作用，但是产于瘦果的生长素对草莓果实成熟具有负调控作用。在未成熟的草莓果实中，瘦果产生大量游离的或结合态的 IAA，IAA 调节花托的膨大，使花托形成“库”，诱导营养物质向“库”中运输。成熟过程中，随着 IAA 水平的下降，果实表现出成熟的特征，如叶绿素下降、花青素升高、组织硬度进一步降低。去除白色果实上的瘦果，可降低内源生长素水平，加速花青素积累，促进叶绿素的降解和硬度的丧失。这可能是内源生长素含量的降低诱导了成熟衰老相关基因的表达，直接或间接地启动了果实成熟发育。

四、赤 霉 素

赤霉素（gibberellin，GA）也被认为是一类具有延缓植物组织衰老作用的激素。在果实膨大后期至成熟衰老过程中果实 GA 的含量是持续下降的。一般认为 GA 在这个过程中，对果实乙烯的产生不起促进作用，而是抑制乙烯对果实色泽的影响。GA_3 能阻止柑橘、柿等果皮叶绿素的分解及胡萝卜素的合成。采后 GA_3 处理降低了李子苯丙氨酸解氨酶的活性，延缓了番茄果实的色泽转化。Vendrell 发现用 GA_3 处理香蕉，除果皮的颜色不变黄外，其他成熟方面均正常。但有报道 GA_3 处理草莓，降低了 ACC 水平，明显抑制乙烯的释放。由于 GA 在调节营养运输、维持水分平衡和膜完整性等方面也起重要作用，正因为 GA 的多效性，所以衰老前内源 GA 水平的降低，可能有利于乙烯产生或活化器官程序化死亡过程。

五、果蔬生长发育过程中各种激素的相互作用

由前述可以看出，植物的生长发育受多种激素的共同作用（图 4－6），植物组织器官成熟衰老也毫无例外的是各种植物激素相互协同作用的结果。一般说来，生长素、赤霉素和 CTK 协同阻止衰老，乙烯和 ABA 协同促进衰老，两大类激素间有拮抗作用，激素间的平衡作用可能比单一激素更有意义。

乙烯和 ABA 都是促进果实后熟衰老的重要激素，在果实成熟过程中或是乙烯引起衰老并增加 ABA 水平，或是 ABA 引起衰老并增加乙烯水平。在果实成熟衰老过程中，乙烯和 ABA 这两种激素的增加往往是伴随着生长素、赤霉素和 CTK 的降低。在跃变型果实中，乙烯是诱导与成熟相关特定基因表达的关键信号之一，而对非跃变型果实，ABA 可能起更重要的作用。但激素间的相互协同作用是不可忽视的，如在葡萄的果实生长发育过程中，IAA、GA 和 ABA 都可以促进葡萄果实对蔗糖的调运能力，但作用时期不同。IAA 和 GA 促进幼果的蔗糖输入，但随着果实发育这种作用逐渐减弱，至成熟期时则很微弱；而 ABA 则相反，随着果实发育作用相对增强，成熟期时 ABA 成为唯一显著促进果实糖分输入的激素。

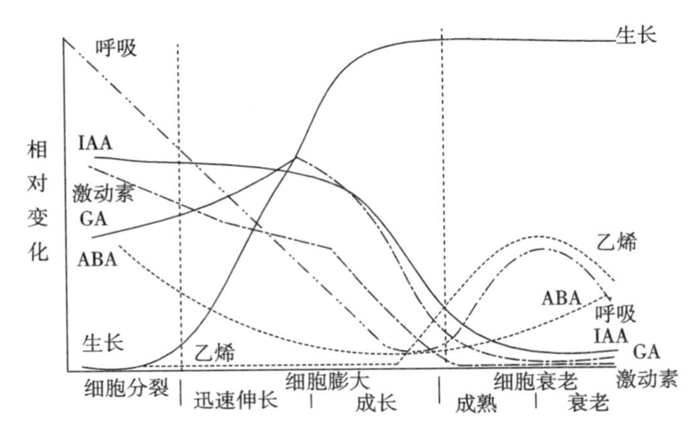

图 4-6　高峰型果实在生长、发育和成熟过程中的生长、呼吸和激素水平变化曲线
（参考 Lieberman）

植物激素对组织器官成熟衰老进程的调控是一个复杂的过程，它们的作用不仅决定于各类激素消长和其绝对浓度的变化，更重要的是植物组织对激素的敏感性。这是研究激素调控组织器官成熟衰老平衡和协同作用不可忽视的两个方面。

1. 明确植物乙烯生物合成的途径及其调控。
2. 阐明乙烯信号转导途径及调控乙烯作用的方法。
3. 乙烯对果蔬成熟衰老有哪些影响？
4. 果蔬产品采后成熟衰老过程中其他内源植物激素有何作用？其与乙烯的关系如何？
5. 深入理解植物内源激素的平衡在果蔬产品采后成熟衰老过程中的作用。
6. 从植物激素调控成熟衰老的角度，阐明果蔬产品贮藏应采取的措施。

指定参考书

邓伯勋．2002．园艺产品贮藏运销学．北京：中国农业出版社．
高俊平．2002．观赏植物采后生理与技术．北京：中国农业大学出版社．
刘兴华，陈维信．2008．果品蔬菜贮藏运销学．第二版．北京：中国农业出版社．
罗云波，蔡同一．2001．园艺产品贮藏加工学．贮藏篇．北京：中国农业大学出版社．

主要参考文献

Bradford K J. 2008. Shang Fa Yang：Pioneer in plant ethylene biochemistry. Plant Science（175）：2 - 7.

Chang C，Kwok S F，Bleecker A B and Meyerowitz E M. 1993. *Arabidopsis* ethylene response gene *ETR*1 - Similarity of product to two-component regulators. Science（262）：539 -544.

Chao Q，Rothenberg M，Solano R，Roman G，Terzaghi W and Ecker J R. 1997. Activation of the ethylene gas response pathway in *Arabidopsis* by the nuclear protein ethylene-insensitive3 and related proteins. Cell（89）：1133 - 1144.

Clark K L，Larsen P B，Wang X and Chang C. 1998. Association of the *Arabidopsis* CTR1 Raf-like kinase with the ETR1 and ERS ethylene receptors. Proc. Natl. Acad. Sci. USA（95）：5401 - 5406.

Davies C，Boss P K，Robinson S P. 1997. Treatment of grape berries，a nonclimacteric fruit with a synthetic auxin，retards ripening and alters the expression of developmentally regulated genes. Plant Physiol.（3）：1155 - 1161.

Ecker J R. 1995. The ethylene signal-transduction pathway in plants. Science（268）：667 -675.

Fluhr and Mattoo，1996. Ethylene：biosynthesis and perception. Crit. Rev. Plant Sci.（15）：479 - 523.

Hua J and Meyerowitz E M. 1998. Ethylene responses are negatively regulated by receptor gene family in *Arabidopsis thaliana*. Cell（94）：261 - 271.

Hua J，Chang C，Sun Q and Meyerowitz E M. 1995. Ethylene insensitivity conferred by *Arabidopsis ERS* gene. Science（269）：1712 - 1714.

Hua J，Sakai H，Nourizadeh S，Chen Q G，Bleecker A B，Ecker J R and Meyerowitz E M. 1998. *EIN*4 and *ERS*2 are members of the putative ethylene receptor gene family in *Arabidopsis*. Plant Cell（10）：1321 - 1332.

Huang P L，Do Y Y，Huang F C，Thay T S，Chang T W. 1997. Characterization and expression analysis of banana gene encoding 1 - aminocyclopropane - 1 - carboxylate oxidase Biochem. Mol Biol Int.（41）：941 - 950.

John P. 1997. Ethylene biosynthesis：The role of 1 - aminocyclopropane - 1 - carboxylate（ACC）oxidase，and its possible evolutionary origin. Physiol. Plant（100）：583 - 592.

Kato M，Hayakawa Y，Hyodo H，Ikoma Y，Yano M. 2000. Wound-induced ethylene synthesis and expression and formation of 1 - aminocyclopropane - 1 - carboxylate（ACC）synthase，ACC oxidase，phenylanine ammonia-lyase，and peroxidase in wounded mesocarp tissue of *Cucurbita maxima*. Plant Cell Physiol.（41）：440 - 447.

Kato M，Kamo T，Wang R，Nisikawa F，Hyodo H，Ikoma Y，Sugiura M，Yano

M. 2002. Wound-induced ethylene synthesis in stem tissue of harvested broccoli and its effect on senescence and ethylene synthesis in broccoli florets. Postharvest Biology and Technology (24): 69 - 78.

Kieber J J, Rothenberg M, Roman G, Feldmann K A and Ecker J R. 1993. *CTR*1, a negative regulator of the ethylene response pathway in Arabidopsis, encodes a member of the Raf family of protein kinases. Cell (72): 427 - 441.

Kojima K, Kuraishi S, Sakurai N, et al. 1993. Distribution of abscisic acid in different part of the reproductive organs of tomato. Scientia Horticulturae (56): 23 - 30.

Lasserre E, Bouqin T, Hernandez J A, Bull J, Pech J C, Balague C. 1996. Structure and expression of three gene encoding ACC oxidase homologs from melon (*Cucumis melo L.*). Mol Gen Genet (251): 81 - 90.

Leliévre J M, Tichit L, Dao P, Fillion L, Nam Y W, Pech J C, Latche A. 1997. Effects of chilling on the expression of ethylene biosynthetic genes in Passe-Crassane pear (*Pyrus communis L.*) fruits. Plant Mol Biol. (33): 847 - 855.

Mita S, Kawamura S, Yamawaki K, Nakamura K and Hyodo H. 1998. Differential expression of genes involved in the biosythesis and perception of ethylene during ripening of passion fruit (*Passiflora edulis* Sims). Plant Cell Physiol. (39): 1209 - 1217.

Richardon G R and Cowan A K. 1995. Abscisic acid content of citrus flavedo in relation to color development. J. Hort Sci. (70): 765 - 773.

Saltveit M E. 1993. Internal carbon dioxide and ethylene levels in ripening tomato fruit attached to or detached from the plant. Physiol. Plant. (89): 204 - 210.

Shiomi S, Yamamoto M, Ono T, Kakiuchi K, Nakamoto J, Natsuka A, Kubo Y, Nakamaura R, Inaba A, Imaseki H. 1998. cDNA cloning of ACC synthase and ACC oxidase in cucumber fruit and their differential expression by wounding and auxin. J. Japan Soc. Hortic Sci. (67): 685 - 692.

Terai H. 1993. Behavior of 1 - aminocylcopropane - 1 - carboxylic acid (ACC) and ACC synthase responsible for ethylene production in normal and mutant (*nor* and *rin*) tomato fruit at various ripening stages. J. Jpn. Soc. Hortic. Sci. (61): 805 - 812.

Tuomainen J, Betz C, Kangasjarvi J, Ernst D, Yin Z H, Langebartlets C and Sandermann H Jr. 1997. Ozone induction of ethylene emission in tomato plants: regulation by differential accumulation of transcripts for biosynthetic enzymes. Plant J. (12): 1151 - 1162.

Yang S F and Hoffman N E. 1984. Ethylene and its synthesis in plants. Ann Rev Plant Physiol. (35): 155 - 189.

Zhang D P, Zhang Z L, Chen J. 1995. The ABA binding proteins and their properties in grapevine fruit. HortScience (31): 598.

第五章　采后水分蒸腾、生长与休眠

教学目标

1. 掌握采后水分蒸腾、生长与休眠的有关概念。

2. 掌握采后水分蒸腾、生长与休眠等生理作用的基本理论。

3. 了解采后水分蒸腾、生长与休眠等生理作用在果蔬产品中的特点及应用。

主题词

蒸腾　失重　失鲜　采后生长　采后休眠

第一节　采后水分蒸腾

一、水分在果蔬体内的作用

一般新鲜果蔬的含水量在85%～96%，组织中丰富的水分，使其呈现新鲜饱满和脆嫩状态，显出光泽并富有一定的弹性和硬度。如果水分减少，就会导致细胞膨压降低，组织萎蔫、皱缩，失去光泽。水分是细胞中许多反应发生的媒介，它参与许多重要的代谢过程，水分还是果蔬体内诸多可溶性物质的溶剂。水的热容量大，还可有效防止果蔬体温的剧烈变化。因此，水分在果蔬体内的作用是非常重要的。

果蔬在田间生长时，不断从地面以上部分向大气中蒸腾水分，带动根部不断吸收水分和营养。因此，蒸腾作用是植物积极的生理过程，是植物根系从土壤中吸收养分、水分的主要动力，也是高温季节防止植物体温异常升高的一种保护措施。生长中的植物在蒸腾散失水后，可以从土壤中得到补充，但采后的果蔬离开了母体，失去了母体和土壤供给的营养和水分补充，水分蒸腾（transpiration）已失去了原来的积极作用，成为一个消极的生理过程。蒸腾使果蔬逐渐失去新鲜度，在贮藏和运输的过程中不但影响了产品的重量和品质，而且降低了果蔬的耐藏性和抗病性。

二、水分蒸腾的途径

果蔬采后体内水分不断向体外蒸腾，水分蒸腾主要通过两个途径，一是通过表皮细胞外缘的角质层，二是通过气孔、皮孔、裂纹等自然孔口。

（一）通过角质层蒸腾

幼嫩的器官，角质层结构尚不发达，保护组织差，极易失水。因此，角质层蒸发也比较强，可达总蒸腾量的1/3～1/2。而随着成熟，表皮角质层发育完整健全，有的还覆盖着致密的蜡质果粉，水分蒸发也逐渐减少，失水速度减慢。但在成熟的果实中，由于皮孔被蜡质和一些其他物质堵塞，水分的蒸腾则主要通过角质层扩散进行。

（二）通过自然孔口蒸腾

果蔬表面分布有大量的自然孔口，水分可通过气孔、皮孔、水孔、表面裂纹等自然孔口进行蒸腾。气孔是植物蒸腾的主要通道，通过自动启闭来调节蒸腾水分和气体交换。黄瓜、芹菜、菠菜等食用幼嫩器官的果蔬主要通过气孔蒸腾来散失水分。一般气孔的蒸腾速度比角质层蒸发快得多，是叶片水分蒸发的主要途径，占总量的90%以上。皮孔是一些老化了的排列紧凑的木栓化表皮细胞形成的狭长开口，它不同于气孔，是经常开放而不能自由启闭，皮孔使内层组织的细胞间隙直接与外界接触连通，从而加速水分蒸发。皮孔通常存在于根、茎、果实上。红薯、甘蔗、南瓜、苹果等食用成熟器官的果蔬主要通过皮孔等蒸腾散失水分。自然孔口除了上面提到的气孔和皮孔外，还有萼孔、水孔等，萼孔是仁果类等果实所具有的结构，苹果、山楂体内的部分水分还可通过萼孔蒸腾。水孔是叶尖或叶齿部分的一种排水结构，由表面不能闭合的保卫细胞所形成，生菜、菠菜等有水孔的蔬菜能通过水孔来散失水分的。另外，裂纹也是果蔬蒸腾的孔口之一，如葡萄、辣椒、番茄、茄子等在果柄处分布有大量裂口，这些裂口是果蔬生长时重量加大对果柄的牵拉造成的，一些水分也会从这些裂口处蒸腾散失。

三、水分蒸腾对果蔬的影响

采后失水不仅使果蔬重量减少，品质降低，使正常的代谢发生紊乱，甚至还会导致产品腐烂率的增加。

（一）失重和失鲜

1. 失重（weight loss）　所谓失重即产品采收以后重量方面的损失，其导致的原因包括水分蒸腾和呼吸消耗两个方面，其中水分蒸腾占有较大比例。

例如，柑橘在贮藏中重量的损失有3/4是由水分蒸腾造成的。不同果蔬在不同的贮藏温湿度和时间条件下，失重率存在差异（表5-1）。例如，香蕉在12.8～15.6℃、相对湿度85%～90%下贮藏4周，失重率为6.2%，而荔枝在30℃、相对湿度80%～85%下贮藏1周，失重率则高达15%～20%。

表5-1　部分果蔬在贮藏期间的失重率

水果种类	温度/℃	相对湿度/%	贮藏时间	失重率/%
香蕉	12.8～15.6	85～90	4周	6.2
柑橘（伏令夏橙）	4.4～6.1	88～92	5～6周	12
番石榴	8.3～10.0	85～90	2～5周	14.0
荔枝	30	80～85	1周	15～20
菠萝	8.3～10.0	85～90	4～6周	4.0
茎椰菜	1～3	85	11天	15～20
桃（中华寿桃）	−0.5～0.5	90	60天	25

注：本表根据若干资料综合而成。

2. 失鲜（freshness loss）　由于水分蒸腾而导致的产品品质的劣变，是产品质量方面的损失。许多果蔬失水较多时就会引起失鲜，其表面光泽消失，形态萎蔫，失去外观饱满新鲜的质地，有的还会出现糠心、果肉变绵的现象。

（1）萎蔫（wilting）：由于产品表面失水而使产品表面皱缩的现象，叶菜类水分蒸腾超过5%时，表面就会产生明显的萎蔫现象。而柑橘等果皮较厚的果蔬，即使失水10%表现仍不明显。

（2）内部糠心（internal spongy）：由于水分蒸腾，细胞间隙充满了空气，而使组织呈现乳白色海绵状，主要在水分含量高的部位，但在外表有时不易察觉。直根、块茎类蔬菜过分失水就会造成内部的糠心现象，黄瓜、蒜薹也容易出现这种现象。

（二）干扰正常代谢过程

1. 加速水解过程　蒸腾失水还会造成代谢失调。萎蔫时，原生质脱水，会使水解酶的活性增加，加速水解过程，使衰老进程加快。例如，绿叶蔬菜贮藏期间叶绿素的分解，就是由于叶绿素酶活性增加，引起叶绿素分解的缘故。甜菜根脱水程度越严重，组织中蔗糖酶的合成活性越低，水解活性越高。

2. 呼吸代谢紊乱　低湿能够抑制洋葱、香蕉等的呼吸强度，香蕉在相对湿度低于80%时，没有产生跃变，不能正常成熟，相对湿度在90%以上才会有正常的呼吸跃变产生。低湿还会促进薯芋类呼吸作用，并使氧化磷酸化解偶联，严重时会产生呼吸代谢紊乱而导致生理伤害的发生。

3. 促进乙烯和脱落酸等激素的合成　过度的水分蒸发作为一种胁迫，会刺激果蔬中乙烯和ABA的合成，从而加速器官的成熟、衰老和脱落。例如大白菜脱水严重时，会引起乙烯和ABA积累，而加重其脱帮。

4. 积累有害物质　失水严重还会破坏原生质的胶体结构，干扰正常代谢，产生一些有毒物质，随着细胞液浓缩，某些物质和离子（如NH_4^+及H^+）浓度增高，会使细胞中毒。如大白菜、甘蓝等晾晒过度，脱水严重时，NH_4^+及H^+等离子浓度增高到有害程度，会引起细胞中毒。

（三）降低产品的抗病性

水分过度蒸腾会破坏正常的代谢过程，细胞膨压降低造成细胞机械结构特性的改变，这些都会影响到果蔬的耐贮性和抗病性。组织萎蔫程度越大，抗病性下降越剧烈，腐烂率越高。有试验结果直接表明组织萎蔫与抗病性之间的关系。当把灰霉病菌接种在不同萎蔫程度的甜菜块根上，腐烂率有很大的差异，由表5-2可以看出，萎蔫程度越大，抗病能力降低越明显，其腐烂率也就越高。

表5-2　不同萎蔫程度对甜菜腐烂率的影响

（华中农学院，1981）

处　理	腐烂率/%
新鲜材料	—
萎蔫7%	37.2
萎蔫13%	55.2
萎蔫17%	65.8
萎蔫28%	96.0

适度的水分蒸发可以提高可溶性固形物的含量，降低果蔬组织的冰点，增强耐寒能力。还可降低细胞膨压，减轻产品对外界机械伤力的敏感程度，对延长贮藏期有利。如大白菜、菠菜在采收后经轻微晾晒，使组织轻度变软，减轻运输和码垛过程中的机械伤；同时，可降低冰点，提高抗寒力。洋葱、大蒜贮藏之前的适当晾晒，可加速鳞片的干燥，促进其休眠。此外，采后适度失水还能减轻柑橘果实的枯水病，保持其良好的风味品质。

四、影响果蔬采后水分蒸腾的因素

许多内部和外部因素都会影响到果蔬采后水分的蒸腾。不同种类以及同一种类不同品种间，由于其组织结构等方面存在着差异，水分蒸腾的速率不同。同时，贮藏环境等外部因素也会对其水分的蒸腾有重要的影响。兹将影响果蔬水分蒸腾的内外因素分述如下：

（一）内部因素

1. 表面积比 表面积比即指单位重量或单位体积的产品所占表面面积的比率（cm^2/g）。蒸腾是在产品表面进行的，因此，表面积比越大，蒸腾就越强。显然，对于同一种果实，个小的果实要比个大的表面积比大，因此，其失水较快，贮藏中较易萎蔫。一般叶的表面积比要超过其他器官很多倍，所以，通常叶菜类贮藏中特别容易失水萎蔫。

2. 表皮组织的结构与特性 水分蒸腾的速度取决于单位面积的自然孔口数目、大小和蜡层的性质等方面。

（1）单位面积自然孔口的数目：不同果蔬表面单位面积自然孔口（如气孔和皮孔）的数目不同，其水分的蒸腾存在很大差异（表 5-3）。叶菜极易萎蔫是因为叶面上气孔多，保护组织差，气孔蒸腾的速度高得多。许多果实和贮藏器官只有皮孔而无气孔，如梨和金冠苹果容易失水，就是由于它们果皮上的皮孔大而且数量多的缘故。

表 5-3 一些果蔬的主要蒸腾部位和蒸腾速度

蒸腾速度	果蔬种类	角质层厚度/μm	表面开孔量	主要蒸腾部位
缓慢	苹果	4～9	++	气孔、皮孔
	柿子	5～12	−	萼部气孔
	蜜柑	2～6	+	果面皮孔
	梨	4～9	++	气孔、皮孔
	番茄	2～4	−	萼部气孔、果柄裂口
中等	青椒	1～2	−	萼部气孔、果柄裂口
	茄子	2～4	−	萼部气孔、果柄裂口
	黄瓜	1～2	+	表面气孔
快速	豌豆荚	1～4	+	果荚表面气孔
	白菜	1～3	+	气孔

注：表面开孔（气孔、皮孔等）++：多，+：中等，−：没有。

（2）表面保护组织的结构：果蔬表皮细胞外常有角质层、蜡质层构成它的保护层。角质层的主要成分为以酯键相连的高级饱和脂肪酸，角质层不溶于水和有机溶剂，但可略微透过水分和气体。水果的角质层厚度有 3～8μm，果菜类为 1～3μm。蜡质层常附于角质层表面或部分埋在角质层内，它由脂肪酸和相应的醇构成的酯或它们的混合物组成，蜡质层不能透过水分和气体。通常，蜡的结构比蜡的厚度对防止失水更为重要。那些由复杂的、有重叠片层结构组成的蜡层，要比那些厚但是扁平且无结构的蜡层有更好的防水透气的性能，因

为水蒸气在那些复杂、重叠的蜡层中要经过比较曲折的路径才能散发到空气中去。不同蔬菜蜡质层结构存在差异，果菜类蜡质层厚且完整；叶菜类蜡质层薄且不完整。

（3）表面保护组织的完整程度：生理阶段幼嫩的蔬菜表皮保护层较薄且完整度不高，因而容易散失水分；而成熟果蔬表皮的保护层较厚且完整度良好，故不易失水。不同产品表面保护组织的完整度存在差异，例如苹果表面保护组织比梨的完整，故失水较少。另外，当果蔬表面受到损伤后，保护组织的完整性被破坏，使皮下组织暴露在空气中，因而容易失水。

3. 细胞的持水力　持水力与蛋白质、果胶等亲水胶体和细胞中可溶性物质含量有关。原生质较多的亲水胶体，可溶性物质含量高，可使细胞具有较高的渗透压，因而有利于细胞保水，阻止水分外渗到细胞壁和细胞间隙。例如，洋葱的含水量比马铃薯高，但在同样的贮藏条件下失水反而比马铃薯少（表5-4），这与其原生质胶体的保水力和表面保护层的性质有很大关系。

表5-4　洋葱和马铃薯的贮藏失重比较

（华中农学院，1981）

蔬菜种类	含水量/%	在0℃下贮藏3个月的失重/%
洋葱	86.3	1.1
马铃薯	73.0	2.5

（二）外部因素

1. 湿度　空气的湿度（humidity）是影响果蔬采后蒸腾的一个关键性环境因素，它对蒸腾作用的影响是直接而明显的。果蔬的蒸腾失水与湿度的大小成负相关，提高环境的空气湿度，能有效降低果蔬的蒸腾作用。表示空气湿度的常见指标：绝对湿度、饱和湿度、饱和差和相对湿度。绝对湿度是单位体积空气中所含水蒸气的量（g/m^3）。饱和湿度是在一定温度下，单位体积空气中所能最多容纳的水蒸气量，如果空气中水蒸气超过此量，就会凝结成水珠。饱和差是空气达到饱和尚需要的水蒸气量，即绝对湿度与饱和湿度的差值，它直接影响果蔬的蒸腾作用。相对湿度（relative humidity，简称RH）表示空气中水蒸气压与该温度下饱和水蒸气压的比值，用百分数表示。一般新鲜果蔬产品组织中充满水，其蒸汽压一般是接近饱和的，高于周围空气的蒸汽压，所以水分就会从果蔬组织流向周围空气，其快慢程度与饱和差成正比。所以，在一定温度下，当环境的绝对湿度或相对湿度大时，饱和差减小，水分散失就慢。

2. 温度　温度影响空气的饱和湿度，使产品与空气中水蒸气饱和差改变，影响产品的失水速度。温度越高，空气的饱和湿度越大，当环境中绝对湿度不变而温度升高时，产品与空气间水蒸气的饱和差增加，果蔬失水会加快；当温度下降到饱和蒸汽压等于绝对蒸汽压时，就会发生“结露”现象，使产品表面凝结成水滴。随温度的进一步下降，饱和差变小，果蔬的失水速度也就逐渐降低。

温度不但直接影响空气中水分的含量和饱和差，而且还影响到水分子的运动速度，高温下组织中水分外溢的几率增大；同时，较高温度下，细胞液的胶体黏性降低，细胞持水力下降，水分在组织中也容易移动。一般温度越高，果蔬蒸腾作用越强，但不同果蔬蒸腾作用对温度的反应不同（表 5 - 5）。例如柑橘、胡萝卜等果蔬随着温度降低，蒸腾量大幅度降低；枇杷、花椰菜等果蔬随着温度降低，蒸腾量也降低；而草莓、石刁柏等果蔬无论温度多高，蒸腾量都非常大。

表 5 - 5 不同果蔬蒸腾作用与温度的关系

蒸腾特性	水果	蔬菜
随温度降低，蒸腾量大幅度降低	柿子、柑橘、苹果、梨、西瓜	马铃薯、甘薯、洋葱、南瓜、胡萝卜
随温度降低，蒸腾量也降低	枇杷、栗子、桃、葡萄、李子、无花果、甜瓜	萝卜、花椰菜、番茄、豌豆
温度的影响不大，蒸腾作用非常强	草莓、樱桃	芹菜、石刁柏、茄子、黄瓜、菠菜、蘑菇

3. 气流速度 水分蒸腾的速度与气流的速度有关。当空气流经产品表面时，便将产品周围的湿空气带走，使果蔬与环境界面之间的水汽压差增大，从而促进水分蒸发。因此，气流速度越大，水分蒸腾速度就越快。

4. 光照 光照对果蔬的蒸腾作用有一定的影响，这是由于光照可刺激气孔开放，减小气孔阻力，促进气孔蒸腾失水；同时光照可使产品的体温增高，提高产品组织内水蒸气压，加大产品与环境空气的水蒸气压差，从而加速蒸腾速率。

第二节 采后生长

一、采后生长现象分类

采后生长（postharvest growth）是指不具休眠特性的果蔬采收以后，其分生组织利用体内的营养继续分裂、膨大、分化的过程，是产品的食用部分向

非食用部分的物质转移。果蔬采后由于中断了根系或母体水分和无机物的供给，一般看不到生长，但生长旺盛的分生组织能利用其他部分组织中的营养物质，进行旺盛的细胞分裂和延长生长。果蔬采后的生长一般会造成品质下降，并缩短贮藏期，不利于贮藏。果蔬采后的生长现象主要分为以下几类。

1. 幼叶生长　胡萝卜、萝卜、小白菜、生菜、葱等蔬菜在采收后，由于其叶基部的生长点仍处于旺盛的活动期，在贮藏中会继续使幼叶长大，并可以利用外部叶片供应的养分和水分进而长出其他新叶，从而加速外部叶片的萎蔫枯黄，进而使产品质量和重量降低。

2. 幼茎生长　竹笋、石刁柏是在生长初期采收的幼茎，由于其顶端有旺盛的生长点，贮藏中会继续伸长，导致产品下端木质化。

3. 种子发育　黄瓜贮藏中会出现梗端组织萎缩发糠，花端部分发育膨大，内部种子成熟老化，原来两端均匀的瓜条变成了棒槌形，食用和商品品质大为降低。豆类等幼嫩果实采后出现的种子发育，会导致豆荚纤维化，影响食用价值。蒜薹、韭薹为幼嫩花茎，采后顶端薹苞膨大和气生鳞茎的形成，需要利用薹基部的营养物质，造成食用薹部发干和纤维化，甚至会形成空洞。

4. 种子发芽　番茄、甜瓜、西瓜、苹果、梨等果实在贮藏的后期会出现内部种子发芽的现象，会导致果肉发绵、果实品质降低。

5. 抽薹开花　大白菜、甘蓝、花椰菜、萝卜、莴苣及其他某些二年生蔬菜，在贮藏中常因低温可使这些蔬菜通过春化阶段，开春以后贮藏温度回升，就很容易发芽抽薹，导致组织严重失水，最终无法食用。

二、引起采后生长的原因

目前对采后生长的原因研究报道不多，一般认为，采后生长现象的产生与果蔬自身生长发育的继续、体内营养物质的再分配以及新的生命周期开始有关。当遇到适宜的外界条件（如高温、水分过大、光照等）时，通常会出现生长现象。尤其是在遇到贮藏期间的高温环境时，会使果蔬的某些组织继续生长发育。

三、采后生长的控制

果蔬采后生长现象在大多数情况下是人们不希望出现的，因此，必须采取有效的措施加以控制。一般可采取以下的控制措施。

1. 低温　通过低温能延缓代谢和物质运输，从而可抑制采后的生长现象。给予一定的低温但不能引起低温伤害，可以抑制园艺产品的生长。如菜豆在8～10℃下贮藏，可有效防止种子膨大硬化，纤维化程度升高，但温度过低，会出现凹陷斑等冷害症状。萝卜和胡萝卜通常在0～3℃、相对湿度95%下贮藏，可有效防止其萌芽抽薹现象的发生。

2. 避光 降低贮藏环境中可见光的影响，如通过遮盖和流动照明尽量减少产品贮藏期间受到的可见光照射。

3. 气调贮藏 气调贮藏给予的低 O_2 和高 CO_2 的环境，是能够抑制园艺产品生长的。气调贮藏对抑制蒜薹薹苞膨大和花椰菜采后的生长都有显著的效果，例如，蒜薹贮藏适宜的气体成分为 O_2 2%～3%，CO_2 5%～7%，O_2 过高会使蒜薹老化，过低会出现生理病害。花椰菜贮藏适宜的气体成分为 O_2 3%～5%，CO_2 0%～5%，低 O_2 对抑制其呼吸和采后的生长有显著作用。

4. 控制湿度 一般情况下，为了防止园艺产品的失水现象，给予较高的湿度环境，对某些产品的生长是非常有利的。所以，要控制贮藏环境的湿度，既不能失水也不能促进生长，这也是一对矛盾，需要根据不同种类和品种的果蔬妥善处理。例如蘑菇要求相对湿度较高，在0℃下相对湿度低于85%就会开伞和褐变，而大蒜的空气相对湿度不能超过85%（温度－1～－3℃），否则，容易萌芽，食用品质降低。

5. 去除生长点也可抑制采后生长 将生长点去除，也能抑制物质运输和保持品质。例如蒜薹去掉薹苞后，会减轻薹梗发空现象；胡萝卜和萝卜打顶去掉芽眼后，会减轻糠心，也可有效避免采后幼叶生长的发生。

6. 激素处理 激素处理可以抑制萝卜采后生长及蒜薹的薹苞生长。例如，采用茉莉酸甲酯（methyl jasmonate，MeJA）浸泡和蒸汽熏蒸处理采后萝卜，在15℃下贮藏7d，可有效抑制其根的生长和顶部新叶的发芽（表5-6）。在 2×10^{-3} mol/L和 1×10^{-3} mol/L浓度下，几乎可以抑制萝卜根部生长和顶部新叶生长，1×10^{-4} mol/L浓度下也有显著的效果。

表5-6 萝卜经茉莉酸甲酯处理后其顶部与根部的生长量（mm）情况

（Chien Y Wang，1998）

浓度/（mol/L）	顶部		根部	
	0℃	15℃	0℃	15℃
0	0 a	26 c	0 a	5 c
1×10^{-5}	0 a	22 c	0 a	5 c
1×10^{-4}	0 a	7 b	0 a	3 b
1×10^{-3}	0 a	3 ab	0 a	2 ab
2×10^{-3}	0 a	1 a	0 a	1 a

注：不同字母表示在0.05水平上差异显著。

7. 其他措施 对于一些不容易避免的采后生长现象，可通过扩大采收部位来抑制采后生长造成的损失。如花椰菜采收时保留 2～3 片叶，贮藏期间外叶中营养成分向花球转移，而使其继续长大，充实或补充花球的物质消耗，保持品质。

第三节 休眠及其调控

一、休 眠

一些块茎、鳞茎、球茎类蔬菜在结束其田间的正常生长时，体内积累了大量的养分，原生质流动减缓，新陈代谢明显降低，水分蒸腾减少，呼吸作用减缓，一切生命活动进入相对静止的状态，对不良环境的抵抗能力增加，这就是休眠（dormancy）。休眠是植物在长期的自然进化中形成的一种对不良环境的适应能力，借助休眠来度过高温、干旱、严寒等不利的环境条件。休眠是一种有利的生理现象。因为人们可以创造条件延长休眠期，来达到延长其贮藏保鲜时间的目的。

休眠的器官，一般都是植物的繁殖器官。它们在经历了一段休眠期后，就会逐渐脱离休眠状态，此时如遇合适的环境条件，就会迅速发芽生长，休眠器官内在的营养物质迅速分解转移，消耗于芽的生长，使其重量减轻，品质下降。如马铃薯一过休眠期，不仅薯块表面皱缩，而且会产生一种生物碱（龙葵苷），食用时对人体有害；洋葱、大蒜和生姜发芽后肉质会变空、变干，失去食用价值。

二、休眠的时期及特点

根据休眠的生理生化特点，将休眠分为以下三个时期。

1. 休眠前期 休眠前期，也可称为准备期（preparation period）。此时期是从生长向休眠的过渡阶段，果蔬产品刚刚收获，代谢旺盛，呼吸强度大，体内的物质由小分子向大分子转化，同时伴随着伤口的愈合，木栓层形成，表皮和角质层加厚或形成膜质鳞片等，使水分减少，以增加对自身的保护，从生理上为休眠做准备。在此期间，如果受到某些处理，可抑制进入生理休眠期而萌芽生长或缩短生理休眠期。

2. 休眠中期 休眠中期，也称为生理休眠期（endo-dormancy period）、深休眠或真休眠。此时期产品新陈代谢下降到最低水平，生理活动处于相对静止状态，一切代谢活动已降至最低限度。产品外层保护组织完全形成，水分蒸发进一步减少。在这一时期即使有适宜生长的条件也难以发芽，是贮藏的安全期。深休眠期的长短与种类和品种有关，具有典型生理休眠的蔬菜有洋葱、大蒜、马铃薯、生姜等。板栗的生理休眠时间较短，常温下很容易解除休眠，板栗采后在20℃和相对湿度90%下，1个月左右便开始生根发芽。

3. 休眠后期 休眠后期，也称为休眠苏醒期，强迫休眠期（exo-dormancy period），是指度过生理休眠期后，产品开始萌芽，新陈代谢有恢复到生长期间的状态，但由于不适宜的环境条件引起生长发育被抑制，使器官处于休眠状态。此时，产品由休眠向生长过渡，体内的大分子物质开始向小分子转化，可以利用的营养物质增加，为发芽、伸长、生长提供了物质基础。此阶段可以利用不利于生长的条件，如温度、湿度和气调等方法延长这一阶段的时间。实践中经常利用低温强迫产品休眠，延长其贮藏寿命。但是外界条件一旦适宜，休眠就会被打破，萌芽开始。

三、休眠的机理

休眠是植物在逆境诱导下发生的一种特殊反应，它常伴随着机体内部生理机能、生物化学特性的一系列改变。对休眠产生的机理还一直在研究，许多研究者从休眠器官的组织结构、激素水平、物质代谢、酶学特征、分子机理等方面提出了一些反映休眠本质的认识。

1. 原生质的变化 早在20世纪40年代，苏联学者就曾指出，生理休眠期的细胞，原生质与细胞壁分离，生长期间存在于细胞间的胞间连丝消失了，细胞核也发生一些变化，并且原生质几乎不能吸水膨胀，也很难使电解质通过。产生这些现象是植物在进入休眠前原生质发生脱水过程，同时积累大量疏水性胶体，这些物质特别是脂肪和类脂，聚集在原生质和液泡的界面上，因而阻止水和细胞液透过原生质。所以，休眠时各个细胞像是处在孤立的状态，细胞与细胞之间、组织与外界之间的物质交换大大减少。脱离休眠后，原生质重新紧贴于细胞壁，胞间连丝恢复，原生质中的疏水性胶体减少，而亲水性胶体增加，使细胞内外的物质交换变得方便，对水和氧气的通透性加强，促进了各种生理生化过程。

胞间连丝是连接高等植物相邻细胞的细胞器。它在细胞组织间的物质运输和信息传递上发挥着重要作用。张迎迎（2003）在对休眠期的大蒜鳞茎的胞间连丝观测表明，蒜瓣薄壁细胞间的胞间连丝随发育、衰老而呈现明显的动态变化：在成熟期，薄壁细胞间的胞间连丝具有一般正常胞间连丝的结构，直径为40～60nm；在休眠期，胞间连丝极少数存在，且结构不清晰，即便在电镜下观察其内部结构亦不易辨认。对萌芽期的蒜瓣薄壁细胞进行电镜观察，发现胞间连丝广泛分布在分界壁上的初生纹孔场处，且多成束贯穿胞壁，其外径已拓宽为100nm左右。在胞间连丝出口端以及贴近胞壁处常可见到许多微型囊泡存在。

邵莉媚等（1989）对大蒜鳞片休眠期间细胞的结构观测发现细胞核的变化最能灵敏地反映出休眠过程的进展。休眠初期，细胞核呈圆形，结构致密；休眠中后期，核体积增大，休眠终结。幼芽转向迅速生长时，核形变的很不规则，陆续出现核的局部解体和胞核内含物大量向外释出的现象。这些变化表明，鳞片细胞的原生质体正经历着从原先的相对孤立转向加强联系、加强物质交流，从生理上的相对静止转向物质活跃。

2. 内源激素的动态平衡 植物休眠的进程常与植物体内所产生的某些内源激素含量变化有关。一般认为，休眠是由内源激素 GA（赤霉素）、ABA（脱落酸）、IAA（生长素）、ET（乙烯）、CTK（细胞分裂素）中的促进生长与抑制生长物质之间的平衡状态决定的。植物体内某些抑制物质的积累是引起休眠的起因，而休眠体内某些生长促进物质的增加，是休眠解除的原因。

ABA 被认为是休眠的主要调控物质。在鳞茎的休眠过程中，自由型 ABA 浓度较高，随着休眠的解除，其含量降低，而束缚型 ABA 浓度升高。研究表明，ABA 参与鳞茎休眠的诱导与保持。但是这种作用可被 GA_3 所逆转，要保持其有效性，ABA 必须持续或重复施用。但外源 ABA 不能诱导马铃薯非休眠块茎进入休眠，只能暂时抑制非休眠块茎上芽的生长。

GA 和 IAA 能解除许多器官的休眠。用赤霉素溶液处理新采收的马铃薯块茎切块，是两季马铃薯生产中用于催芽的重要措施。休眠期间 GA_3 含量较低，当休眠结束芽开始生长时，GA_3 含量迅速增加。对鳞茎使用外源 GA_3 能够终止休眠。大蒜休眠的调节可能主要是由 GA_3、ABA 和 CTK 三者相互作用来完成的。只有 CTK 存在，解除了 ABA 的抑制作用，GA_3 的促进作用才能发挥出来。

乙烯对休眠的调节，到目前为止，意见仍未统一。Rosa（1925）和 Denny（1926）发现外源乙烯可以打破马铃薯块茎的休眠。因此认为乙烯对马铃薯块茎休眠的解除起促进作用。Burton（1952）发现高浓度乙烯抑制马铃薯块茎休眠解除。Rylska（1974）发现，马铃薯块茎用乙烯短期处理，则促进发芽，用乙烯长期处理，则抑制发芽，已解除休眠期的块茎，用乙烯长期处理，则抑制芽的伸长。目前认为乙烯是通过刺激 GA_3 的加速合成和水解酶的释放，从而对休眠解除起间接作用。

3. 酶的变化 酶与休眠有直接的关系。近来研究发现，休眠细胞通过两个调控点，主要是靠一系列细胞周期蛋白激酶 CDKS 的活化或抑制来调控的，这些激酶和调控蛋白的活化和磷酸化相偶联，因此，这可能是由于蛋白质磷酸化和脱磷酸化活化或抑制了某些激酶的活性。

姜华武（1998）研究大蒜休眠解除后的结果表明，休眠解除后多酚氧化酶、抗坏血酸酶与蔗糖酶均显著增加。王鹏等（2003）对马铃薯块茎休眠的研究表明，处于休眠期间的块茎内淀粉酶、淀粉磷酸化酶活性很低，随着休眠的解除及顶芽萌动活性逐渐增强，当顶芽开始生长时活性再次降低；过氧化物酶（POD）和多酚氧化酶（PPO）在块茎休眠时活性较高，随着休眠的解除和在顶芽萌动后，其活性迅速下降。

4. 物质代谢 一般来说，在植物休眠期，物质的变化是非常缓慢的，在开始发芽时，贮藏物质的变化比较急剧。在开始发芽的马铃薯、洋葱中，可以观察到，在整个休眠期含量都很少变化的贮藏物质（如洋葱的蔗糖和马铃薯的淀粉），此时发生了急剧的变化，洋葱单糖增加，马铃薯淀粉减少，糖含量上升。休眠结束时，含氮化合物的变化也表明了水解作用的增强。休眠的马铃薯内蛋白态氮较多，髓部主要是铵态氮，发芽前蛋白态氮减少，酰胺态氮增加。

Macdonald 等（1988）通过放射自显影技术，跟踪观察了马铃薯块茎从收获到休眠解除期间蛋白质和核酸的合成情况，发现蛋白质和核酸在整个休眠期间合成是连续的，只是在休眠期间，合成水平很低，当打破休眠开始萌芽时，则合成量迅速增加。因此，认为在休眠时基因处于部分抑制状态，只有当休眠终结后，一些基因活化，RNA 合成发生变化，产生不同的蛋白质，从而引起萌芽。

Skin（2002）研究低温处理百合试管鳞茎解除休眠过程中物质变化的结果表明，淀粉含量降低，蔗糖和葡萄糖含量升高。百合鳞片中可溶性糖含量的下降和可溶性蛋白含量的增加有利于休眠的解除，可以把可溶性糖含量的下降作为休眠结束的依据（夏宜平等，2006）。

5. 休眠的分子机理 休眠的分子机理是相当复杂的，可能涉及许多相关基因及蛋白。研究显示休眠控制具有多基因特性，认为在休眠时基因处于部分抑制状态，只有当休眠终结后，一些基因活化，RNA 合成发生变化，产生不同的蛋白质，从而引起萌芽。Van den Berg 等（1996）通过数量性状基因座（QTL）研究发现，至少有 9 个不同的位点与块茎休眠有关，并且这些 QTLs 单独或通过上位性互作来影响块茎的休眠。

周志钦（2001）使用 cDNA-AFLP 方法对马铃薯块茎从休眠到发芽的整个过程进行 mRNA 指纹分析，对差异表达带进行了分离、克隆、测序和序列的同源性分析，将马铃薯块茎休眠和发芽过程中差异表达的基因大致分为：①调节基因；②与光和能量代谢相关的基因；③与外界逆境胁迫相关的基因；④与植物激素（IAA）代谢相关的基因；⑤未知同源性及功能基因。这一结果表明，马铃薯块茎的休眠虽然是其生长发育生命周期中一个相对静止时期，但整个过程仍然不断地有不同类型的活性基因表达。

四、休眠的调控

休眠分为生理休眠和被迫休眠，前者主要是受基因调控，不会因环境条件的改变而迅速进入新的生长阶段；后者是在不利于生长的环境条件下，器官相互抑制，引起生长暂时停顿的现象。因此，影响休眠的因素可分为内因和外因两类，对休眠的调控通常也就从这两个方面加以考虑。

1. 基因的调控 不同种类的块茎和鳞茎休眠期的长短不同。大蒜的休眠期为60～80d，一般夏至收获后，到9月中旬后芽开始萌动；马铃薯的休眠期为2～4个月；洋葱的休眠期为1.5～2.5个月；板栗采后有1个月的休眠期。

另外，休眠期在品种间也存在着差异。例如，我国不同品种马铃薯的休眠期可以分为无休眠期、休眠期较短（1个月左右）、休眠期中等（2～2.5个月左右）、休眠期长（3个月以上）四种情况。对马铃薯来说，其休眠强度和幅度值，以育成品种的最短，自交实生薯次之，杂交实生薯最长。从遗传学方面分析，虽然试验材料都是无性系块茎，但育成品种是纯合体，休眠控制基因单一。自交实生薯家系和杂交实生薯家系是杂合体，自交系基因型来自亲本的分离，而杂交系是由具有不同基因型的两个亲本杂交后代的无性系块茎组成，基因型组成更复杂。遗传基因型的多样性，使杂合体休眠要很长的一段时间才能让所有块茎通过休眠，因此自交实生薯家系和杂交实生薯家系表现出休眠强度和幅度值要比育成品种长得多。

2. 环境因素的影响 温度、O_2 和 CO_2 浓度、湿度等因素均对果蔬的休眠有影响。

温度是影响休眠的最主要因素。低温对板栗的休眠有利，高温干燥对马铃薯、大蒜和洋葱的休眠有利，但只是在深休眠阶段有效，一旦进入休眠苏醒期，高温便会加速萌芽，所以此时利用低温可以强迫这些果蔬休眠而不致萌芽生长。例如，对大蒜鳞茎进行低温高湿或冷凉处理能提前解除休眠，Ravnikar对大蒜试管鳞茎的休眠研究中发现，低温处理增加 GA_3 浓度水平，高温可以让蒜瓣滞留在休眠状态，鳞片长期保持鲜脆。

Imanishi（1997）对百合种球鳞茎休眠的研究认为，休眠的解除和休眠的深度受温度影响显著。采收后种球先在室温下干燥贮藏1～3周后，然后进行低温处理，种球的发芽率会急剧降低，低温处理时间适当延长，种球的发芽情况会得到改善。另外在种球采收后立即低温处理，种球会有较高的发芽率；如果采收后在20～30℃干燥条件下放置2周，然后再进行低温处理，就会有很多种球不发芽，处于休眠状态。

合适的气调措施能够抑制呼吸作用，延长休眠期，抑制萌发。例如，

2%～5%的 O_2 和 5%左右的 CO_2 对抑制洋葱发芽有显著的效果。大蒜鳞茎采后在贮藏过程中环境湿度过高时，会大量发芽生根（刘淑娴等，1996）。

3. 化学药剂的调控 根据激素平衡调节的原理，可以利用外源提供抑制生长的激素，改变内源植物激素的平衡，从而可以延长休眠。化学药剂的抑芽效果非常明显，应用化学物质也能导致休眠的快速解除。常用的化学药剂有萘乙酸甲酯（MENA）、氯苯胺灵（CIPC）、脱落酸（ABA）、赤霉素等。

MENA 是目前应用最广泛的一种马铃薯抑芽剂。早在 1939 年 Gutheric 首先使用 MENA 防止马铃薯发芽。MENA 具有挥发性，薯块经处理后，在10℃下 1 年不发芽，在 15～21℃下也可以贮藏几个月。生产上使用时可先将 MENA 喷到作为填充用的碎纸上，然后与马铃薯混在一块；或者把 MENA 药液与滑石粉或细土拌匀，然后撒到薯块上，当然也可将药液直接喷到薯块上。MENA 的用量与处理时期有关，休眠初期用量要多一些，在块茎开始发芽前处理时，用量则可大大减少。我国上海等地的用量为 0.1～0.15mg/kg。

CIPC 也是国际上较广泛使用的抑芽处理药剂，在马铃薯采收后薯块愈伤后使用，CIPC 抑芽剂使用剂量可以根据商品薯需要贮存的时间调整。美国戴寇公司生产的 CIPC 粉剂使用量为 1.4g/kg，使用 CIPC 可以防止薯块在常温下发芽。使用方法为将 CIPC 粉剂分层喷在马铃薯上，密封覆盖 24～48h，CIPC 汽化后，打开覆盖物。

陈沁滨（2007）用不同浓度的外源 ABA 在采前 2 周对洋葱进行叶面喷雾，10μmol/L 的 ABA 对延长洋葱休眠的效果最好，贮藏 100d 后，鳞茎发芽率只有 2.9%，比对照低 63.8%。但随着处理浓度的加大，延长休眠的效果反而下降。

陈彬（2006）等报道外源赤霉素可以打破马铃薯休眠。在浓度为 0.5 mg/L GA_3 水溶液中浸泡块茎 15min 后，块茎发芽率显著提高，其芽长达到 0.5cm 需要 20d。另外，在赤霉素诱导条件下，用 42℃进行热激高温处理 14h，之后转入 0℃或 5℃进行低温处理 23h，在第 12.7 天就可解除块茎休眠，要比单独使用赤霉素提前 8 天实现发芽，缩短了休眠期。

Nicosia（1986）等报道利用青鲜素（MH）在洋葱采收前 2 周喷施叶面可抑制洋葱鳞茎萌发且不影响商品和食用价值，青鲜素的最佳浓度为1 500 mg/kg。

4. 辐照处理 采用辐照处理块茎、鳞茎类蔬菜，防止其贮藏期间发芽，已在世界范围获得公认和推广，用 60～150Gy γ 射线处理后可以使其长期不发芽，并在贮藏期中保持良好品质。辐照后在适宜条件下贮存，可保藏半年到 1 年。辐照处理对抑制马铃薯、洋葱、大蒜和生姜发芽都有效。抑制洋葱发芽的

γ射线辐照剂量为40～100Gy，在马铃薯上的应用辐照剂量为80～100Gy。

刘超（2007）等报道板栗经过低剂量（0.5kGy）辐照处理和0～4℃低温贮藏，能取得良好的贮藏效果。低温冷藏8个月后，经过低剂量辐照板栗的品质良好，发芽、虫烂、霉烂和失水都得到了很好的控制，好果率在95.7%，发芽率为0%，外观良好，栗仁新鲜。未辐照处理的板栗，经过8个月的冷藏后好果率仅有61%，发芽变质多。

1. 水分蒸腾对果蔬产品的不利影响有哪些？
2. 试述果蔬采后蒸腾失水的主要途径及其影响因素。
3. 引起果蔬采后生长的原因及其调控方法有哪些？
4. 为什么休眠现象对某些果蔬（如马铃薯）贮藏有利？
5. 试述果蔬采后休眠的时期与特点。
6. 试述果蔬采后休眠的机理及休眠的调控措施。

指定参考书

刘兴华，陈维信．2004．果品蔬菜贮藏运销学．北京：中国农业出版社．

罗云波，蔡同一．2001．园艺产品贮藏加工学．贮藏篇．北京：中国农业大学出版社．

Salunkhe D K，Bolin H R，Reddy N R．1991. Storage，processing，and nutritional quality of fruits and vegetables. 2nd edition. Boston：CRC Press.

主要参考文献

陈彬，姚新灵，乔雅林，等．2006．赤霉素诱导下热激对打破马铃薯块茎休眠及发芽率的影响．农业科学研究（3）：34-36，43.

刘超，汪晓鸣，张福生．2007．辐照对板栗冷藏后期生理的影响．核农学报（3）：281-282.

刘兴华，陈维信．2004．果品蔬菜贮藏运销学．北京：中国农业出版社．

罗云波，蔡同一．2001．园艺产品贮藏加工学．贮藏篇．北京：中国农业大学出版社．

邵莉媚，等．1989．蒜瓣在温度调节下解除休眠前后的细胞化学观察．植物学报（2）：110-115.

王鹏，连勇，金黎平．2003．马铃薯块茎休眠及萌发过程中几种酶活性变化．华北农学报（3）：33-36.

夏宜平，黄春辉，何桂芳，等．2006. 东方百合鳞茎冷藏解除休眠的养分代谢和酶活性变化．园艺学报（3）：571－576.

张迎迎．2003. 蒜鳞茎休眠前后胞间连丝变化及类外连丝显现与功能的研究．河北农业大学硕士论文．

赵丽芹．2001. 园艺产品贮藏加工学．北京：中国轻工业出版社．

周志钦．2001. 马铃薯从休眠到发芽过程差异表达基因的分析．西南农业大学学报（3）：213－215.

Andrew L Fletcher，Thomas R. Sinclair，et al. 2007. Transpiration responses to vapor pressure deficit in well watered 'slow-wilting' and commercial soybean. Environmental and Experimental Botany（61）：145－151.

Chien Y Wang. 1998. Methyl jasmonate inhibits postharvest sprouting and improves storage quality of radishes. Postharvest Biology and Technology（14）：17－183.

Imanishi H，Shimada Y，Yoshiyama Y，et al. 1997. Sleeper occurrence after chilling in relation to depth of dormancy and bulb storage in easter lily（*Lilium longiflorum*）. Journal of the Japanese Society for Horticulture Science（1）：15－162.

Skin K S，Charkrabarty D，Paek K Y. 2002. Sprouting rate，change of carbohydrate contents and related enzymes during cold treatment of lily bulblets regenerated in vitro. Scientia Horticulturae（96）：195－204.

Sonnewald U. 2001. Control of potato tuber sprouting. Trends in Plant Science（6）：333－335.

Van den Berg J H，Ewing E E，Plaisted R L，et al. 1996. QTL analysis of potato tuber dormancy. Theor Appl Genet（93）：317－324.

第六章　果蔬的采后胁迫

教学目标

1. 了解常见胁迫因子对果蔬采后生理变化的影响。
2. 掌握果蔬采后常见生理失调的原因和防治方法。
3. 熟悉逆境效应及其在果蔬保鲜中的应用。

主 题 词

逆境　生理失调　冷害　冻害　低温预贮　热处理　热激蛋白　低氧伤害　高二氧化碳伤害　二氧化硫伤害　机械胁迫　化学胁迫

果蔬等植物产品采前的生长和发育需要适宜的环境条件，不利的环境条件形成的逆境或胁迫（stress）会影响植物的生长发育，降低产量，甚至死亡绝收。果蔬产品采后仍然是活的有机体，延续着采前的生命活动。采后环境的温度、气体、湿度、化学和辐射等胁迫因子都会引起果蔬生理和生化代谢的改变。适度的环境胁迫可延缓果蔬采后的生长发育和成熟衰老，从而达到贮藏保鲜的目的。但严重的环境胁迫会引起果蔬的代谢失调，加速成熟衰老和变质，造成采后的严重损耗。这种由于不适宜的环境条件而引起的果蔬代谢异常、组织衰老以至败坏变质的现象，统称为生理失调（physiological disorder）或生理病害（physiological disease）。

第一节　温度胁迫

温度对果蔬采后生理和贮藏性产生显著影响，采用适宜的低温可延缓果蔬的后熟衰老，抑制病原微生物的生长，从而延长贮藏寿命。贮藏环境温度过低或过高都会导致果蔬代谢的紊乱，产生低温伤害（low temperature injury）和高温伤害（high temperature injury）。低温伤害是果蔬在不适宜的低温下贮藏时产生的生理失调，又可分为冷害（chilling injury）和冻害（freezing injury）两种。

一、冷　害

冷害是果蔬组织冰点以上的不适宜低温（一般 0～15℃）对果蔬产品造成的伤害，它是一些冷敏果蔬在低温贮藏时常出现的一种生理失调现象。果蔬特别是热带和亚热带果蔬，由于系统发育处于高温的环境中，对低温较敏感，采后在低温贮藏时易遭受冷害。原产温带的一些果蔬种类也会发生冷害。因为冷害一般在较高温度下发生，且其症状往往在离开低温条件转移到温暖环境中后才表现出来，因而不易及时发现；同时遭受冷害的产品更易受到病菌危害而发生腐烂，因此由于冷害造成的果蔬采后损失很大。

（一）冷害症状

冷害的症状随果蔬种类而异，常见的症状有以下几种。

1. 表面凹陷（pitting）　它是由表皮下层细胞的塌陷引起的，主要表现在受冷害的柑橘、茄子和甜瓜等果蔬上。果皮凹陷处常常发生变色（discoloration），蒸腾失水会加重凹陷程度。在冷害的发展过程中，凹陷斑点会连接成大片洼坑。

2. 表面组织呈水渍状（water soaking）　一般果皮较薄的果实如番茄和黄瓜常呈现此症状。

3. 果实表面和内部组织褐变（browning）　受冷害的苹果、桃、梨、菠萝和马铃薯等果蔬会出现果肉褐变，香蕉受冷后果皮组织褐变。有些褐变在低温下就表现出来，有些褐变则需在升温后才表现。

4. 失去后熟能力（failure to ripening）　未成熟的果实受到冷害后，将不能正常后熟，达不到食用要求。例如绿熟番茄不能转红，芒果不能转黄，桃和油桃受冷后果肉絮状败坏并失去后熟能力等。

5. 组织腐烂（decay）　由于冷害削弱了果蔬组织的抗病能力，引起代谢产物渗漏，氨基酸、糖和无机盐等从细胞中流出，细胞崩溃，这些都给微生物的侵染提供了良好的条件，从而促进腐烂的发生。一些果蔬的冷害症状见表6-1。

表 6-1　几种主要果蔬的冷害临界温度及其冷害症状

（Wang，2002）

产品	冷害临界温度/℃	冷害症状
苹果	2～3	果肉内部褐变，褐心，水浸状，表皮烫伤
鳄梨	4.5～13	果肉灰褐色
葡萄柚	10	表皮凹陷，果肉水渍状崩溃

（续）

产品	冷害临界温度/℃	冷害症状
香蕉	11.5～13	色泽暗淡，不能后熟
番石榴	4.5	果肉崩溃，腐烂
柠檬	11～13	表皮凹陷，红斑
荔枝	3	表皮褐变
芒果	10～13	表皮灰色，烫伤斑，不均匀后熟
柑橘	3	表皮凹陷，褐斑
菠萝	7～10	表皮暗淡，果肉内部褐变
哈密瓜	2～5	表皮凹陷，腐烂
甜瓜	7～10	表皮凹陷，腐烂，不能后熟
石榴	4.5	表皮凹陷，褐斑
马铃薯	3	红心，褐变，糖化
南瓜	10	腐烂，软烂
菜豆	1～4.5	锈斑，水浸状
姜	7	软化，组织崩溃，腐烂
黄瓜	7	表皮凹陷，水浸状，腐烂
红熟番茄	7～10	水浸状，软烂
绿熟番茄	13	转色差，腐烂
茄子	7	烫伤斑，软烂，种子发黑
甜椒	7	表皮凹陷，萼柄软腐，种子暗淡
西葫芦	12	表皮凹陷，腐烂

（二）冷害机理

1. 冷害的初级反应 目前认为低温导致细胞膜结构的损伤是产生冷害的根本原因。低温引起生物膜发生物理相变是植物组织遭受冷害的初始反应（primary response），即冷害冲击细胞和亚细胞膜，使膜脂从柔软的液晶态转变为固晶态。膜脂的液晶态是生物膜正常的物理状态，抗冷植物与冷敏植物的差别在于它们的生物膜在低温下抗物理相变的能力。抗冷害的果蔬，其原生质膜在温度降到0℃甚至更低时，仍可保持液晶态；而冷敏果蔬，当温度下降到10～12℃时，膜脂即转变为固晶态。膜脂从液晶态转变为固晶态，会导致一系列次级反应（secondary response），如膜透性增加，刺激乙烯产生，增加呼吸强度，干扰能量产生，减慢原生质流动，蛋白质的合成能力降低，新陈代谢不平衡，积累乙醛、乙醇等有毒物质等。如果植物在冷害低温下所处的时间不长，在重新恢复到室温下后，凝胶态的膜又可转变为液晶态，次级代谢可能恢复正常，一些失调可能被纠正。但如果处在冷害温度的时间太长，发生了不可逆的变化，最后破坏了膜的完整性和分室结构，组织受到损害，即呈现冷害症状。

2. 冷害的次级反应

（1）膜透性变化：一般果蔬组织遭受低温伤害后细胞膜的透性有明显提高，这是低温对细胞膜伤害的标志之一。温度越低，伤害越重，膜的透性越大，如黄瓜和香蕉等果实。但也有些果实如桃在低温冷藏时电解质渗漏甚微，即膜透性变化很小，而在移入后熟温度之后，膜透性则显著增加。

（2）呼吸代谢失调：适宜的低温可抑制果蔬呼吸，但在冷害温度下，果蔬呼吸表现异常上升。这种现象在柑橘、黄瓜、菜豆和番茄等诸多冷敏果蔬上均有报道。一般果蔬受低温伤害时，其呼吸上升速度与受冷害的程度有直接关系。冷害初期，呼吸强度变化不大，随温度的下降或持续低温出现冷害症状时，呼吸强度最高。所以呼吸强度的高低变化可作为测定冷害的指标之一。

（3）刺激乙烯产生：冷害温度刺激大多数植物乙烯产生。如甜橙在1.1℃中乙烯产生量高于6.1℃下的生成量。受冷组织乙烯上升的原因主要是冷害诱导了ACC合酶的合成，从而促进了ACC的合成，这一过程可被蛋白质合成的抑制剂所抑制。受冷害的果蔬在转移到高温下后，乙烯释放量是否上升取决于冷害时间长短和冷害程度。果蔬短时间受冷后转移到室温下，乙烯释放量上升，这是因为受冷时积累的ACC迅速转化为乙烯。如长期受冷使原生质膜受到破坏，ACC氧化酶受到不可逆抑制，则乙烯释放量下降，ACC积累。

（4）内源多胺变化：多胺包括精胺、亚精胺和腐胺等，它们对植物的生长发育与衰老起重要的调节作用，与冷害的发生也有密切的关系。果蔬受冷时内源多胺含量会发生显著变化，一般表现为腐胺大量积累，而精胺和亚精胺含量减少，腐胺含量与冷害成正相关，精胺和亚精胺含量与冷害成负相关。但腐胺积累是冷害的结果还是原因还不清楚。

（5）活性氧代谢和膜脂过氧化作用：低温可抑制冷敏果蔬SOD、CAT和POD等活性氧清除酶活性，破坏细胞内活性氧产生与清除之间的动态平衡，使细胞内活性氧大量积累，引起膜脂的过氧化作用，降低膜脂的不饱和度，破坏膜结构，对果蔬造成伤害。

（三）影响冷害发生的因素

1. 种类与品种 不同种类果蔬对冷害的敏感性不同，随其原产地而异。一般原产热带、亚热带的果蔬易遭受冷害，原产温带的某些种类也会发生冷害。不同产地果蔬所能忍受的低温下限（即冷害临界温度）：原产温带的为0～4℃，如苹果、梨；原产亚热带的为8～10℃，如柑橘类；原产热带的为10～12℃，如绿熟番茄、甜瓜、香蕉、芒果等。一些果蔬的冷害临界温度见表6-

1。不同产地果蔬冷敏性的差异可能与脂肪酸的饱和度大小差异有关。生长在温暖地区（热带和亚热带）的植物细胞膜中不饱和脂肪酸含量低，膜脂不饱和度低，在低温下易发生凝固，从而产生冷害；而生长在冷凉地区的植物不饱和脂肪酸比例高，在低温下细胞膜仍可停留在液晶态，故不易发生冷害。

2. 成熟度 果实成熟度不同，对冷害的敏感性也不同。一般认为未成熟果实对低温较敏感，而成熟果实对冷害的敏感性较低，较抗冷害。但迄今人们对不同成熟度果实抗冷性差异的生理生化基础了解很少。

3. 温度 一般温度低，持续时间长，冷害发生就严重。特别是冷害低温来临前产品所处的温度对冷害的发生有较大影响。在高温下成熟的果实对低温就特别敏感，在较高温度下就会产生冷害。

4. 湿度 对冷害症状表现为表面凹陷的产品，低湿度促进冷害症状的出现，因为低湿加速产品的水分蒸发，从而促进凹陷斑的发生。

5. 气体成分 贮藏环境气体成分可改变果蔬的冷敏性，但气体成分对果蔬冷害发生的影响没有明显的规律性。对一些果实特别是桃、油桃和葡萄柚来说，适当浓度的低 O_2 和高 CO_2 气调环境可减轻冷害发生。

（四）冷害的控制

避免冷害的最好方法是将果蔬贮藏在其冷害临界温度之上，但在较高温下贮藏时果蔬败坏速度较快，不能充分利用冷藏的优点。所以如能提高冷敏产品对冷害的抗性或延缓冷害症状的出现，从而使得冷敏产品也能在冷害临界温度之下贮藏，则可降低产品败坏的速度。在过去的研究中，已有不少关于减轻冷害的报道。这些措施主要有温度预处理、中途加温、气调贮藏、植物生长调节剂应用、其他化学处理、涂蜡、涂膜及包装等。

1. 温度预处理（temperature conditioning or preconditioning） 是在冷藏前将产品放在略高于冷害临界温度或在较高温度（20～60℃）下一段时间，然后再在低温下贮藏，从而提高产品抗冷性的一种温度调控方法。此法又可分为低温预贮、分段降温和高温处理三种。

（1）低温预贮（low temperature conditioning）：是指将产品在略高于冷害临界温度下预贮一段时间，以减轻后续冷藏时冷害的发生，这已在多种果蔬上应用。如青椒采后直接在7℃下贮藏时就会发生冷害（凹陷斑点），增加腐烂发生。而采后先在10℃下放10d，然后再在0℃中贮藏，18d也不出现冷害症状。葡萄柚在16℃下预贮7d，然后在1℃下贮藏21d，未见冷害发生，而直接在1℃下贮藏28d的果实都发生冷害。低温预贮减轻冷害的发生，可能与冷驯化蛋白（cold-acclimation protein）形成有关。

（2）分段降温（step-wise temperature conditioning）：它比单一温度预贮

对减轻冷害更有效。如茄子先在15℃下预贮1或2d，然后再在10℃下1d，比单一在15℃下预贮1或2d对减轻在6.5℃下贮藏时冷害的发生更有效。大多数芒果品种在低于10～12℃下贮藏就有可能发生冷害，而采用分段降温，果实先在20℃和15℃下预贮1或2d，然后再在10℃贮藏，30d后未出现冷害症状，45d只有10%果实发生冷害。

（3）高温处理（high temperature conditioning）：贮前高温（一般为35～50℃）处理可减轻冷害的发生（表6-2）。葡萄柚贮前在38℃下处理17～22h，可明显减轻在2℃下贮藏时冷害（凹陷斑）的发生。绿熟番茄在36～40℃下3d，可防止在2℃下贮藏时冷害的发生。贮前高温处理减轻冷害的发生可能与热激蛋白（heat-shock proteins，HSPs）的积累有关。

表6-2 高温处理减轻冷害所用的温度和时间

（Wang，2002）

产品	冷害症状	处理方式	处理温度/℃	处理时间
苹果	烫伤斑	热空气	38	4 d
			42	2 d
鳄梨	褐斑，凹陷斑	热空气	38	3～10 h
		热水	40	0.5 h
			38	1h
梨	表皮褐斑	热空气	38	1d
	黑心	热水	55	5 min
柑橘	表皮凹陷斑	热空气	34～36	2～3 d
		热水	50～54	3 min
芒果	凹陷斑	热空气	38	2 d
			54	20 min
柿子	果肉凝胶化	热水	47	90～120 min
		热空气	50	30～45 min
			52	20～30 min
青椒	凹陷斑	热空气	40	20 h
黄瓜	凹陷斑	热水	42	30 min
番茄	凹陷斑	热空气	38	2～3 d
		热水	48	2 min
			42	30 min
南瓜	凹陷斑	热水	42	30 min

2. 中途加温（intermittent warming）　又称间歇加温，是指在冷藏期间进行一次或数次的短期升温，以减轻冷害发生的一种方法。间歇加温对桃、油桃、芒果、苹果、柑橘、黄瓜、青椒和番茄等许多果蔬都有减轻冷害的作用（表6-3）。如桃和油桃在低温（0～5℃）贮藏时出现冷害症状，表现为内部组织崩溃、变色、失去后熟能力、果肉发绵呈絮状等，故称絮状败坏（woolly breakdown）。在低温贮藏期间每隔2～4周，加温至18～25℃保持2d，能显著减轻冷害发生。间歇加温减轻冷害的机制尚不清楚，一种假设认为加温处理可加强组织的代谢机能，从而清除冷害中积累的有毒物质；另一种说法是加热可修复因冷害而损坏的细胞器结构。

表6-3　间歇加温减轻冷害的发生

（Wang，1993）

产品	贮藏温度/℃	加热间隔时间	加热温度/℃	加热时间
苹果	0	6～8周	15	5d
黄瓜	2.5	3d	20	1d
葡萄柚	1～4	1周	21	8 h～1d
油桃	0	3～4周	18	2d
李	1	2～3周	18	2d
番茄	4～8	1周	20	3d
西葫芦	2.5	3 d	20	1d

3. 气调贮藏　采用适当浓度的低O_2和高CO_2气调贮藏可减轻桃、油桃和葡萄柚等果实冷害发生。如在0℃气调贮藏（1%O_2+5%CO_2）并且每隔30d间歇加温2d的桃和油桃果实贮藏140d后，在18～20℃下后熟时很少发生絮状败坏，而一直贮藏于0℃空气中的果实，63d后转移至室温下后熟时即发生严重的絮状败坏。但气调对减轻柑橘类冷害的作用很小，对黄瓜和番茄等果蔬，高CO_2气调反而增加冷害的发生。

4. 植物生长调节物质处理　植物生长调节物质对植物组织的生理生化变化产生很大影响，从而会影响到组织对冷害的抗性。

（1）脱落酸：脱落酸处理可减轻葡萄柚和西葫芦冷害发生，这可能是因为脱落酸诱导新蛋白质的合成，从而增加组织对冷害的抗性。

（2）乙烯：一般果实随成熟度提高，抗冷性也增加，而乙烯为成熟激素，贮前乙烯处理可加速产品成熟，从而提高抗冷性。如蜜露甜瓜在20℃下用1 000mg/kg乙烯处理24h，然后在2.5℃下贮藏，可以明显减轻冷害发生。但对鳄梨来说，成熟度高易发生冷害，故乙烯处理促进冷害发生。

（3）多胺：前面所述许多减轻冷害的处理，如预贮处理、中途加温、低 O_2 高 CO_2 气调以及外源多胺处理等都可以改变内源多胺水平，特别是增加内源精胺和亚精胺水平。多胺减轻冷害可能与其具有抗衰老特性有关。多胺能通过自身所带的正电荷，与膜上的阴离子成分如磷脂相互作用，加固膜的双分子层结构；同时多胺能清除自由基，因此多胺可有效阻止膜脂的过氧化作用，减轻膜的损伤，从而减轻冷害的发生。如受冷害后的西葫芦果实膜脂过氧化产物增加，而采用预贮处理可显著增加内源精胺和亚精胺水平，降低膜脂过氧化产物积累，减轻冷害发生。

（4）茉莉酸和水杨酸及其甲酯：采用适当浓度的茉莉酸和水杨酸及其甲酯处理可以减轻西葫芦、甜椒、番茄、葡萄柚和桃等多种果蔬贮藏冷害发生，保持较好的品质，延长冷藏时间。其机理可能是因为诱导了热激蛋白基因的表达，从而增加组织对冷害的抗性。

5. 其他化学处理 很多化学物质如 Ca^{2+} 和一些杀菌剂以及自由基清除剂，都可减轻冷害的发生。

（1）杀菌剂：噻苯唑和苯莱特这两种化学杀菌剂除了具有防腐作用外，还能减轻葡萄柚、甜橙、桃和油桃的冷害发生。与噻苯唑相比，抑霉唑对防止葡萄柚的冷害更有效。据研究，这些杀菌剂在高温下（53℃）处理比在低温下（24℃）应用对减轻冷害的作用更大，故常结合贮前热处理。

（2）钙：采后钙处理可防止桃、苹果和葡萄柚等果实冷害的发生，但促进番木瓜果实冷害发生。

（3）抗氧化剂与自由基清除剂：用乙氧基喹和苯甲酸钠（自由基清除剂）处理黄瓜和甜橙可维持膜脂较高的不饱和度，减轻冷害发生。冷藏中积累的一些有毒中间物如乙醛、α-法尼烯和 H_2O_2 等会引起苹果的虎皮病，应用抗氧化剂和自由基清除剂可以抑制其发生。

6. 包装和涂膜处理 采用塑料薄膜包装和打蜡等涂膜处理可减轻葡萄柚、甜椒、黄瓜、香蕉和柠檬等多种果蔬贮藏冷害的发生，这可能与包装和涂膜处理后提高环境湿度及改变气体成分有关。

二、冻　害

冻害是果蔬组织冰点以下的低温对产品造成的伤害。冻害的症状主要表现为组织呈透明或半透明状，有的组织产生褐变，解冻后有异味等。如大白菜受冻后表现为组织结冰，解冻后组织像水煮过一样，并有异味。

（一）冻结过程

由于新鲜果蔬的可溶性物质含量较高，因而细胞的冰点低于0℃，一般在

－0.7～－1.5℃范围内。当果蔬放置在低于其冰点的环境中时，组织温度先是直线下降至一个最低温度 t_1，这时温度已降至冰点以下，但组织内未结冰，称为过冷现象，t_1 称为过冷点，然后温度又回升，达到 t_2 时开始结冰，t_2 就称为冰点，此后温度又不断下降（图 6－1）。从过冷点到冰点温度上升，是因为液体在冻结时，要先放出潜热（融解热），然后才从液相变为固相。

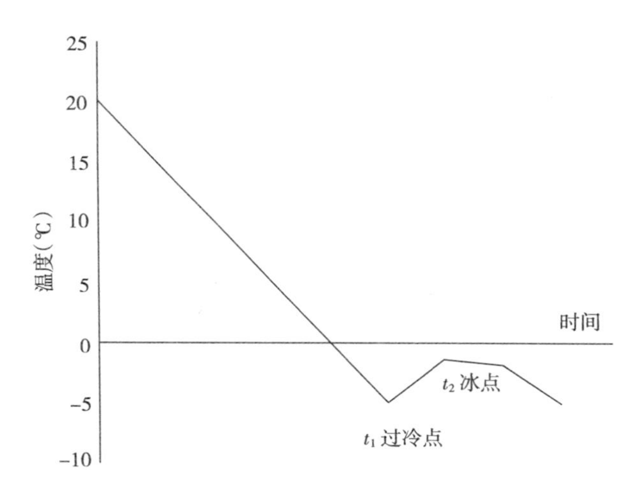

图 6－1　果实冻结过程内部温度变化曲线

（二）冻结对果蔬的影响

冻结造成细胞原生质的脱水，严重时使蛋白质发生不可逆的凝固变性；同时脱水后某些有害物质如 H^+ 浓度增大，产生毒害作用。另外水结冰时体积变大，使细胞受到机械挤压而产生损伤，因此冻害严重时会导致细胞的死亡，这些都对果蔬贮藏是不利的。有些果蔬较耐寒，当环境温度不太低时，组织的冻害不严重，细胞结构未受破坏，解冻后有可能恢复生命机能。这时因为冰晶缓慢融化后，水分可重新被原生质吸收，细胞恢复膨压，果蔬又变得新鲜。如菠菜冻至－9℃，大白菜在－2℃时仍可复鲜。但如果解冻太快，原生质来不及吸收冰融化产生的水分，会引起汁液外流，导致细胞脱水死亡，也就完全失去了贮藏性。

（三）冻害的控制

冻害的发生一般是由于贮藏温度控制不当造成的，因此控制合理的贮藏温度是防止冻害的关键。为了控制冻害的发生，应将果蔬放在适温下贮藏，并严格控制环境温度，避免果蔬长时间处于冰点以下的温度中。冷库中靠近蒸发器的一端温度较低，在产品上要稍加覆盖，以防止产品受冻。在采用通风库贮藏时，当外界环境温度低于 0℃时，应减少通风。一旦管理不慎，产品发生了轻微的冻伤时，最好不要移动产品，以免损伤细胞，应就地缓慢升温，使细胞间隙中的冰温融化为水，重新回到细胞中去。

三、高温胁迫

果蔬采后常会遇到高温环境。当温度高于果蔬器官和组织对温度逆境的最大承受能力时，即造成高温胁迫（heat stress）。高温胁迫会引起细胞膜系统的损伤，对果蔬产生高温伤害，常造成呼吸速率增加，后熟衰老速度加快，从而缩短贮运期。但果蔬体内存在着一系列对高温逆境的适应性反应机制，当其处于高温逆境时，果蔬内的抗逆反应系统会立即启动，做出相应的生理和生化代谢的调整以适应高温环境。近年来的研究表明，采后果蔬在贮藏前进行适当的热处理，即将其短时间置于非致死高温中（一般高于植物正常生长适温10～15℃），能降低果蔬的呼吸强度和乙烯释放量，延缓后熟衰老，减轻果蔬冷害的发生，改善品质，并能控制果蔬采后病虫害的发生，从而延长贮藏期。

（一）果蔬对高温胁迫的生理生化反应

1. 呼吸速率和乙烯产生　在热处理初始时，果蔬的呼吸强度受热刺激而增大，并且处理温度越高，对呼吸的刺激作用越大。但当高于某一临界温度时，呼吸强度就不再上升，反而下降。如热处理的猕猴桃果实，在38～50℃范围内，温度越高呼吸强度越大，但54℃热处理却降低了呼吸强度。大多数果蔬经适宜的热处理后，其呼吸强度减弱或推迟了呼吸高峰的到来。如香蕉和苹果等果实经热处理后于常温下贮藏时，呼吸速率降低，且呼吸高峰延迟出现。

大多数果蔬在受到35℃以上热处理时，乙烯的产生会受到抑制。如鳄梨在20～40℃热处理时，乙烯产生高峰最大值出现在25℃，在25～30℃，乙烯峰随处理温度上升而下降，35℃处理只生成微量的乙烯，40℃处理无乙烯生成，但经热处理的果实在回到常温后乙烯产生又恢复正常，其变化趋势与未处理的果实一致。高温处理抑制果蔬乙烯的产生与乙烯合成的关键酶ACC合酶（ACS）和ACC氧化酶（ACO）失活有关。如热处理抑制芒果ACS和ACO的活性，但在后续贮藏及后熟过程中，ACO的活性能完全恢复正常，而ACS活性仅部分恢复，乙烯高峰的出现明显滞后。苹果经25～40℃热处理后，ACC含量随着处理温度的上升而逐渐增加，但乙烯的释放量在30℃以上时则大幅度下降。这说明乙烯产生的下降不是由于ACC的缺乏，而主要是由于ACC向乙烯的转化受到高温抑制的结果。番茄果实经热处理后，ACO mRNA水平显著降低，但恢复室温后，这ACO mRNA水平又恢复正常，这说明热处理改变乙烯合成有关基因的表达。

2. 活性氧代谢和膜脂过氧化作用　高温胁迫会破坏细胞内活性氧产生与清除之间的动态平衡，使细胞内活性氧大量积累，引起膜脂的过氧化作用，从而引发膜系统的损伤和膜透性的增大，细胞内电解质外渗，对果蔬造成高温伤害。采用适当的贮前热处理能诱导果蔬的抗氧化酶活性，减弱膜脂过氧化作用，保持膜的稳定性。如高温处理能够保持葡萄果实较高的抗氧化酶类（SOD、CAT和POD）活性，延缓细胞膜透性和膜脂过氧化产物MDA含量的增加。贮前热处理还可维持黄瓜、番茄、西葫芦和甜椒等许多冷敏果蔬低温冷藏期间活性氧代谢的平衡，抑制膜脂过氧化作用，从而减轻冷害的发生。

3. 细胞壁降解酶活性和果实软化 采用适当的贮前热处理可抑制多聚半乳糖醛酸酶（PG）和纤维素酶等细胞壁降解酶活性，延缓果实贮藏过程中硬度的下降。

4. 内源多胺和脱落酸 贮前适当的热处理可提高芒果、柿子和西葫芦等冷敏果蔬低温冷藏期间内源多胺和脱落酸含量，增加果实的抗冷性。

5. 热激蛋白合成及基因表达 当植物处于非致死高温中时，一般蛋白质的合成速度减慢，而一类特殊的蛋白质即热激蛋白（HSPs）的合成却增加，从而提高植物的抗热性。HSPs可分为高分子质量和低分子质量两大类，前者包括分子质量60、70、90和100ku的HSPs，后者的分子质量在15（17）～30ku。目前已在植物中至少鉴定出四类小分子质量的HSPs。低温、干旱、盐分、重金属及ABA胁迫也可诱导HSPs的合成，从而提高植物对这些逆境的抗性。这些在不同逆境下产生的HSPs可能起着相同的作用，从而赋予植物交叉抗性（cross resistance），即一种逆境条件可增加对另一种逆境的抗性，如贮前热激处理可减轻果蔬贮藏冷害的发生。高分子质量和低分子质量的HSPs都具分子伴侣（molecular chaperone）的作用，分子伴侣的功能是在高温下稳定其他蛋白质的结构，阻止它们的凝聚，使变性蛋白质重新伸展，并能与其他膜蛋白结合，阻止其降解，从而维持膜的功能。

近年来的研究表明，热激处理提高采后果实的耐冷性与热处理诱导*HSPs*基因的表达，从而与合成HSPs有关。采用适度的高温处理可促进*HSPs*基因的表达，植物在受热激处理的前几个小时HSPs mRNA的水平迅速增加，以后有所下降。经热处理后的植物组织在转移到室温下后，HSPs mRNA水平又迅速下降。绿熟番茄用38℃热空气处理3d后，HSPs17和HSPs70 mRNA水平增加，并且在以后2℃、3周贮藏期间一直保持较高水平，同时减轻了果实冷害的发生。番茄果实经38℃热空气处理2d后，果实合成了分子质量分别为18.1、23和70ku的三种热激蛋白，并且在以后2℃、3周冷藏期间保持较高的水平，果实不发生冷害。但如将热处理后的果实置于20℃下4d，这些热激蛋白的含量迅速减少，同时热处理诱导的果实抗冷性也消失，这证明HSPs的持续存在是果实抗冷性提高的基础。经34、36、38及40℃热处理的鳄梨果实，HSPs17 和 HSPs70 mRNA 水平随着温度升高而增加，40℃处理的达最高，超过 40℃后又下降。未经热处理的鳄梨果实不产生 HSPs mRNA，从而不能诱导耐冷性，因而在 2℃下贮藏时冷害发生严重。该研究还表明，38℃热处理的鳄梨在 2℃下贮藏时，HSPs17 和 HSPs70mRNA 仍保持较高水平，但 6 周后消失。这些结果表明，热击蛋白基因在热处理及以后冷藏期间的表达与果实耐冷性的提高密切相关。鳄梨用 38℃热空气处理 6～12h，可诱导 HSPs 的合成，减轻果实在 0℃贮藏时冷害的发生，同时又不致产生热伤害。当热处理温度大于 44℃时，则无 HSPs 合成，这在翻译水平上证明采用热处理减轻果实冷害并非温度越高越好。

6. 抗病相关酶和物质 植物对病原菌的侵染有防卫反应，主要包括木质素、胼胝质和富含羟脯氨酸糖蛋白在细胞壁中的积累，植保素和酚类物质等抗菌物质的合成与积累，参与这些抗菌物质合成的酶 PAL 和 POD 等的诱导合成，病原菌细胞壁降解酶几丁质酶和 β-1,3-葡聚糖酶活性的显著加强。热处理可延缓果蔬内预先形成的抗菌物质含量的下降速度，或诱导果蔬抗病相关物质和病程相关蛋白的合成，从而提高对病害的抗性，延缓采后病害的发展。热处理在采后病害控制中的作用可参见第七章相关内容。

（二）热处理对果蔬保鲜的作用

果蔬在贮藏前进行适当的热处理（一般用 35～50℃的热空气或热水），可延缓后熟衰老，减轻贮藏冷害的发生，并能控制采后病虫害的发生，从而延长贮藏期。

1. 延缓后熟衰老和保持品质 热处理可抑制苹果、芒果、李和番茄等多种果实贮藏过程中细胞壁降解酶活性，延缓果实硬度下降。热处理还可显著抑制青花菜和羽衣甘蓝等蔬菜叶绿素的降解，延缓黄化。热处理改善果蔬采后品质的作用见表 6-4。

表 6-4 热处理改善果蔬采后品质作用

(Lurie 和 Klein，2002)

产品	热处理作用	处理方式	处理温度/℃	处理时间
苹果	保持硬度	热空气	38	4 d
石刁柏	抑制弯曲	热水	47.5	2～5 min
青花菜	延缓黄化	热水	45	10 min
羽衣甘蓝	延缓黄化	热空气	45	30 min
青葱	抑制伸长	热水	55	2 min
番石榴	抑制软化	热水	46	35 min

2. 减轻贮藏冷害　热处理可提高鳄梨、柑橘、芒果、柿子、番茄、黄瓜、甜椒、葡萄柚及西葫芦等多种果蔬对冷害的抗性，减轻贮藏冷害的发生（表 6-2）。

3. 控制病虫害　热处理在芒果、香蕉、番木瓜、荔枝和柑橘等热带和亚热带果蔬上都得到较好的防腐效果，可防治炭疽菌、青霉菌、腐霉菌、核盘菌、盘多毛孢、根霉、交链孢、色二孢、拟茎点霉、毛霉、疫霉和欧文氏菌等 20 多种病菌引起的采后病害。热处理还可杀死一些果实中昆虫的卵、幼虫、蛹和成虫，因而可作为重要的害虫检疫手段。

随着社会对环境问题和人类健康的日益重视，化学保鲜剂的局限性日显突出，果蔬贮前热处理作为一种无公害的采后处理方法，在新鲜果蔬采后贮藏中有着较好的应用前景。但不适当的热处理会造成果蔬组织的伤害，促进果蔬的失水和变色，降低抗病性，从而增加后续贮藏中的腐烂。因此在实际应用时，应根据不同果蔬的特点，选择适当的热处理温度和时间。此外高温处理和其他处理技术的结合也得到了广泛的研究，如热处理和钙浸泡相结合可以更好地改善苹果和枣的品质。因此热处理同其他处理技术结合会有更广阔的应用前景。

第二节　气体胁迫

新鲜果蔬正常的呼吸作用要消耗 O_2 并释放 CO_2，采后环境中适度的低 O_2 和高 CO_2 逆境可抑制产品的呼吸作用和乙烯产生，延缓后熟衰老，从而延长贮藏期。但过度的气体胁迫会对果蔬产生气体伤害（gas injury），主要有低氧伤害（low oxygen injury）、高二氧化碳伤害（high carbon dioxide injury）和二氧化硫伤害（sulfur dioxide injury）等，从而影响果蔬的品质和贮藏性。

一、氧气胁迫

在正常大气中，O_2 含量为 21%。改变果蔬贮藏环境中的 O_2 含量，即降低或升高 O_2 浓度，都会影响到果蔬的采后生理和生化过程。

（一）低氧伤害

低氧伤害是指果蔬在气调贮藏时，由于气体调节和控制不当，造成 O_2 浓度过低而发生无氧呼吸，导致乙醛和乙醇等挥发性代谢产物的产生和积累，毒害细胞组织，使产品风味和品质恶化。低氧伤害的主要症状是果蔬表皮组织局部凹陷、褐变、软化，不能正常成熟，产生酒精味和异味等。如马铃薯会产生黑心；茄子表皮产生局部凹陷；橘子受低氧伤害后产生苦味或浮肿，橘皮由橙色变为黄色，后呈现水渍状；苹果低氧伤害表现为果皮上呈现界线明显的褐色斑，由小条状向整个果面发展；亚洲梨表皮会出现青铜色凹陷；鸭梨或慈梨可引起果肉褐变等。

贮藏环境中1%～3%的O_2浓度一般是安全的，产生低氧伤害的O_2临界浓度随产品的种类和贮藏温度不同而变化。例如菠菜和莱豆的O_2临界浓度为1%，芦笋为2.5%，豌豆和胡萝卜为4%。

（二）果蔬对超大气高氧的生理生化反应

超大气高氧（21%～100%O_2）气调贮藏是近年来研究较多的一种果蔬采后处理技术。研究表明超大气高氧对果蔬呼吸作用、乙烯产生和组织褐变等生理生化过程会产生不同的影响。

1. 呼吸作用 果蔬采后正常的呼吸是一个需氧过程，因此高氧处理有可能增强果蔬的呼吸速率。如高氧处理显著促进柠檬和胡萝卜的呼吸，且O_2浓度越高，呼吸速率也越大。但高氧不一定都促进呼吸，如“Wickson”李果实的呼吸速率随O_2浓度升高而增加，但当O_2浓度升至40%时呼吸达到最大值，此后呼吸速率一直稳定在这一水平上，不再随O_2浓度的上升而变化。更有一些研究表明，当O_2浓度高于某一临界水平时，高氧反而有抑制呼吸的作用，如30%和50%O_2促进绿熟番茄果实的呼吸，而80%和100%O_2则抑制其呼吸，40%、60%和80%O_2也都削弱“Bartlett”梨切片的呼吸速率。60%～100%O_2处理显著抑制蓝莓果实的呼吸速率，并且O_2浓度越高，呼吸速率越低，而40%O_2对蓝莓果实呼吸速率无显著影响。以纯氧处理的马铃薯、苹果和枇杷果实的呼吸速率也受到显著抑制。经纯氧短期前处理的桃果实在空气中冷藏期间，以及经纯氧短期前处理的苹果鲜切加工而成的苹果片在低氧MAP冷藏期间，呼吸速率也都受到显著抑制，这表明高氧处理对呼吸的抑制作用还有后续效应（residual effect）。高氧处理对朝鲜蓟、鳄梨、樱桃和杏等果蔬的呼吸速率无明显影响。这些结果表明，高氧处理对果蔬呼吸速率的影响随果蔬的种类及O_2浓度等因素的变化而变化。

2. C_2H_4产生 从ACC氧化为C_2H_4是一个需氧过程，因此高氧处理有可能会刺激C_2H_4的产生。如在7℃下，80%O_2可促进马铃薯块茎中C_2H_4的产生；在20℃下，纯氧促进“Bartlett”梨的C_2H_4释放。但O_2浓度高于一定水平时，高氧也有抑制内源C_2H_4产生的作用。如30%和50%O_2促进而80%和100%O_2则抑制番茄内源C_2H_4的产生。鲜切梨片放在10℃，40%、60%和80%O_2中贮藏时，其内源C_2H_4产生量分别下降7%、13%和27%。纯氧中贮藏的“Gala”和“Granny Smith”苹果，以及在90%O_2+10%CO_2中贮藏的鲜切胡萝卜条，它们的内源乙烯产生量都受到明显抑制。60%～100%O_2处理显著抑制蓝莓果实的乙烯释放速率，并且O_2浓度越高，乙烯释放速率越低，而40% O_2 对蓝莓果实乙烯释放速率无显著影响。在5℃下贮藏前8d，高氧处理对草莓果实乙烯释放速率无显著影响，但在贮藏10～14d，80%和100% O_2 处理的乙烯释放速率显著低于对照和其他高氧处理。在空气中冷藏的预先以纯氧做过短期前处理的桃果实以及在低氧MAP冷藏的预先以纯氧做过短期前处理的苹果鲜切加工而成的苹果片，两者的内源 C_2H_4 产生也都明显受抑制，这表明高氧处理对内源 C_2H_4 产生的抑制作用也有后续效应。但高氧抑制 C_2H_4 产生的机制仍不清楚。另有研究表明，高氧对贮藏在20℃下的甜瓜内源 C_2H_4 产生无影响，但100% O_2 +10μL/L C_2H_4 处理则对其内源 C_2H_4 的产生有促进作用。这些表明，高氧对果蔬内源 C_2H_4 产生的影响大小是因果蔬种类、O_2 浓度、外源 C_2H_4 和处理温度等因素变化而异。

3. 组织褐变　果蔬受到机械损伤及冷害等逆境胁迫时，细胞分室被打破，多酚类物质即在多酚氧化酶（PPO）催化下氧化聚合，导致组织褐变而影响果蔬的外观。尤其是当前国内外迅速发展的鲜切果蔬（fresh-cut fruits and vegetables）产品，需要做去皮、切分等预处理，这会加速酶促褐变的发生，因而这类产品的货架期缩短。在正常情况下，O_2 供应越充足，酶褐变发生就越严重。80% O_2 +20% CO_2 MAP显著抑制5℃下贮藏10d的鲜切莴苣中PPO活性和组织褐变；鲜切胡萝卜条以50%、80%和90% O_2 结合高 CO_2 气体处理后，其总酚含量的上升和褐变明显受抑。70% O_2 可以抑制“储良”和“石硖”龙眼冷藏中果皮褐变，而90% O_2 对冷藏枇杷果心褐变则起抑制作用。相反，高氧处理对甜樱桃褐变则起促进作用。目前，有关高氧抑制酶褐变的机制仍不清楚，可能是多酚氧化后产生的无色产物奎宁对PPO发生了反馈抑制之故。

4. 膜脂过氧化作用　氧是植物获得能量和维持生命活动的重要因素，但氧水平过高可能对植物造成伤害，如高浓度氧对水稻种子的萌发和幼苗生长产生毒害，加速种子衰老。高氧造成植物细胞伤害的一个重要原因是引起膜脂过氧化作用，而膜脂过氧化作用是和抗氧化系统活力下降相联系的。采用适当浓度的高氧处理能诱导果蔬的抗氧化酶活性，减弱膜脂过氧化作用，保持膜的稳定性。如采用60%和100% O_2 处理可使草莓果实保持较高的SOD、CAT和APX活性及较高的维生素C含量，减少膜脂过氧化产物MDA的积累，从而延缓果实的衰老进程和抑制果实腐烂。桃果实在5% O_2 +5% CO_2 中0℃贮藏前，用70% O_2 预处理15d，诱导了果实SOD和CAT活性，保持了膜的完整性。90% O_2 +10% CO_2 气体处理可抑制鲜切胡萝卜条中膜脂过氧化产物的积累，从而延缓衰老，延长货架期。经纯氧短期处理苹果鲜切加工而成的苹果片，放在1℃下，2周贮藏期间细胞膜透性上升明显受抑。高氧处理降低了荔

枝果实 H_2O_2 积累以及膜脂的过氧化作用，有利膜完整性的保持，但促进了香蕉果实果皮和果肉中 H_2O_2 的积累，加剧了膜脂过氧化作用，而且氧浓度越高，这种作用越明显。这说明不同果蔬对高氧浓度具有不同的反应。

5. 挥发性物质 O_2 含量会影响果蔬挥发性物质的产生，从而影响果蔬的气味。传统的低 O_2 和高 CO_2 气调贮藏，易造成果蔬的缺氧呼吸，积累乙醛、乙醇和乙酸乙酯等异味物质，因而使果蔬的风味降低。高氧气调贮藏可避免果蔬的缺氧呼吸，减少异味物质的产生和积累。如在5℃或15℃下，以 80%O_2 或 80%O_2+15%CO_2 贮藏2周的葡萄柚果实中，乙酸乙酯的浓度明显比在 15%CO_2 中贮藏的果实低；在8℃下以 90%O_2+10%CO_2 贮藏2d的鲜切胡萝卜条中乙醇含量仅是空气中贮藏样品的十分之一，约为 1%O_2+10%CO_2 中贮藏样品的三千分之一。鲜切莴苣用0.06mm厚的聚乙烯薄膜袋包装并充入 80%O_2+20%CO_2 混合气体后密封，在5℃下贮藏期间，包装袋内 O_2 含量逐渐下降，但在贮藏的前8d，O_2 含量仍在30%以上，CO_2 含量一直维持在20%左右，贮藏的莴苣中异味物质积累较少。但贮藏10d后，包装袋内 O_2 浓度降至5%以下，而 CO_2 浓度仍维持在13%～19%，这时莴苣中产生明显的异味，这表明高氧不仅可以避免低氧造成的异味物质产生，而且还可抑制由于高 CO_2 引起的异味物质的积累，从而克服高 CO_2 处理的不足。短期纯氧处理还可显著抑制桃果实在后续空气中冷藏期间和鲜切苹果在后续低氧MAP冷藏期间，果肉中乙醛、乙醇和乙酸乙酯等异味物质的积累，说明高氧处理对抑制异味物质的产生也具有后续效应。但出人意料的是，在纯氧中贮藏3个月的"Gala"和"Granny Smith"苹果中也积累了大量的缺氧呼吸产物乙醇，这可能与高氧处理时间过长引起高氧毒害和果实表层细胞死亡导致酵母菌生长有关。另有一些研究结果表明，纯氧处理对 3%O_2+3%CO_2 气调冷藏9个月的"McIntosh"苹果香气无明显影响，在 40%O_2 中低温冷藏17d的蓝莓果实气味也与空气中贮藏的果实相似。总之，高氧对果蔬中异味物质和香气物质产生的影响随果蔬种类、O_2 和 CO_2 浓度、贮藏时间等因素变化而异。

6. 生理失调 高氧对一些果实可产生毒害作用，从而引起生理失调。如在纯氧中长期贮藏的"Gala"和"Granny Smith"苹果会发生果皮和果肉褐变；纯氧处理可促进"Granny Smith"苹果冷藏中α-法尼烯的产生，从而加剧虎皮病（scald）的发生，3个月后果实完全变为古铜色；经80%或100%O_2 处理5d的绿熟番茄果皮上出现深褐色斑块（dark-brown spot）；而在 70%O_2 中贮藏1个月对苹果虎皮病发生无影响，可见高氧对果实的伤害随 O_2 浓度和处理时间等因素变化而异。高氧还可加剧 C_2H_4 诱导的果蔬生理失调。如 0.5μL/LC_2H_4+100%O_2 处理的胡萝卜中异香豆素的合成比单独采用0.5μL/

LC_2H_4 处理的胡萝卜增加 5 倍，因而胡萝卜的苦味加剧；高氧还加剧由 C_2H_4 诱导的莴苣锈斑（russet spotting）的发生。但也有一些研究发现，高氧处理可减轻桃和西葫芦果实在低温冷藏期间冷害的发生。

二、二氧化碳胁迫

在正常大气中，CO_2 含量为 0.03%。在果蔬气调贮藏时，适当提高 CO_2 浓度可抑制产品的后熟衰老，延长贮藏期。但果蔬如果长时间处于过高 CO_2 浓度的环境中，它就会遭受高二氧化碳伤害。

（一）高二氧化碳伤害

贮藏环境中 CO_2 过高而导致果蔬发生的生理失调称为高二氧化碳伤害。高二氧化碳伤害的症状与低氧伤害相似，最明显的特征是果蔬表面或内部组织或两者都发生褐变，出现褐斑、凹陷或组织脱水萎蔫等。如贮藏后期或已经衰老的苹果对 CO_2 非常敏感，易引起果肉褐变；马铃薯受高二氧化碳伤害后也发生果心变褐；橘子受高二氧化碳伤害后，常出现果皮浮肿、果肉变苦和腐烂；叶菜类受高二氧化碳伤害后出现萎蔫；蒜薹受到高二氧化碳伤害前期薹梗上出现小黄斑，以后逐渐扩大为下陷的圆坑或不规则的圆坑，随着陷坑的进一步发展，薹梗软化，或陷坑扩大使薹梗折断，薹包由绿色变为灰白色，进而发展为水渍状，色暗透明，有浓厚的酒味和异味；猕猴桃受高二氧化碳伤害后果实皮色变淡，底色发灰，缺少光泽，果肉从果皮下数层细胞开始至果心组织间有许多分布不规则的较小或较大的空腔，褐色或淡褐色，较为干燥，果心韧性大，果肉酸且有异味，严重时有麻味，整个受害果实的硬度偏高，果肉弹性大，手指捏压后无明显压痕，果实不能正常后熟。高二氧化碳伤害的机制主要是高浓度 CO_2 抑制了线粒体中琥珀酸脱氢酶的活性，对末端氧化酶和氧化磷酸化也有抑制作用。

不同种类和品种果蔬对 CO_2 的忍耐力差异很大（表 6-5），这与果蔬自身的生理生化特性不同有关。对 CO_2 比较敏感（易遭受伤害）的果蔬有梨（白梨系统和沙梨系统的绝大部分品种）、莴苣、鲜枣、富士苹果、青椒和菜豆等。如鸭梨和莱阳梨对 CO_2 非常敏感，贮藏过程中 CO_2 浓度超过 1%时，就会受到伤害，出现内部褐变；结球莴苣在 CO_2 达 1%～2%时就会受到伤害而出现褐斑；当 CO_2 超过 5%时，甘蓝会出现内部褐变，因此这类果蔬在贮藏时应谨防高二氧化碳伤害。能耐受较高 CO_2 的果蔬有樱桃、草莓、青花菜、蒜薹、甜玉米和蘑菇等。如青花菜和蒜薹在短时间内 CO_2 超过 10%也不致受伤害。

表 6-5 果蔬对高 CO_2 和低 O_2 的忍耐度

(Kader，1982)

果蔬名称	高 CO_2 忍耐度/%	低 O_2 忍耐度/%	果蔬名称	高 CO_2 忍耐度/%	低 O_2 忍耐度/%
苹果	3-7	2	甘蓝	5	2
洋梨	5	2	花椰菜	5	2
桃	5	2	莴苣	1-2	2
油桃	5	2	青椒	5	3
意大利李	20	2	黄瓜	10	3
杏	4	2	芹菜	2	2
樱桃	10	3	韭菜	15	3
柿子	5	3	胡萝卜	4	3
草莓	20	2	茄子	7	3
无花果	20	5	番茄	10	3
鳄梨	5-14	5	大蒜	10	1
葡萄	5	3	洋葱	10	1
柑橘类	5	5	蘑菇	20	1
香蕉	3	2	菠菜	20	3
芒果	5	5	马铃薯	10	10
番木瓜	5	2	甜玉米	20	2

果蔬高二氧化碳伤害受 O_2 浓度的制约很大。在 O_2 浓度较高时，即使 CO_2 达到贮藏果蔬的生理极限浓度，也不会发生二氧化碳伤害；相反，在 CO_2 尚未达到生理极限浓度时，如果 O_2 浓度很低，就有可能导致果实发生二氧化碳伤害。所以在气调贮藏时，CO_2 和 O_2 之间存在着相互制约与协同的双重关系。

（二）短期高二氧化碳处理对果蔬保鲜的作用

有些果蔬对 CO_2 的忍耐力较大，短期的高 CO_2 处理能有效抑制果蔬的呼吸强度和乙烯产生，延缓衰老，并能抑制贮藏病害，同时又不致产生二氧化碳伤害而影响果实的正常风味品质，因此短期的高 CO_2 处理，可以取得良好的保鲜效果。例如用 20%～25%CO_2 处理草莓，可显著抑制灰霉病发生，在低温下的贮藏期可延长至 15d 左右；葡萄柚用 10%～40%的 CO_2 处理可减少贮藏期间果实的冷害和蒂腐病的发生；用 25%～50%CO_2 处理樱桃果实，能有效地减少贮藏期间褐腐病的发生。另外，采用≥50%CO_2 短期处理新鲜果蔬，还能杀死一些检疫的害虫。

三、二氧化硫胁迫

SO_2 常作为杀菌剂被广泛用于果蔬贮藏时库房的消毒和产品的防腐处理。但使用不当，容易引起果蔬的中毒。

（一）二氧化硫伤害

SO_2 是国内外通用的一种葡萄保鲜剂，在安全用量范围内，有较好的防腐保鲜效果，超过安全用量，则会产生二氧化硫伤害。葡萄二氧化硫伤害一般表现为漂白作用，漂白先从果梗周围开始逐渐向果顶发展，受伤处漂白最明显，受害较重时，病部形成皱缩的水浸状斑点，严重时整个果面形成许多坏死的小斑点，皮下果肉坏死。受二氧化硫伤害的葡萄风味变劣，并有强烈的 SO_2 气味，丧失食用价值。二氧化硫伤害与葡萄品种、收时成熟度、贮藏温湿度以及保鲜剂的 SO_2 释放速度有关。成熟度低、贮藏温度高、湿度大果实易发生二氧化硫伤害。葡萄对 SO_2 的忍耐程度还与本身的抗氧化能力和汁液 pH 缓冲容量等有关，抗氧化能力和汁液 pH 缓冲容量低及果实表面的蜡质结构疏松无序是红地球葡萄不耐 SO_2 的主要原因。此外，葡萄果皮的角质层结构也直接影响果实忍耐 SO_2 的能力。SO_2 处理不当还会造成马铃薯组织的软化和异味产生。

（二）二氧化硫对果蔬采后生理的影响

SO_2 处理除了能起到杀菌防腐作用外，还会对果实的呼吸、内源乙烯产生、活性氧代谢、膜脂过氧化作用及组织酶褐变等生理生化过程产生显著的影响。

1. 活性氧代谢及膜脂过氧化作用　果蔬采后用适当的 SO_2 处理，既可提高组织内 SOD 和 CAT 等活性氧清除酶的活性，又可保持较高的抗坏血酸等非酶活性氧清除剂的含量，从而在一定程度上起到抗衰老的作用，有利于果蔬的贮藏保鲜。在葡萄上的研究表明，用 100mg/kg SO_2 处理 1h，可提高果实 SOD 和 CAT 等活性氧清除酶的活性，抑制膜脂的过氧化作用，MDA 不积累，细胞膜透性基本不变，从而起到保鲜作用。但 SO_2 处理剂量过高，SOD、CAT 及 POD 等酶活性反而受到抑制，造成活性氧的积累和膜脂过氧化作用，MDA 大量积累，细胞膜透性增大，葡萄果实呈漂白状伤害。龙眼果实经适当浓度 SO_2 处理后，诱导产生了两条新的 SOD 同工酶，使 SOD 活性成倍增加，从而抵抗由 SO_2 带来的自由基氧化伤害，延缓果实的衰老进程，延长贮藏寿命。由于 SO_2 具有还原性，采用 SO_2 处理还可以保护龙眼果实还原型抗坏血酸含量，防止其氧化，从而有利于 H_2O_2 等活性氧的清除。采用适当的 SO_2 处理，可使冷藏枇杷果实保持较高的 SOD 及 CAT 活性，抑制 POD 活性的上升和减少 H_2O_2 的积累，从而抑制果实木质素的合成，防止果实木质化败坏的发生。

2. 内源激素含量 无核白葡萄采后用适宜的 SO_2 处理后，果梗、穗梗及果粒中 IAA 和 GA 均有明显增加，而促进衰老、脱落的 ABA 略有下降或保持相对不变，内源 C_2H_4 释放量明显减少，从而抑制葡萄的生理衰老，减轻落粒，延长葡萄采后贮藏寿命。但 SO_2 处理剂量过高，ABA 含量明显增加，C_2H_4 释放呈增加趋势，促进果粒脱落，并引起漂白伤害。

3. 呼吸作用 采用适当浓度的 SO_2 处理可显著抑制葡萄、龙眼和枇杷等果实的呼吸强度，从而减少糖、酸等有机物质的消耗，保持果实品质。但 SO_2 抑制果实呼吸强度的机理仍不清楚。

4. 酶促褐变 采用适当浓度的 SO_2 处理可显著抑制 PPO 活性，从而有效防止荔枝、龙眼和枇杷贮藏过程中果实褐变的发生。

第三节　机械胁迫

机械胁迫是果蔬采后常见的一种逆境。所有果蔬对机械胁迫都极为敏感，在采收、贮藏、运输和销售过程中不可避免地会受到各种机械损伤或机械骚扰（如非损伤性的敲击、弯曲、摇晃或摩擦等），特别是鲜切果蔬加工业的兴起和快速发展，使得机械胁迫已成为果蔬采后面临的主要逆境之一。机械胁迫会引起果蔬生理和生化代谢的改变，在严重的情况下，会加速产品的成熟衰老和腐败变质。

一、机械胁迫形式

果蔬在采收、采后处理和贮运过程中存在着振动、切割、碰撞、摩擦、冲击、挤压等多种载荷形式的作用，形成以塑性或脆性破坏形式为主的现时损伤和以黏弹性变形为主的延迟损伤，即机械损伤。机械损伤在贮运过程中每时每刻都在发生，它是一个积累的外力引起的果蔬局部质地变化的结果。机械损伤可分为外部损伤和内部损伤。外部损伤是以果蔬外皮破裂为特征的可见性损伤，主要包括挤压、冲击和碰撞磨损，而切割和开裂是最常见的冲击损伤。内部损伤是不可见性损伤（不切开果蔬的情况下），它包括擦伤和各种形式的内部破坏如挤压和裂纹。擦伤是在摩擦、压力、冲击和振动情况下产生的组织特性的变化，是果蔬最为常见的损伤。

（一）振动

振动（vibration）是果蔬在运输过程中的一种机械胁迫，它主要引起果蔬的碰撞损伤。近年来在桃、杨梅、草莓、猕猴桃和无花果等果实上的研究表明，振动胁迫即使在未导致果实组织外部破损的情况下，也会引起生理代谢的失常，促进果实后熟衰老和腐烂变质。一般来说，对于振动引起的果蔬表面的可见损伤容易引起经营者的重视，也容易采取措施防止，而肉眼看不见的振动胁迫容易被人忽视。果蔬对振动胁迫的抵抗力与品种、含水量、成熟度以及所处环境的温度、湿度和周围气体成分等因素有关。表 6－6 为果蔬种类与其对振动胁迫的抵抗性。

表 6－6　果蔬的种类与其对振动胁迫的抵抗性

（绪方邦安，1977）

类　型	种　　类	能够耐受振动加速度的临界点
对碰撞和摩擦耐力强	柿、柑橘类、番茄（未成熟）、根菜类、甜辣椒	3.0 级
对碰撞耐力弱	苹果、番茄（成熟）	2.5 级
不耐摩擦	梨、茄子、黄瓜、结球类蔬菜	2.0 级
对碰撞和摩擦耐力弱	桃、草莓、西瓜、香蕉、柔软的叶菜类	1.0 级
脱粒	葡萄	1.0 级

（二）切割

鲜切果蔬在加工过程中常按产品的要求进行不同形状和大小的切分处理，即切割（cutting）。如马铃薯、番茄、莴苣和菠萝等切成片状，甘蓝、萝卜、芹菜和菠菜等切成条或丝状。切割会给新鲜果蔬组织带来不良的物理和生理影响。果蔬切割之后，细胞壁结构破坏严重，细胞质大量流出，组织细胞内膨压降低，极易失水而使组织萎蔫。切割还会引发一系列不利于果蔬产品贮藏保鲜的生理生化反应，从而影响其品质及货架期。

（三）碰撞和摩擦

碰撞（compact）和摩擦（abrasion）主要发生在果蔬采收和贮运过程中，其发生的频率和程度与采收、包装手段及贮运条件密切相关。碰撞和摩擦使果蔬在接触部位瞬间受到快速作用的力，此力在瞬间又因回弹而消失。应力使果蔬经历了弹性变形、塑性变形开始、塑性变形结束和弹性变形恢复四个阶段。弹性变形未引起现时损伤；塑性变形产生细胞破裂、变形、错位或果肉变软引起现时损伤；碰撞时较大的力变化速率加剧了细胞微观结构的变化，使损伤褐变较为迅速，碰撞力向深处传递以吸收碰撞能量，使果皮下组织较深处亦有损伤。

二、果蔬对机械胁迫的生理生化反应

机械胁迫会诱发一系列的生理生化异常变化，从而使果蔬衰老加快，营养品质下降迅速，导致腐烂增加而缩短货架期。研究果蔬采后对机械胁迫生理生化反应，可以启发人们如何创造适宜的贮运条件，为果蔬的贮运保鲜提供理论依据。

（一）产生伤乙烯

各种机械胁迫引起的机械损伤，会刺激果蔬组织内源乙烯的产生，从而促进组织的衰老和质地的软化。机械损伤刺激果蔬组织产生的乙烯称为伤乙烯（wound ethylene），大部分果蔬伤乙烯的猝发只需要 1h 左右，并在 6～12h 内达到乙烯释放高峰，而且机械损伤所诱导产生的乙烯与果实跃变时产生的乙烯在时间上相对独立。如鳄梨果实采后 72h 产生跃变乙烯高峰，而切分后的鳄梨圆片在 18h 就到达伤乙烯高峰。机械损伤甚至还可诱发不产生乙烯或乙烯生成量很少的果蔬乙烯释放增加。如具有基因缺陷不能成熟的番茄突变体，在正常条件下几乎不产生乙烯，但机械损伤可诱导其释放乙烯。

机械损伤诱导的乙烯合成途径与果蔬生长发育和成熟时的乙烯合成途径相同，即主要是通过刺激 ACC 合酶与 ACC 氧化酶活性的增加而导致乙烯生成增加，但伤乙烯的生成与成熟乙烯生成受不同 ACC 合酶调节。如番茄果实中存在 3 种 ACC 合酶异构体，其中 ACC 合酶 1 和 ACC 合酶 2 在成熟果实中表达，而果实遭受机械伤害时只有 ACC 合酶 1 表达增加。

果蔬的采收成熟度影响伤乙烯的产生。在苹果、油梨和木瓜中均发现成熟果实较未成熟果实伤乙烯产生量多。研究认为，未成熟果实主要受 ACC 供应的限制，并且在未成熟厚皮甜瓜和番茄中发现，机械胁迫对 ACC 合酶的诱导是有限的，而对 ACC 氧化酶的诱导则不受果实成熟度的限制。这说明在果实中很可能存在 ACC 合酶阻遏物，机械胁迫并不能使其破坏，而随着成熟度的增加会逐渐解除。

不同种类果蔬的伤乙烯产生可能会受到乙烯的自我抑制或自我催化。如采用外源乙烯可显著抑制香蕉皮切块伤乙烯的产生；采用乙烯或丙烯也可抑制豌豆由于切割引起的伤乙烯的产生，但一旦外源乙烯解除，乙烯合成可迅速恢复。而呼吸跃变前的厚皮甜瓜伤乙烯的生成，则受到外源乙烯的自我催化。外源乙烯对果蔬伤乙烯产生的自我抑制作用，可能是由于外源乙烯抑制了 ACC 合酶的合成及其活性所致，也有可能是支路丙二酰基 ACC（MACC）生成调节的结果。

（二）呼吸强度增加

大量研究表明，机械胁迫会促进果蔬组织呼吸强度的显著增加，这种呼吸强度的增强是果蔬对机械胁迫的一种应激反应。新鲜杨梅、草莓、无花果和猕猴桃等果实在受到振动处理后，呼吸强度明显升高，并且这种呼吸反应相当灵敏，几乎与振动处理同步，振动结束后，呼吸强度又立即回落，随后缓慢恢复正常。

鲜切果蔬加工过程中去皮、切分等处理所造成的机械损伤，会大大增加产品呼吸强度，其增大程度随果蔬种类和发育阶段的不同而异。一般鲜切果蔬的呼吸强度为新鲜原料的1.2～7.0倍，有的甚至更大。对于同一种类的果蔬，切分强度越大，呼吸强度也越大。鲜切果蔬的呼吸上升与伤乙烯释放增加有关。由于鲜切果蔬的呼吸强度很大，若包装材料的透气性不佳，或采用真空包装，都会导致缺氧呼吸，从而引起乙醇和乙醛等异味物质的产生，影响产品的风味。新鲜果蔬组织切分后呼吸强度的上升还会促进有机物质的大量消耗，加速鲜切果蔬产品的品质劣变。

机械胁迫还会导致某些果蔬组织呼吸途径发生改变。如马铃薯、芜菁和甜菜根在切片后由原来的CN^-不敏感型变成CN^-敏感型，这表明切割会使组织交替呼吸途径丧失。但随着贮藏时间的延长，这一途径又得以恢复。而甜薯、胡萝卜、油梨和香蕉在切片后并不发生呼吸途径的改变。进一步研究发现，前者细胞膜脂发生了降解，而后者则未检测到。因此推测可能是由于膜脂降解使线粒体膜完整性受损，而交替呼吸途径则需要线粒体膜完整。另外，研究认为也有可能是膜脂降解产物（游离脂肪酸、脂肪酸氢过氧化物等）对交替氧化酶抑制的结果。部分果蔬组织呼吸作用的底物也会因机械损伤而发生变化。如完整的马铃薯块茎呼吸底物主要为器官中的碳水化合物，而刚切割后的马铃薯呼吸释放的CO_2中有70%来自于脂类。

（三）组织褐变

机械胁迫造成新鲜果蔬细胞组织的损伤，使果蔬体内酚类物质氧化酶与底物的区域化被破坏，酶与底物直接接触；同时，氧气供应增加，促进了酚类物质的氧化聚合，导致组织褐变而影响果蔬的外观。

（四）次生代谢物质变化

酚类物质主要包括肉桂酸、咖啡酸、绿原酸、儿茶酚、表儿茶酚及其聚合物、酯化物等，这些酚类物质一般在果蔬生长发育中合成，但若在采收期间或采收后处理不当而造成机械损伤，或在胁迫环境中苯丙氨酸解氨酶（PAL）也能催化苯丙氨酸向酚类物质转化，是酚类物质合成的关键酶。

植物组织在遭受机械胁迫后，酚类、黄酮类和萜类等次生代谢物质的合成增加。这些物质主要集中在伤口及其附近部位，参与伤口愈合反应和抵抗病虫的入侵。在机械胁迫下，果蔬次生代谢物质的种类和含量变化与果蔬种类和品种、采前的生长条件、机械胁迫的形式和强度有关。这些次生代谢物质的生成对果蔬采后生理起着重要作用，并直接影响到果蔬产品的颜色、香气、风味、营养价值甚至安全性。如马铃薯、莴苣和荔枝等果蔬由于机械胁迫常造成大量黑色斑点的生成，在黑斑区域内往往积累大量酚类化合物。这些酚类化合物的形成不但与苦涩味有关，还会影响食用的安全性。如马铃薯受机械胁迫后诱导积累的茄碱，会对人体产生毒害。

果蔬中各种酚类、黄酮类和木质素等次生代谢物质主要通过苯丙烷类代谢途径合成，苯丙氨酸解氨酶（PAL）、肉桂酸-4-羟化酶（CA4H）和4-香豆酸-CoA联结酶（4CL）是这一途径中的关键酶。PAL是苯丙烷类代谢途径中的第一个关键酶，机械胁迫可诱导该酶活性的增加，从而促进酚类物质的合成。如马蹄和蘑菇经切分处理后总酚含量增加。

一些果蔬组织遭受机械胁迫后，伤口及邻近部位细胞的细胞壁发生栓化（如胡萝卜、马铃薯和甜薯等）或木质化（柑橘类）。虽然过氧化物酶（POD）不是苯丙烷类代谢途径中的关键酶，但由于其在由酚类物质聚合形成木质素中直接参与木栓质的形成，因此也引起人们的重视。研究发现，许多果蔬组织中POD活性都伴随着机械伤害而上升，并且还产生新的POD同工酶。但是完整果实在贮存较长时间后，也会出现相同的变化，这表明受伤很可能只是使POD活性上升和新的POD同工酶出现的滞后期缩短。

第四节　化学胁迫

许多化学物质如盐、金属离子、空气污染和农药等都会对植物及其不同的器官产生胁迫，并将最终影响果实的采后品质。一些矿质元素的亏缺也会引起果蔬的生理失调。

一、盐 胁 迫

过多的盐对观赏园艺植物等农产品的采后寿命会造成明显的胁迫伤害。高水平的盐可能对植物细胞有直接的毒性作用。然而，更多的情况下，高盐会造成二级胁迫（如渗透胁迫或营养胁迫等），进而导致产品品质下降。在植物生长的水环境中加盐会降低水的渗透势，而且植物在高盐环境中生长会抑制植物吸收其他营养素。例如，钠盐对钾离子的吸收有竞争性抑制作用。

在植物生长发育过程中，观赏植物通常需要多次精细的浇水。然而，对于采后，由于管理销售人员对植物本身生理需求并不熟悉，情况就大不相同了。二级渗透胁迫可能是观赏植物采后处理和零售最需要考虑的问题。对于不同产地的农产品，水分需求的模式不同。植物生长中高盐的培养基往往导致了渗透胁迫，这降低了植物生长速率、光合作用速率和其他代谢的速率。植物盐胁迫的症状可以是：萎蔫、烧叶、营养不良、落叶及植株死亡。

二、离子胁迫

和盐不同，离子胁迫不会导致水势的显著下降。离子胁迫对植物造成的损伤主要是破坏了细胞内离子原有的平衡状态。Spencer 根据离子胁迫可能造成的毒性将离子分成 3 类：无毒性、中等剂量表现毒性和低剂量表现毒性。在大量可能对植物造成伤害的离子中，最常见的主要有 Ag、Cd、Co、Hg、Mn、Ni 和 Zn。这些离子在植物灌溉用水或采后处理中可能被认为是根培养基的污染物。

在植物生长发育过程遭受离子胁迫可能并不会造成明显的不良症状。植物还能如同在最佳条件下一样生长。然而，在采后条件下发生离子胁迫，则会导致植物遭遇其他胁迫（如渗透胁迫），进而使植物的易感性上升，表现离子胁迫的各种症状，对植物造成伤害。

三、空气污染胁迫

空气污染对植物生长发育阶段和采后阶段都可能造成广泛的伤害。空气污染主要包括臭氧和氨污染。

1. 臭氧 臭氧是导致大气污染的主要气体成分之一。臭氧可以在光合作用利用氮氧化合物的过程中通过植物化学的途径产生，也可以通过汽油燃烧释放的碳氢化合物产生。植物对臭氧的敏感程度也与种类、品种和植物发育状况有关。处于膨胀状态的新叶对臭氧最敏感，且快速肥大期的生长加重了这种敏感程度。对臭氧敏感的植物叶片经常表现出叶脉间的变色、水泡、坏死。由于保护细胞和表皮细胞膨大引起的水泡通常会引发组织崩溃和降解。丁酰肼等化学物质被报道是抗空气污染物质，它们在特定植物种类生长发育过程中有明显降低臭氧伤害的作用。和二氧化硫一样，这些物质对采后果实作用效果的研究仍鲜见报道。

2. 氨 氨对植物毒性作用的报道有史已久。采后贮藏过程氨对农产品的作用主要因为制冷剂的泄漏。植物组织迅速变黑可能是对其伤害响应的一种主要表现。例如，在氨作用几分钟内，美洲山核桃的表皮颜色就会从浅褐色变成黑色。强还原剂可明显扭转这种色泽的变化。然而，由于这些物质对果实有毒性或它们有可能改变风味，在实践中这样的处理通常不可行。所幸的是，新型制冷剂的应用会减少采后果实接触氨的机会。

此外，氟化氢等其他气体污染物也会对植物生长发育造成不良影响，至于它们对采后农产品是否有不良影响，还有待进一步研究。

四、农　　药

在过去的 40 年中，用于农业生产的化学物质的种类和数量都急剧增加，它们中有些用于提高产量，有些用于提高品质。尽管目前大部分化学物质如除草剂、除虫剂、杀真菌剂、生长调节剂，都是在植物生长发育过程中施用的，这其中的部分目前已证明可明显有益于采后果实。这些物质对植物而言都表现了直接或间接的生物活性。某种农药对植物而言都是有特定的作用（如控制某种昆虫），然而，它在植物中真正的生物活性往往要比它本身预期的作用要大得多。以植物生长调节剂为例，最初人们利用它们主要是因为它们对植物生长有特定作用，然而，若干年后，人们发现它们中的许多在果实采后的防御系统中发挥了重要作用。

农药的生物活性可以分为两大类：预期的有益作用和未预期的作用。未预期的作用对植物而言可能是有益的，也可能是有害的，所以，农药的施用可能会改变植物原有的代谢而造成胁迫，也可能会抑制或减缓其他胁迫对植物的伤害。

农药对植物未预期的次级作用已有多年的研究记录。对苹果树喷硫酸钙杀真菌剂会使苹果树叶片光合作用的效率降低 50%。如果这种杀真菌剂是溶解在热水中施用的，则会使叶片发生严重的植物毒性和死亡以及苹果果实的虎皮病。其他间接作用还表现在呼吸速率的变化、果形和色泽的变化以及生理失调的发生等。

农药施用的时机对农产品采后生物学的特性也会有影响。这些影响可以发生在果实发育的早期，也可以是在果实贮藏前期。例如，对植物喷施单性结实的农药会导致几个月后果实加速成熟、高呼吸速率、低酸度、低硬度和维生素 C 含量，并容易发生生理性病变。疏果用的农药会提高果实的着色，增加可溶性固形物和可滴定酸的含量。同样，采后贮藏前熏蒸二溴乙烯会减少成熟番茄果实外表皮颜色的最终形成，提高部分落叶果树果实的呼吸强度，改变香蕉正常的成熟进程。

用于预防落果的丁酰肼可能是目前采前研究最多的农药之一。丁酰肼对果实采后贮藏过程的有益的和有害间接影响屡见各种报道。例如，它能显著延缓苹果等多种果实的成熟进程，相反，它却加速核果类果实的成熟进程。其他影响包括对果实质地、色泽和对采后生理失调的易感度。目前，丁酰肼残留给消费者带来食品安全性的问题可能导致在今后的农业生产中不使用丁酰肼。

施用农药对采后果实造成的伤害因农药的浓度、植物种类、施用时机等多种因素而异。通常，这些伤害不会造成农产品的死亡或导致其完全丧失商品性，因为如果这样，这种农药的作用将完全被其副作用取代而不会被使用。更多的情况是农药的使用使农产品丧失了部分品质，如容易发生生理失调，容易软化等。

化学物质导致植物遭遇胁迫的生物学机制目前尚不清楚，由于植物对许多化学物质反应是在其接触后相当长的一段时间后才表现出来，所以化学物质的作用可能是一种间接的作用，其对植物的作用可能是影响了细胞分裂、代谢失衡，进而导致细胞损伤等

五、营养失调

一些矿质元素如钙、硼和钾等的亏缺会引起果蔬的生理失调。常见的与缺钙有关的果蔬生理失调见表6-7。苹果缺硼会引起果实内部木栓化，其特征是果肉内陷，与苦痘病不易区别。内部木栓化可以用喷硼来防治，而苦痘病则不行。此外，内部木栓病只在采前发生，苦痘病则在采后发生。钾含量的高低也与果蔬的异常代谢有关，钾含量高时，苹果的苦痘病发生率高；钾含量低可以抑制番茄红素的生物合成，从而延迟番茄的成熟。因此，加强田间管理，做到合理施肥，对防止果蔬的营养失调非常重要。同时，采后浸钙处理对防治果蔬缺钙引起的生理失调也很有效。

表6-7　果蔬中与缺钙有关的生理失调

（Morris，1981）

果蔬种类	症　状	果蔬名称	症　状
苹　果	苦痘病	胡萝卜	凹陷病，裂口
鳄　梨	果顶斑点	芹　菜	黑心病
芒　果	软尖病	莴　苣	叶柄黑心
草　莓	叶灼伤	生　菜	灼伤病
樱　桃	裂　果	番　茄	蒂腐病、裂果
菜　豆	下胚轴坏死	西　瓜	蒂腐病
甘　蓝	顶部灼伤	马铃薯	芽损伤、灼伤
大白菜	顶部灼伤	青　椒	蒂腐病
抱子甘蓝	内部褐变		

第五节　辐照胁迫

一、可 见 光

采后辐照胁迫可明显改变农产品的品质和商品性。因不同的农产品和暴露条件而异，过强或过弱的光照都可能对采后果实造成辐照胁迫。过量光照造成

的伤害通常是因为其引起的二级胁迫（如热、水不足）或其对植物组织内光敏系统产生的直接影响。进入农产品的光可以增加其能量水平并导致热量的富集，如果不及时除去，这部分热量将会对农产品造成热胁迫，热胁迫进而会造成植物组织失水。在某些果实、树叶、幼嫩树皮中失水导致了典型的日灼病。在低光照条件下长大的农产品，如耐阴树种的果实，对采后强光特别敏感。对诸如非洲紫罗兰、大岩桐等观赏园艺的采后销售而言，光胁迫伤害是常见的一种现象。

在含叶绿素的组织中，强光暴露下的组织通常含较低的叶绿素水平，且通常黄色或白色色素的水平较高。通常，叶片中类胡萝卜素和其他色素可以很有效地保护叶绿素免受光氧化的伤害，然而，当光强度超过了保护系统所能承受的能力之后，叶绿素的光氧化和随之而来的降解就发生了。光胁迫对植物造成的伤害与植物的种类、品种、生长发育条件、光强度和光暴露时间的长短等多种因素相关。光胁迫对植物造成的伤害可以是轻微的变色，也可以导致植物的死亡。

另一种光胁迫发生在生长条件中没有光的农产品中（如根、块茎）。对这些植物组织而言，采后即便是很小的光强度（如 25lx）就可诱导叶绿素的形成。在马铃薯块茎中，这种叶绿素的合成通常伴随着有毒物质糖苷生物碱的积累。根类农产品（如胡萝卜）在采前主根上部分露出泥土时就容易遭受光胁迫。如果遭遇这种情况的竹笋通常会发苦，因此竹笋必须要在它们破土之前采收。同样，这种情况的光胁迫与植物种类、品种、光强度和暴露时间等其他因素有关。

光不足造成的胁迫通常是指在日光照不足的情况下农产品品质不能完全形成。这种情况在光强度低于植物的光补偿点时尤为明显。由于植物不能合成足够的碳水化合物供于其自身的呼吸作用和基础代谢，光胁迫的间接伤害就接连发生了。低强度光照可以降低某些酶的活性，并显著改变叶绿体的结构。因此，光强度和暴露的时间对维持采后农产品品质是非常重要的。仅仅高于植物光补偿点的短时间光照是不能满足农产品采后呼吸等生理需要的。许多农产品完整地采收下来，却在没有光的条件下试图做长期贮藏。

将一些在强光照条件下长成的观赏园艺如贝加明延令草等放在低光照采后的条件下，将会导致大量的叶片脱落。相反，如果植物在生长发育过程中已经习惯了低光照，叶片脱落的情况就会大大减少。对光的这种适应性过程会导致植物叶片解剖学、形态学、组成成分上的巨大差异。植物对环境的适应性会导致农产品较低的呼吸速率和光补偿点，与没有环境适应性锻炼的植物相比，其结果就是这些植物可以在较低光强度的采后环境中生存下来。

二、紫外线辐射

自从人类第一次报道了保护地球的臭氧层正在变薄的事实以来，有关紫外线对于植物产生胁迫相关的研究大大增加。如果紫外线强度足够强或植物在紫外线下暴露的时间足够长，紫外线可以对植物造成严重的伤害，甚至死亡。来自太阳的大量紫外线在到达地球表面之前已被地球大气层上层的臭氧和氧气分子过滤掉。长期的进化使植物也拥有了吸收紫外线辐射的有机物（如黄酮、花色素等）作为其自身的保护物质。目前关于过多或过少紫外线辐射对农作物采前或采后造成胁迫的报道还不多。

三、电离辐射

电离辐射是一种发展很快的食品保鲜新技术。电离辐射不仅可以干扰基础代谢过程、延缓果实的成熟与衰老，还可以杀虫、灭菌和消毒，减少因害虫滋生和微生物引起的果实腐烂。如果这种辐射的强度足够强，电离辐射会导致化合物的改变，进而对植物组织造成伤害。电离辐射主要包括 α、γ、X 射线，然而，在自然界中这些射线通常都处于低水平。植物通常是在人为条件下，如利用高水平的射线来控制微生物或昆虫生长、防止采后马铃薯或洋葱发芽等情况下才会暴露在高射线的环境中。

用于控制微生物或致病菌的辐射在对目标生物体产生伤害的同时，对农产品细胞也造成了一定程度的损伤。电离辐射在诸如草莓、芒果、番木瓜、马铃薯、谷物等多种农产品采后贮藏保鲜中做过尝试，然而，商业化可行的不多。对多数农产品有效的最小暴露剂量为 1 000～10 000Gy。而此剂量通常比植物组织能承受的最大辐射剂量要高许多。目前，商业化操作成功的电离辐射包括：日本用 100～200Gy 的低辐射防止马铃薯的发芽，夏威夷用 250Gy 的辐射抑制昆虫虫卵生长和肉的保鲜。干草和香料可以通过电离辐射来保鲜。

对电离辐射的承受剂量取决于目标生物体对辐射的敏感程度和寄主对外界不需要的各种改变的承受能力。不同目标生物体和寄主的易感性差异很大。由于辐射会对生物体和寄主产生伤害，因此，对于将来还要用于生产的种子或其他用于繁殖的器官，通常不用电离辐射这种处理。

不同强度的电离辐射对采后农产品可以产生不同的胁迫，然而我们最关心的是那些影响到农产品品质的辐射剂量。辐射对农产品造成的伤害可以是直接的，如辐射可能改变细胞膜的某个组分，进而改变膜的半透性，这种情况下伤害表现得非常迅速。辐射对农产品造成的伤害也可以是间接的，如辐射产生大量的自由基，过多的自由基则会导致代谢的混乱。超过生物体能承受的半致死剂量的辐射会导致寄主农产品质地的变化、不良风味的形成、损伤的产生和组织的变色。辐射最佳剂量是既能起到预期效果又不能显著改变农产品采后品质或贮藏性的剂量。

1. 果蔬采后常见生理失调的原因和防治方法有哪些?
2. 简述影响果蔬冷害发生的主要因素和控制措施。
3. 超大气高氧对果蔬采后生理的影响和保鲜的可能作用是什么?
4. 从活性氧代谢的角度分析果蔬采后常见生理失调的机理。
5. 简述逆境效应及其在果蔬保鲜中的应用。

指定参考书

张维一.1993. 果蔬采后生理学.北京:中国农业出版社.

Gross K C, Wang C Y, Saltveit M. 2002. The Commercial Storage of Fruits, Vegetables, and Florist and Nursery Stocks. Washington: USDA Handbook 66.

Stanley J K, Robert P E. 2004. Postharvest Biology. In: Stress in Harvested Products. Athens, Georgia: Exon Press.

Wang C Y. 1990. Chilling Injury of Horticultural Crops. Florida: CRC Press.

主要参考文献

葛毅强,张维一,陈颖,叶强.1997. SO_2 对葡萄采后呼吸强度及内源激素的影响.园艺学报 (2):120-124.

胡美姣,李敏,高兆银,杨风珍.2005. 热处理对果蔬采后品质及病虫害的影响.果树学报 (2):143-148.

刘洪涛,黄卫东,郝燕燕.2004. 果实对高温逆境的响应及其信号转导机理.中国食品学报 (2):95-99.

刘愚,吴有梅.1992. 果蔬贮藏中的逆境效应及应用.植物生理学报 (5):1-5.

潘永贵,施瑞城.2000. 采后果蔬受机械伤害的生理生化反应.植物生理学通讯 (6):568-572.

郑永华,Wang C Y. 2002. 超大气高氧与果蔬采后生理.植物生理学通讯 (1):92-97.

郑永华,席玙芳,李三玉.2000. 采后果蔬贮藏时冷害与多胺的关系,植物生理学通讯 (5):485-490.

Ding C K, Wang C Y, Gross K C, Smith D L. 2001. Reduction of chilling injury and transcript accumulation of heat shock proteins in tomato fruit by methyl jasmonate and methyl salicylate. Plant Science (161): 1153 - 1159.

Kader A A, Ben-Yehoshua S. 2000. Effects of superatmospheric oxygen levels on postharvest physiology and quality of fresh fruits and vegetables. Postharv. Biol. Technol. (20): 1 -13.

Lurie S. 1999. Postharvest heat treatments of horticultural crops. Hort. Rev. (22): 91 - 121.

Sabehat A , Lurie S, Weiss D. 1996. The correlation between heat shock protein accumulation and persistence and chilling tolerance in tomatoes fruit. Plant Physiol (110): 531 -534.

Sabehat A , Lurie S, Weiss D. 1998. Expression of small heat-shock proteins at low temperature: a possible role in protecting against chilling injures. Plant physiol (117): 651 -658.

Wang C Y. 1993. Approaches to reduce chilling injury of fruits and vegetables. Hort. Rev. (15): 63 - 95.

Wang L J, Chen S J, Kong W F, Li S H, Archbold D D. 2006. Salicylic acid pretreatment alleviates chilling injury and affects the antioxidant system and heat shock proteins of peaches during cold storage. Postharv. Biol. Technol. (41): 244 - 251.

Woolf A B, Watkins C B, Bomen J H. 1995. Reducing external chilling injury in stored 'Hass' avocados with dry heat treatments. J Amer Soc Hort Sci. (6): 1050 - 1056.

Wszelaki A L, Mitcham E J. 2000. Effects of superatmospheric oxygen on strawberry fruit quality and decay. Postharv. Biol. Technol. (2): 125 - 133.

第七章　果蔬的采后病害

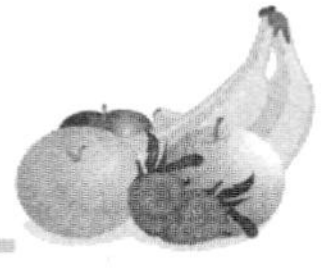

教学目标

1. 了解采后侵染性病害的种类、主要病害的症状及其病原物；掌握采后病害的发生和发展规律、病原物的侵入时期及其途径。

2. 熟悉病原物破坏寄主采取的方式以及寄主防卫性反应所涉及的方面；了解病原物侵染后寄主体内发生的生理变化。

3. 掌握采后病害的一般性控制方法以及非杀菌剂控制措施。

主 题 词

侵染性病害　病原物　病程　潜伏侵染　致病因子　生理变化　抗病性　病害控制　杀菌剂　冷藏　气调贮藏　热处理　辐照　公认安全药物　生长调节剂　生物防治　诱导抗性

采后病害（postharvest disease）包括侵染性病害（infectious disease）和生理紊乱（physiological disorder）两大类。其内容以侵染性病害为重点，该病害是由其他生物在生长期间或采收以后侵染果蔬，导致产品在采收以后各个环节中腐烂败坏的一类病害。生理紊乱也即采后胁迫，由采前和采后的不良环境条件引起，上一章已有详细论述。因此，本章所述采后病害内容均特指侵染性病害。所有果蔬在采后过程中均可发生不同程度的采后病害，严重者几乎全军覆没。能造成果蔬侵染的其他生物常被称为病原物（pathogen），主要为真菌和细菌。而被病原物侵染的产品被定义为寄主（host），主要包括各类水果和蔬菜。只有病原物、寄主和适宜环境共同存在的情况下，侵染性病害才会发生。由于我国的冷链建设还处于初级阶段，大多数产品采后的贮藏以及流通过程仍在常温条件下进行，采后病害往往导致更严重的果蔬损失。所以，掌握侵染性病害的发生原因及发展规律，通过有效的措施对其加以减轻或控制（也即防腐，control decay），是采后科技人员所面临的非常重要的任务。

第一节　采后病害的种类

大约有40个种的真菌及细菌与寄主腐烂密切相关。由于大多数水果的pH较低，故主要受真菌的侵染。而蔬菜则主要受真菌和细菌的双重侵染。因此，采后病原物以真菌为主。果蔬在生长期间对病原物具有较强的抵抗力，采收以后随着成熟和衰老的进行，体内的抗病性逐渐降低，对病原菌的侵染就变得越来越敏感，病害的发生率和严重程度也就越来越高。

一、真菌性病害

每种果蔬可受到十几乃至几十种病原真菌的侵染引起真菌性病害（fungi disease），但只有少数几种最为重要。例如，由扩展青霉引起的青霉病是苹果和梨的主要采后病害，由匐枝根霉引起的软腐病是桃和杏的主要采后病害，灰霉葡萄孢是造成葡萄腐烂的主要病原物等。有些病原物寄主范围较广，如青霉、根霉、灰葡萄孢、交链孢、镰刀菌和白地霉可侵染多种果蔬。相反，有些病原物对寄主具有较强的选择性，例如，指状青霉引起柑橘果实的绿霉病，但不会侵染苹果和梨；扩展青霉侵染苹果和梨，但不危害柑橘果实；果生链核盘菌引起桃、樱桃、苹果和梨等温带果实的褐腐病，但不侵染热带果实。

采后真菌性病害的病名常根据病部症状的典型特征而称为软腐病、干腐病、褐腐病、青霉病、灰霉病、黑斑病等。由于这一命名规则往往造成一病多名或一名多种病原物的混乱，因此，在对病害的识别中除了对症状进行认真细致的观察外，还需要对病部的病原物进行分离、纯化和鉴定。最后根据症状的特性和病原物的鉴定结果进行确诊。

引起采后病害的真菌性病原物主要分属半知菌亚门，少数分属鞭毛菌、结合菌及子囊菌亚门。表7-1列出了一些由真菌引起的常见采后病害的病名、病原物以及寄主。

表7-1　常见的采后真菌性病害

病原物	病害	寄　主
青霉属（*Penicillium*）	青霉病	番茄、黄瓜、甜瓜、荔枝、枣
指状青霉（*P. digitatum*）	绿霉病	柑橘
扩展青霉（*P. expansum*）	青霉病	仁果类、核果类、葡萄
意大利青霉（*P. italicum*）	青霉病	柑橘

（续）

病原物	病害	寄　主
链格孢属（*Alternaria*）		
互隔交链格（*A. alternata*）	黑斑病	核果类、仁果类、葡萄、柿子、番木瓜、茄果类、瓜类、豆类、甘蓝、花椰菜、玉米、胡萝卜、马铃薯、甘薯、洋葱
	蒂腐病	鳄梨、芒果、番木瓜
	心腐病	苹果、梨
柑橘链格孢（*A. citri*）	蒂腐病	柑橘
葡萄孢属（*Botrytis*）		
葱腐葡萄孢（*B. allii*）	颈腐病	洋葱
灰葡萄孢（*B. cinerea*）	灰霉病	仁果类、核果类、葡萄、柿子、柑橘、草莓、悬钩子、枇杷、茄果类、瓜类、豆类、甘蓝、大白菜、花椰菜、莴苣、胡萝卜、洋葱、蒜薹、马铃薯、甘薯、绿叶蔬菜
镰刀菌属（*Fusarium*）	干腐或软腐病	茄果类、瓜类、豆类、甘蓝、芦笋、玉米、胡萝卜、马铃薯、甘薯、洋葱、大蒜、绿叶蔬菜
	白霉病	甜瓜、绿叶蔬菜、豆类、地下根茎类
	果腐病	荔枝
粉红镰刀菌（*F. roseum*）	冠腐病	香蕉
串珠镰孢（*F. monliforme*）	霉心病	苹果、梨
地霉属（*Geotrichum*）		
白地霉（*G. candidum*）	酸腐病	核果类、柑橘、荔枝、龙眼、甜瓜、番茄、辣椒
盘长孢属（*Gloeosporium*）		
白盘长孢（*G. album*）	皮孔腐	仁果类
香蕉盘长孢（*G. musarum*）	炭疽病	香蕉
多年生盘长孢（*G. perennans*）	皮孔腐	仁果类
刺盘孢属（*Colletotrichum*）	炭疽病	叶菜、根菜、豆类
葫芦科刺盘孢（*C. lagenarium*）	炭疽病	瓜类
盘长孢状刺盘孢（*C. gloeosporioides*）	炭疽病	鳄梨、芒果、番木瓜
	皮孔腐	番石榴、柑橘
	苦腐病	核果类、仁果类
巴蕉刺盘孢（*C. musae*）	炭疽病	香蕉
腐霉属（*Pythium*）	软腐病	茄果类
疫霉属（*Phytophthora*）		

（续）

病原物	病害	寄　主
柑橘褐腐疫霉（*P. citrophthora*）	褐腐病	柑橘
致病疫霉（*P. infestans*）	晚疫病	马铃薯、番茄
恶疫霉（*P. cactorum*）	疫霉病	苹果、梨、草莓
丁香疫霉（*P. syingae*）	疫霉病	苹果、梨
棕榈疫霉（*P. palmivola*）	疫霉病	枇杷
根霉属（*Rhizopus*）		
匐枝根霉（*R. stolonifer*）	软腐病	核果类、仁果类、葡萄、鳄梨、番木瓜、草莓、悬钩子、枣、茄果类、瓜类、豆类、胡萝卜、马铃薯、甘薯、洋葱、大蒜、绿叶蔬菜
米根霉（*R. oryzae*）	软腐病	甜瓜
毛霉属（*Mucor*）		
高大毛霉（*M. mucedo*）	软腐病	甜瓜
冻土毛霉（*M. hiemalis*）	软腐病	番茄、草莓、悬钩子、甜瓜、玉米
梨形毛霉（*M. piriformis*）	软腐病	番茄、草莓
核盘菌属（*Sclerotinia*）		
向日葵核盘菌（*S. sclerotiorum*）	绵腐病	柑橘、悬钩子、茄果类、瓜类、豆类、绿叶蔬菜类、地下根茎类、结球蔬菜类
链核盘菌属（*Monilinia*）		
美澳型核果褐腐菌（*M. fructicola*）	褐腐病	核果类、仁果类
果生链核盘菌（*M. fructigena*）	褐腐病	核果类、仁果类
核果链核盘菌（*M. laxa*）	褐腐病	核果类
枝孢霉属（*Cladosporium*）		
草本枝孢（*C. herbarum*）	绿霉病	仁果类、核果类、葡萄、枣、番木瓜、无花果、番茄、辣椒、甜瓜
拟茎点霉属（*Phomopsis*）		
柑橘拟茎点霉（*P. citri*）	茎端腐	柑橘
曲霉属（*Aspergillus*）		
黑曲霉（*A. niger*）	黑腐病	葡萄、番茄、甜瓜、玉米、洋葱、大蒜
单端孢属（*Trichothecium*）		
粉红单端孢（*T. roseum*）	粉霉病	核果类、仁果类、香蕉、鳄梨、番茄、甜瓜

二、细菌性病害

采后细菌性病害（bacterial disease）报道不多，仅仅少数几种细菌引起软腐（表 7－2）。造成软腐的细菌主要分属欧氏杆菌属和假单胞杆菌属。欧氏杆菌菌体为短杆状，不产生芽孢，革兰氏染色阴性反应，对氧气的要求不严格，在有氧或缺氧条件下均可生长。该属中可引起采后腐烂的包括胡萝卜欧氏杆菌和菊欧氏杆菌两个种，主要造成绝大多数蔬菜的软腐。感病组织初为水浸状斑点，在适宜的条件下，病斑面积迅速扩大，最后导致组织全部软化溃烂，伴随产生不愉快的脓臭味。假单胞杆菌也是不产生芽孢，革兰氏染色阴性反应，是好气性病原菌。该属中可引起采后腐烂的主要为边缘假单胞菌，可造成大多数叶菜类的软腐病，该属的致病症状与欧氏杆菌属基本相似，但气味较弱。细菌性病害和真菌性病害在症状方面的最大区别就是前者病部表面没有霉状物，在病害发生的后期，病部常有茶褐色的液体溢出，并伴有脓臭味。由于采后细菌性病害的症状主要为软腐，故如要对病害确诊就需要对病部的细菌进行分离、纯化和鉴定。

表 7－2　常见的采后细菌性病害

病 原 物	病害	寄　主
欧氏杆菌属（*Erwinia*）		
胡萝卜欧氏杆菌（*E. carotovora*）	软腐病	茄果类、瓜类、豆类、地下根茎类、结球蔬菜、绿叶蔬菜、部分水果
菊欧氏杆菌（*E. chrysanthemi*）	软腐病	大多数蔬菜以及部分热带和亚热带水果
欧氏杆菌（*E.* spp.）	软腐病	大部分蔬菜
假单胞杆菌属（*Pseudomonas*）		
边缘假单胞杆菌（*P. mariginalis*）	软腐病	大多数蔬菜以及部分水果
丁香假单胞杆菌（*P. syringae*）	软腐病或斑点病	大多数蔬菜以及部分水果
假单胞杆菌（*Pseudomonas* spp.）	软腐病	大多数蔬菜

第二节　采后病害的病程

为了深入了解病害的发展和有效地控制采后病害，必须掌握采后病害的侵染过程。病原物的侵染过程即病原物通过一定的传播方式与寄主可侵染部位接触，侵入寄主体内建立寄生关系，获得营养，并进一步繁殖和扩展，使寄主组织破坏或死亡，从而发生致病作用，显示病害症状的过程，也是寄主个体遭受病原物侵染后的发病过程。因此，病原物的这种接触、侵入寄主，在寄主体内扩展，使寄主表现某种症状的过程就称为病程（pathogenesis）。通常，病程分为侵入期、潜育期和发病期三个时期。

一、侵 入 期

从病原物接触侵入寄主开始，直到与寄主建立寄生关系为止的这一段时期，称为侵入期（infection period）。虽然病原物的侵入过程和机制复杂，但侵入所需的时间并不长，往往不超过24h。

（一）病原物侵入的时期及途径

有些病原物可在果蔬生长发育和成熟衰老的各个时期对产品进行侵染，而有些病原物只能在采收以后对产品进行侵染。因此，在采后病害的研究中通常将病原物侵入寄主的时期分为采前侵染和采后侵染两个时期。各种病原物侵入寄主的途径也存在差异。真菌大多是以孢子萌发形成的芽管通过自然孔口或伤口侵入，有的真菌还具有通过角质层直接侵入的能力。细菌则主要通过自然孔口和伤口侵入。

1. 潜伏侵染或采前侵染 采后病理学（postharvest pathology）特别将病原物在采收以前对寄主的侵染定义为潜伏侵染（latent infection 或 quiescent infection）。这是因为病原物在生长期间侵入寄主体内以后，由于寄主体内抗病性的存在而使侵入的病原物表现出某种潜伏状态，直到寄主成熟或采收以后，体内抗病性消失，病原物才恢复活动，进而导致症状的出现。潜伏侵染是采后病害的一个重要特点，由于侵入在采前发生，病原物又潜伏在寄主体内，因而造成了采后防腐的困难。

（1）潜伏侵染发生的时期：潜伏侵染可早在花期发生。例如，灰葡萄孢可在柱头上迅速萌发，并经由花柱组织进入子房，形成对草莓和葡萄果实的早期潜伏侵染；定殖于花柱的互隔交链孢可经萼心间组织进入心室，形成对苹果霉心病的早期潜伏侵染。潜伏侵染大多是在果实发育期间发生的。例如，盘长孢状刺盘孢和盘长孢引起的柑橘、鳄梨、香蕉、芒果、番木瓜和西瓜炭疽病，互隔交链孢引起的番茄和甜椒的黑斑病，以及镰刀菌引起的甜瓜白霉病等。

（2）病原物潜伏的部位：病原物主要潜伏在果皮或果皮下的组织中，果肉被侵染的几率不高。例如，采前侵染厚皮甜瓜的互隔交链孢和镰刀菌大多存在于表皮以下1cm左右的组织中。侵入未成熟果实的病原真菌进入潜伏状态时所处的发育阶段是不同的，在孢子萌发、芽管伸长、附着胞形成和侵染丝产生的各个阶段，都可受到寄主的抑制而处于潜伏阶段。例如，辣椒刺盘孢是以萌发的分生孢子形式在未成熟的辣椒表面潜伏；引起柑橘、鳄梨、香蕉、芒果、番木瓜和西瓜炭疽病的盘长孢状刺盘孢和盘长孢主要以埋藏在果实表皮或角质层内的附着孢形式潜伏。潜伏真菌在同一果实表皮中的分布也存在差异，通常果柄端的带菌率要明显高于其他部位。这一现象的形成与果实表面露水的分布状况有关。通常，靠近果柄部位的露水分布更多，由于果实表面可溶性营养物质如葡萄糖和果糖溶于露水进一步刺激了孢子的萌发。

（3）病原物侵入的途径：

①直接侵入（direct penetration）：直接侵入是指病原物直接穿透寄主表皮细胞外缘的角质层和细胞壁侵入。角质层主要由蜡质、角质和类脂构成，加之时有脂肪酸和羟基脂肪酸组成的复杂聚合物，它使角质层的主要组成物质复杂化。角质层的外缘有时还有明显的蜡质层。角质层的化学性质稳定，对寄主具有很好的保护作用。病原物穿透尚未完全角质化的幼嫩组织比已经完全角质化的老熟组织要容易得多。具有直接侵入能力的病原物除上述的互隔交链孢、灰葡萄孢、盘长孢状刺盘孢、盘长孢外，还包括引起柑橘果实茎端腐的色二孢和拟茎点霉，以及引起桃和油桃褐腐病的果生链核盘菌。

②自然孔口侵入（penetration through natural inlets）：果蔬表面存在着多种自然孔口，如气孔、皮孔、萼孔等，可成为病原物侵入的途径，如核果类、瓜类和叶菜类表面的气孔，仁果类表面的皮孔和萼孔。真菌性病原物可通过孢子萌发形成的芽管直接进入自然孔口，细菌性病原物可通过自然掉落或在自然孔口周围的水膜中泳动的方式进入。可通过气孔侵入的病原物主要有造成核果类和瓜类黑斑病以及叶菜类褐腐病的交链孢，可通过皮孔侵入的病原物主要有造成苹果皮孔腐烂的白盘长孢，以及引起马铃薯块茎采后细菌性软腐病的胡萝卜欧氏杆菌，可通过萼孔侵入的病原物主要有造成苹果心腐病的粉红单端孢。

③伤口侵入（penetration via wounds）：生长期间果蔬表面形成的各类伤口，都可能是病原物侵入的途径。如甜瓜表面形成的网纹和裂纹是交链孢和镰刀菌的侵入途径，瓜类表面的日灼斑为交链孢侵入创造了条件，果实表面的鸟、虫伤为伤口病原菌的侵入提供了途径。

2. 采后侵染　采后侵染（postharvest infection）即病原物通过采收以及采收以后的各个环节对产品所造成的侵染。

（1）采后侵染发生的时期：采后侵染发生的时期可从采收开始一直到被消费之前，这些环节包括采收、分级、包装、运输、贮藏、销售等过程。对于采后病害来说，大多数病原物对产品的侵染发生在采后，因此，各类可减少采后侵染的措施均可明显降低采后侵染性病害的发生。

（2）病原物侵入的途径：

①产品表面的机械伤口（penetration via wounds）：所有的病原物均可通过表面的机械伤口进入产品体内，这也是采后病害研究中利用损伤产品的方法接种病原物的理论依据。有些病原物似乎只能通过表面的机械伤口侵染产品，

例如青霉、根霉、地霉和细菌。

在采收、挑选、包装、运输过程中即使仔细操作，果实和蔬菜表面的机械损伤也不可能完全避免。从植株上采收、割切果柄带来的损伤是采后病害的重要侵染点，例如香蕉的冠腐、凤梨花梗腐烂，芒果、番木瓜、鳄梨、甜椒、洋梨及甜瓜的茎端腐，全部是通过采收时造成的割切伤口侵染引起的。过度挤压苹果和马铃薯块茎会造成表皮擦伤，就会刺激皮孔和损伤部位潜伏病原物的生长。苹果擦伤可引起皮孔内扩展青霉的发展，也可诱发皮孔内潜伏的盘长孢活动。一些具有采前侵入寄主能力的病原菌，例如，灰葡萄孢、交链孢、镰刀菌、果生链核盘菌、盘长孢状刺盘孢等也可通过表面的机械损伤形成对产品的侵染。

②生理损伤（penetration following physiological damage）：低温冻害和冷害、高温热伤、高 CO_2 或缺氧、药害及其他不良的环境因素引起的生理损伤，使新鲜果蔬失去抗性，病原菌容易侵入。一些原产亚热带的果蔬贮藏在低于10℃以下发生冷害。即使没有明显冷害症状，采后病害也骤然增加。冷害后葡萄柚易发生由柑橘拟茎点霉引起的茎端腐，番茄、辣椒、甜瓜、冬瓜易出现由互隔交链孢引起的黑斑病，冻害后葡萄易发生灰霉病；高 CO_2 或缺氧伤害的苹果易发生青霉病；高温也可促进病原物的侵入。柠檬在48℃温水中浸泡4min，虽然可以消灭初始侵染的疫霉，但果实易受青霉菌的侵染。贮藏环境通风不良，特别是表面发汗是马铃薯干腐病和细菌性软腐病发病的主要条件。

③衰老组织（penetration due to tissue senescence）：由于果蔬的衰老，造成其表面蜡质、角质层发生变化，表面保护组织出现裂纹或气孔失去其自身调控机能，致使某些病原菌，如青霉、交链孢、镰刀菌、根霉、地霉、根串珠霉等乘虚而入。在贮藏的后期，由于组织衰老、抗性降低，产品受各类病原物侵染的几率便会显著提高。例如，甜瓜贮藏后期粉霉病和青霉病的发病率会明显增加；洋葱贮藏后期由镰刀菌引起的白霉病的发病率也会显著提高。

④采后处理（postharvest handling）：各类病原物孢子可通过空气循环在贮藏库和运输工具内传播；采后清洗、预冷、化学处理也是病原物传播的重要途径。例如，水冷会增加苹果贮藏期间青霉病的发生；苹果在二苯胺或乙氧基喹溶液中处理可抑制虎皮病，但会使贮藏期间青霉病的发病率增加。

⑤接触侵染（contact infection）：一些病原菌，如青霉、根霉、地霉、毛霉、灰葡萄孢等侵染引起的腐烂，可由发病果实传向与其相接触的健康果实。这种现象在苹果、梨、柑橘等的青霉病，桃、杏、甜瓜的软腐病，以及葡萄、草莓、番茄、甜椒等的灰霉病中表现尤为明显。

⑥二次侵染（penetration following a primary pathogen）：一些破坏性严

重的病原物往往会通过寄主表面初次侵染病原物形成的病斑而造成二次侵染。例如，细菌会通过疫霉引起的晚疫病病斑侵入马铃薯块茎，从而造成细菌性软腐；扩展青霉可经由白盘长孢造成的皮孔腐烂病部侵入苹果；软腐细菌可通过酸腐病部入侵番茄；根霉可经由炭疽病伤口侵入木瓜等。

（二）病原物侵入的过程

1. 病原物对寄主的识别 病原物正式侵入寄主之前有一个识别（identification）寄主的过程。通常病原物的繁殖单位，如真菌的孢子、细菌的个体细胞，必须首先接触果蔬的感病部位，并在适宜条件下才有可能进行侵染。真菌孢子落在果蔬表面后侵染与否，受果蔬表面化学条件的刺激或抑制。虽然真菌孢子一般都带有足够的营养物质，可以萌发产生芽管，但也必须由外界供给一定的刺激物质才能促进其萌发和侵入。由于果蔬表面往往有较多的营养和挥发性物质，所以对孢子的萌发和芽管的生长都有一定的刺激作用，例如指状青霉在柑橘表面的萌发受果实的挥发性产物柠檬烯和α-蒎烯的促进。此外，果蔬表面存在的某些物质也可能对孢子的萌发产生抑制，有些孢子自身分泌的物质也能抑制孢子的萌发。此外，抑制孢子萌发的物质也可以由果蔬表面的其他微生物产生。

2. 真菌的侵入过程 真菌性病原物直接侵入的典型过程是附着在寄主表面的孢子在适宜的条件下萌发产生芽管（germ tube），然后芽管的顶端膨大而形成附着胞（appressorium），附着胞通过分泌的黏液将其固定在寄主表面，接着从附着胞中产生较细的侵染丝或侵染钉（penetration peg），通过表面分泌胞外酶和机械力的作用直接穿过角质层和细胞壁进入细胞内或直接在细胞间隙中发展。进入寄主体内后，孢子和芽管里的原生质随即沿侵染丝向内输送，并发育成为菌丝体，吸取寄主体内的养分，建立寄生关系。

无论是直接侵入或从自然孔口、伤口侵入的真菌，都可以形成附着胞，但以直接侵入或由自然孔口侵入的真菌产生附着胞比较普遍；从伤口和自然孔口侵入的真菌也可以不形成附着胞和侵染丝，直接以芽管侵入。

3. 细菌的侵入过程 引起采后病害的大多数细菌主要通过伤口或自然孔口侵入，病原物可通过直接落入的方式获取营养而繁殖发展，以及靠鞭毛的游动主动进入伤口或自然孔口。

（三）影响侵入期的环境条件

病原物的侵入和环境中的湿度和温度密切相关，其中以湿度的影响最大。

1. 湿度 大多数真菌孢子的萌发、细菌的繁殖和游动都需要在水滴里进行。果蔬表面的不同部位在不同时间内可以有雨水、露水等水分存在。其中有些水分虽然保留时间不长，但足以供应病原物完成侵入的需要。一般来说，湿度高对病原物侵入有利，而使寄主抗侵入能力降低。在高湿度下，寄主愈伤组织形成缓慢、自然孔口开张度大、表面保护组织柔软，从而使抵抗侵入的能力降低。通过伤口直接侵入的病原物，因果蔬体内的含水量较高，故外界湿度对其侵入的干扰影响不大。

2. 温度 温度只是影响到病原物的侵入速度，在一定的温度范围内，温度越高，病原物的侵入速度也越快。各种病原物都具有其萌发和生长的最高、最适及最低的温度。离开最适温度愈远，萌发和生长所需的时间也愈长，超出最高和最低温度范围，病原物便不能萌发和生长。一般情况下，贮运期间的外界环境温度基本可以满足病原物侵入的需要。除刺盘孢、根霉和细菌等部分病原物可被低温控制外，一些病原物具有在接近0℃左右的低温条件下萌发生长的能力，这些病原物以交链孢、灰葡萄孢、枝孢霉和青霉最为典型。

二、潜育期

潜育期（incubation period）即从病原物与寄主建立寄生关系开始一直到寄主表现症状。

（一）潜育的时间

由于不同病原物的致病力以及寄主的抗病性存在差异，所以，不同病原物对同一寄主、同一种病原物对不同寄主以及同一寄主的不同生理阶段，潜育期的长短均存在差异。就采后病害而言，每种病害均有一定的潜育期时间。通常是采前侵入较长，采后侵入较短。潜育期较长的病原物如盘长孢、刺盘孢、交链孢、灰葡萄孢和镰刀菌等，潜育期可长达15～160d。潜育期较短的病原物如根霉、毛霉和青霉等，潜育期只有16～72h。

（二）潜育期间病原物与寄主的互作

与寄主建立了寄生关系的病原物能否进一步得到发展而引起病害，还要根据具体情况决定。例如，盘长孢状刺盘孢孢子在接触鳄梨后1d就开始萌发，芽管刺入果实表面的蜡质层中形成黑色附着胞。当果实在树上或采摘后仍处于坚硬状态时，病原物就一直以附着胞的形式存在于蜡质层中。随着果实采后软化的出现，附着孢上才开始生出侵染丝，并逐渐穿透角质层和表皮，最后侵入果皮组织和果肉中形成黑斑；造成苹果霉心病的粉红单端孢在生长发育期间进入果实体内后就一直在心室部位潜伏，直到果实进入后熟期时才恢复活动，进而引起心腐。

在潜育期内，病原菌要从寄主获得更多的营养物质供其生长发育，病原物在生长和繁殖的同时也逐渐发挥其致病作用，使寄主的生理代谢功能发生改变。对寄主而言，其自身也并非完全处于被动的被破坏分解的状态。相反，它会对侵染的病原菌进行抵抗。病原物必须在克服寄主的防卫抵抗之后，才能够有效地获取所需的营养物质，以维持其在寄主组织内生长发育的需要。所以，采后病害发生的程度取决于果蔬组织抗病性的强弱。如果抗病性强，虽然有病原物侵染，腐烂率也不高。采后环境条件，如温度、湿度、气体成分等，既可影响果蔬的生理状态，也会影响病原菌的生长发育。因此，当环境条件促进果蔬组织的衰老，有利于病原菌生长发育时，才会发生腐烂。所以，潜育期的长短受病菌致病力、寄主抗性和环境条件三方面的影响。

由于潜育期间病原物与寄主的互作关系十分复杂，内容涉及病原物对寄主的破坏、感病后寄主的生理变化以及寄主的防卫性反应等多个方面，本章将在随后的几节中专门对此进行叙述。

（三）影响潜育期的环境条件

在潜育期中由于病原物已进入寄主，组织中含有大量的水分，完全可以满足病原物生长发育的需要。因此，外界湿度可以说对潜育期的影响不大。相反，温度则是影响潜育期的最主要因素。因为，病原物的生长和发育都有其最适宜的温度，温度过高或过低都会对其加以抑制。在一定范围内，温度越高，潜育期就越短，反之亦然。例如，引起软腐病的匍枝根霉在24℃下可在成熟桃果体内潜育24h，16℃下需36h，12℃下需48h，10℃下需72h，当温度低于7～8℃时潜育过程可被完全抑制。

三、发 病 期

从寄主开始表现症状到真菌性病害病部表面产生孢子、细菌性病害病部表面有脓状物溢出的一段时期即为发病期。当进入发病期时，病害的表现就会越来越严重，寄主的抗性也越来越微弱，直至完全被分解破坏。病部新产生的繁殖体又会导致更严重的“二次侵染”的发生。高温和高湿条件均对发病期有利。发病期内病害的严重程度以及造成的损失大小，不仅与寄主的抗性、病原物的致病力和环境条件密切相关，而且还与人们采取的防治措施紧密联系。

第三节　病原物对寄主的破坏

在病原物和寄主的互作中，营养关系是最基本的。病原物必须从寄主获得必要的营养物质和水分，才能进一步繁殖和扩展。许多病原物都能分泌淀粉酶，将淀粉等高分子碳水化合物分解为葡萄糖等低分子化合物；分泌蛋白酶，将蛋白质等含氮的高分子化合物分解为氨基酸等低分子化合物，以利病原物吸收。病原物对寄主能否提供某些营养成分而表现出的反应不同，从而决定了它能否引起侵染或引起不同程度的侵染。如果寄主不能满足寄生物的营养要求，侵染过程就不能完成。

病原物从寄主获得营养物质，大致可以分为两种不同的方式。第一种方式是死体营养型，病原物先杀死寄主的细胞和组织，然后从死亡的细胞中吸收养分。属于这一类的都是非专性寄生的病原物，如根霉和青霉等，它们产生胞外酶或毒素的能力很强，所以对寄主的直接破坏性很大，往往是先杀死寄主然后获取营养。虽然大多数采后病原物可以在寄主上寄生，但是获得营养物质的方式还是以腐生为主。第二种方式是活体营养型，病原物与活的寄主细胞建立密切的营养关系，它们从寄主细胞中吸收营养物质而并不很快引起细胞的死亡，通常菌丝在寄主细胞间发育和蔓延，仅以吸器深入寄主的活细胞内吸收营养。属于这一类的大多为采前专性寄生的病原物，如锈菌、白粉菌、霜霉菌等。

植物细胞壁主要是由果胶、纤维素、半纤维素构成的有规则的聚合体，它是微生物侵害寄主细胞的屏障。当病原物遇到细胞壁时，它面对由不同化学键连接的聚合体组成的复杂屏障，需要专门的酶才能使其降解。在长期的进化过程中，病原物逐渐形成了识别细胞壁化学结构的方法，从而产生各类胞外酶，分解各种细胞壁的组分。除了分泌多种胞外酶外，病原物还可产生毒素和释放病原物激素而对寄主造成破坏，从而达到获取营养的目的。

一、胞 外 酶

病原物在进入寄主体内后会分泌多种酶到细胞外的介质中，在营养吸收和利用中起重要作用，这类酶称为胞外酶（extracellular enzyme）。其中与病原物对寄主破坏关系最大的就是各类降解酶。降解酶是病原物产生的对寄主的细胞壁组分有降解作用的酶类，在病原物摄取营养和消除寄主的机械屏障中起重要作用。

（一）胞外酶的种类

通常根据胞外酶作用的底物，分为角质酶、果胶酶、纤维素酶、半纤维素酶和其他酶类。

1. 角质酶（cutinase）　是一种酯酶，催化角质的水解。角质是角质层的主要成分，是由 C_{16} 和 C_{18} 羟基脂肪酸通过酯键聚合而成的不溶性高分子物质。角质是病原进入寄主组织的第一个屏障。病原菌直接穿透完整果蔬表皮的角质层，必须分泌角质酶并借助芽管或菌丝生长的机械压力才能侵入组织内部。不产生角质酶的病原或腐生菌，只能通过机械损伤侵入。角质酶水解大分子聚合体为低聚体和单体。目前已发现黄曲霉、灰葡萄孢、盘长孢状刺盘孢和果生链核盘菌等多种病原真菌在侵入时可产生角质酶，其功能主要是破坏寄主表皮的角质层。

2. 果胶酶（pectin enzyme） 果胶酶包括一组酶。果胶甲基酯酶（pectin methyl esterase，简称 PME）其作用是从糖 C-6 部位的羧基处水解酯键，从而产生果胶酸和甲醇。该酶不能水解果胶中的 α-1,4-糖苷键。果胶水解酶（pectin hydrolase）和果胶裂解酶（pectin lyase）的共同作用特点是使 α-1,4-糖苷键断裂。果胶甲基半乳糖醛酸酶（pectin methyl galacturonase，简称 PMG）和多聚半乳糖醛酸酶（polygalacturonase，简称 PG）是两种分别以果胶和果胶酸为基质的水解酶。

根据果胶酶对底物分子的作用部位又分为内切（endo-）酶和外切（exo-）酶，它们分别使果胶分子从中间随机或两端逐个水解。采后果蔬软腐症状的发生很大程度上依赖于病原物分泌果胶酶的能力。欧氏杆菌、地霉、青霉、根霉和丝核菌等多种病原物均具备分泌各类果胶酶的能力。

病害发展期间感病组织内 PG 活性的增加既由真菌所致，又由寄主产生。对不同的病原物与寄主的互作研究表明，病原物不仅自身分泌的胞外酶会对寄主发生作用，而且也可诱导寄主体内的细胞壁分解酶。例如，在盘长孢状刺盘孢侵染鳄梨后，果实体内的 PG 合成被真菌诱导，在病害发生中的果皮软化基本上都是由果实自身产生的 PG 造成的；匐枝根霉的侵染提高了正常成熟番茄果实内部的 PG 产量。换句话说，侵染促进了番茄组织的成熟过程。

3. 纤维素酶（cellulase）**和半纤维素酶**（hemicellulase） 纤维素酶是一组复合酶，可将纤维素水解成葡萄糖。半纤维素酶可将各种半纤维素降解为单糖。主要有木聚糖酶、半乳聚糖酶、葡聚糖酶和阿拉伯聚糖酶等。欧氏杆菌、青霉、根霉、丝核菌等多种病原物均具备产生纤维素酶和半纤维素酶的能力。在腐烂发生期间，果胶酶主要引起前期的软烂，纤维素酶和半纤维素酶主要造成后期的软烂。

4. 其他酶 包括蛋白酶（protease）、淀粉酶（amylase）和磷脂酶（phospholipase）等，分别降解蛋白质、淀粉和脂类物质。

（二）胞外酶的作用机制

现已证明胞外酶在病原菌侵入、组织浸离和细胞死亡之中起作用。在侵入中起作用的主要是角质酶和果胶酶，有些病原真菌产生角质酶. 使孢子下角质层分解，形成有光滑边缘的圆形侵入孔。果胶酶能使组织中细胞分离，导致组织浸离，是多种软腐病的共同特征。除果胶酶外，还有一些非果胶酶，如镰刀菌和疫霉的 β-1,4-半乳聚糖酶及其他未知因子也与组织浸离有关。胞外酶对细胞死亡的作用有直接和间接两个方面。直接作用是细胞壁成分降解后，丧失对原生质体的支持力，因膨压增加引起膜破裂和膜伸展。间接作用是胞外酶作用于组织后释放有毒物质造成细胞死亡。

（三）胞外酶的合成调控

胞外酶的合成受底物或底物降解产物的诱导和抑制。有些病原物产生胞外酶的基础水平很低。当有底物存在时，基础水平酶作用后的产物对该病原物的产酶活性有明显增强作用，如角质单体对角质酶的诱导和二聚体半乳糖醛酸对果胶水解酶的诱导等。病原物侵染具有完整角质结构的寄主时，首先被诱导的是角质酶，接着是果胶酶和半纤维素酶，最后是纤维素酶。但当该底物降解产物浓度很高时，又会抑制这些酶的活性。因此，胞外酶这种诱导与抑制是受底物种类和浓度影响的。

二、毒　　素

毒素（toxin）是一类小剂量即可产生毒性的物质。病原物毒素应是由病原物产生，少量即可对寄主造成直接伤害的小分子化合物。毒素可以在寄主体内转移，并与病害症状的产生有关系。毒素是重要的致病因素，大多数真菌和细菌都能产生毒素，例如，根霉产生的富马酸，镰刀菌产生的镰孢酸，青霉菌和曲霉产生的棒曲霉素，互隔交链孢各个变种产生的 AK -、AM -、AC -毒素，以及细菌产生的多糖毒素等。

（一）毒素的类型

毒素的类型可按毒素对不同寄主植物的选择性划分为寄主专化性毒素和非寄主专化性毒素两类，也可按毒素产生的病原物种类划分为真菌毒素和细菌毒素，这里主要对前一种分类方法进行介绍。

1. 寄主专化性毒素（host - specific toxin，HST）　只对产生该毒素的病原物感病寄主表现毒性，而对抗病寄主或非寄主植物不表现毒性。已鉴定的 HST 主要是由病原真菌产生的，主要发生在危害双子叶植物的链格孢属和危害单子叶植物的长蠕孢属真菌中。对采后病害来说，主要的 HST 多由链格孢产生，其中包括 AK -毒素，该毒素是引起梨黑斑病的菊链格孢产生的环氧癸三烯酸酯类化合物；AM -毒素，是由苹果轮斑病链格孢产生的环状四肽；AA -毒素，是引起番茄黑斑病菌的链格孢番茄专化型产生的丙烷三羧酯和二甲基十七碳戊醇酯；AC -毒素，是引起柑橘褐斑病的链格孢柑橘专化型产生的含羰基和羟基的碳水化合物；AF -毒素，是引起草莓黑斑病的簇生链格孢产生的，化学结构的基本骨架与 AK -毒素相似，所以它们对草莓和梨有交叉毒性。

2. 非寄主专化性毒素（non - host - specific toxin，NHST）　是一类对寄主影响不表现选择性的毒素。多种病原真菌可以产生这类毒素，其特点是毒素所危害的植物种类要比产生该毒素的病原物危害的寄主种类要多。许多NHST均与采后病害的发生和发展有关，其中包括根霉产生的富马酸，齐整小核菌和核盘菌产生的草酸，长蠕孢产生的ophiobolins，尖镰孢产生的镰孢酸，黑曲霉产生的畸形素，刺盘孢产生的刺盘孢素，链格孢产生的腾毒素等。

一些NHST除了具有植物毒素的作用外，和其他真菌毒素一样，既可对人类和动物产生毒性，也具有抗菌物质和植物生长调节剂的功能。其中包括：由黄曲霉和其他真菌产生的黄曲霉素，由各种青霉和曲霉产生的橘霉素、棒曲霉素和青霉酸，由串珠镰孢产生的串珠毒素和腐马酸毒素，以及由镰孢属、头孢属、漆斑菌属、木霉、单端孢和葡萄孢属等多种真菌产生的单端孢霉烯。

（二）毒素的作用机制

毒素对寄主的致病作用必须经过严格的鉴定程序才能确定。要求证明：致病性与活体外产生毒素的水平有关，并能从寄主中也分离到毒素；纯化毒素能重现病害症状；寄主的感病性与对毒素的敏感性有关；遗传分析证明病原物毒素基因与寄主对毒素的敏感性基因有关。

一般认为，毒素对寄主的作用包括抑制寄主植物的防卫机制；影响细胞膜透性，使其释放出病原物生长必需的营养物质；导致寄主细胞器中降解酶的释放；为病原物提供一个有利的微生态环境；促进病原物在寄主体内的运动；增强寄主的敏感性；抑制或促进其他微生物二次侵染7个方面。不同毒素对寄主细胞的作用位点主要是细胞膜上的受体蛋白。

（三）毒素合成的调控

毒素合成受营养和代谢两方面调控，营养调控主要表现在碳素和氮素对毒素合成的调控。增加碳素可以增加或减少与碳代谢有关的毒素的合成。氮源增加有利于病原物体内氮的积累，从而阻碍催化毒素合成的酶活性。原始底物的含量会影响合成途径向代谢支路的转化，从而影响毒素的合成。

毒素合成的途径颇为复杂，包括：苹果酸途径、TCA循环、脂肪酸途径、乙酸-丙二酸途径、乙酸-甲羟戊酸途径以及由TCA分支出来的不同氨基酸合成途径。毒素合成的反馈抑制是指毒素合成过量而对其后合成的抑制作用。能量与电荷的影响主要表现为有机磷过量时会减少高能磷酸键的断裂，从而阻碍毒素的合成。寄主植物中的某些特殊成分可能由于促进次级代谢酶的活性对毒素合成有诱导作用。

三、病原物激素

病原物具有分泌多种植物激素（hormone）的能力，一种病原物往往可以产生几种激素，病原物产生的外源激素和寄主本身产生的内源激素之间也在互相影响，所以病原物激素对寄主的影响是综合效应，主要表现为干扰寄主的正常代谢、降低寄主的抵抗能力等方面。对于采后的果蔬来说，病原物产生的乙烯会对寄主产生一定的影响。各种真菌生长期间均具有生成乙烯的能力。但是，除了棒曲霉、黄曲霉、指状青霉、顶青霉等几个乙烯释放水平较高外，大多数释放能力较低。此外，同一种的不同菌株产生乙烯的能力也存在差异。对于一个在体外条件下很少产生乙烯的菌株来说，仍可能在体内条件下导致明显的乙烯释放，因为寄主组织会提供特定的底物。关于寄主乙烯的产生请参见本章第四节相关内容。

第四节 感病后寄主的生理变化

寄主受到病原物侵染后，体内会发生一系列的生理变化，如呼吸作用增强、乙烯释放量提高、次生代谢增加等。但是，不同的病原物和寄主互作系统，所产生的生理反应也不尽相同，有些甚至差异很大。因此，了解这些生理变化对掌握寄主与病原物的互作规律具有重要意义。

一、呼吸作用

当寄主被病原物侵染后，受到影响最大的生理变化就是呼吸作用，通常在病原物侵入后的短时间内呼吸强度会明显增强，这是寄主对许多病原物侵染的典型早期反应。呼吸强度增加产生的能量可被用于对侵入病原物的各种主动防御反应上。然而，病原物与寄主的组合不同，其呼吸作用的变化情况也不一致。并且，呼吸强度增加并不是寄主对病原物侵染的特异性反应，由某些物理和化学因素造成的胁迫也可提高产品的呼吸强度。

（一）寄主感病后的呼吸强度变化

病原真菌侵染导致寄主呼吸强度的增加是一个普遍现象。一般来说，寄主出现明显症状时呼吸作用增强，随着真菌子实体的形成，呼吸强度逐渐提高，待子实体完全形成时，呼吸强度达到最高，随后逐步下降。

早在20世纪40年代早期，研究人员就发现指状青霉侵染柑橘后，果实的呼吸强度明显增加。在以后的研究中人们观察到呼吸强度提高是多种果实受到病原物侵染后的一个主要生理反应，包括桃子被果生链核盘菌侵染，番茄被匍枝根霉、灰葡萄孢和白地霉侵染，苹果、香蕉、芒果被扩展青霉、链格孢、单端孢、刺盘孢、色二孢和盘多毛孢等多种真菌侵染。当同一种果实被不同真菌侵染时，呼吸强度的变化也存在差异，例如指状青霉侵染柠檬后会显著提高果实的呼吸强度，意大利青霉、蒂腐色二孢和白地霉次之，珠镰孢和柑橘链格孢较弱。寄主呼吸强度增加的部位主要发生在病斑处及其邻近组织。例如，用半裸镰刀菌和匍枝根霉接种甜瓜后发现，接种点以及相邻 15mm 范围内组织呼吸强度显著增高，而 15mm 范围以外组织呼吸强度的变化不大。

（二）寄主感病后呼吸途径的变化

健康产品葡萄糖降解的主要途径是通过糖酵解，当寄主感病后体内以葡萄糖降解为丙酮酸的主要代谢途径随之发生了变化，磷酸戊糖途径（pentose phosphate pathway，PPP）和无氧呼吸作用得到活化和增强，磷酸戊糖途径的一些中间产物是寄主防御反应相关物质的原料或前体，可用于合成酚类物质、木质素、植保素、核糖核酸等化合物，从而诱导寄主植物的主动抗性。葡萄糖-6-磷酸脱氢酶和 6-磷酸葡糖酸脱氢酶是磷酸戊糖途径的关键酶。因此，这两种酶活性的变化是证实病原物侵染过程中是否有呼吸途径变化的另一个指标。

由此可见，受病原物侵染后，寄主呼吸作用增强与磷酸戊糖途径活性增加具有一定的相关性。即在寄主被侵染的组织中，呼吸途径已经从糖酵解向磷酸戊糖途径转变。病原物侵染对寄主呼吸作用的这种影响是一种非专化性反应，因为其他非生物因素如非生物胁迫、机械伤害等也能引起类似的变化。

（三）寄主呼吸作用增强的原因

造成感病寄主组织呼吸作用增强的原因十分复杂。一方面是由于病原物释放的毒素使氧化磷酸化中的呼吸电子传递链解偶联，导致寄主不能通过正常的呼吸产生可利用的能量（ATP），因此，寄主所需的能量要通过其他效率较低的途径来实现。另一方面是由于寄主生物合成增加所致。在寄主与病原物互作的过程中，病菌的侵入首先刺激了寄主的各种生理生化变化，这都需要呼吸作用提供更多的能量。

（四）病原物的呼吸

病原物侵染导致寄主呼吸强度增强大部分是由寄主活动引起的，因为寄主组织的体积比病原物的体积大得多。然而，病原物生长旺盛，具有较高的代谢率，而成熟的果蔬细胞则高度液泡化，代谢速率较其他分生组织低得多，另外，病原物侵染造成的机械损伤也是增加呼吸强度不可完全忽视的一个方面。因此，在病害发展的后期，病原物在寄主呼吸作用变化过程中也将发挥着重要的作用。由此可见，病原物侵染导致寄主植物呼吸作用变化是寄主与病原物相互作用的结果。

二、乙　烯

当果蔬产品受到病原物的侵染时，乙烯的释放量会明显增高。在寄主与病原物互作的过程中，乙烯释放量的增加一方面促进了寄主的成熟和衰老，使得寄主组织结构、硬度以及营养成分向有利于病原物侵染的方向发生变化，从而加重了病害；但另一方面，乙烯作为一种重要信号物质，也参与了寄主抗性反应的调控，因此乙烯又在寄主抗病机制的形成中具有积极意义。然而，乙烯的释放量并不是寄主对病原物侵染的特异性反应，当产品受到机械损伤或环境胁迫时也可以明显提高乙烯的释放量。

（一）寄主感病后乙烯释放量的变化

自从 Muller 等（1940）首次证实被指状青霉侵染的柑橘果实乙烯的释放量显著增加以来，许多采后病害的发生都被认为与病原物侵染所导致的乙烯产生有关。当用灰葡萄孢接种绿熟以及红熟期的番茄果实时均会强烈地刺激乙烯的生成。用腐皮镰孢接种鳄梨或用丁香假单胞杆菌接种柑橘也能明显增加果实的乙烯释放量。比较各种病原物侵染柠檬后果实的乙烯释放量时发现，指状青霉侵染的乙烯释放量最高，意大利青霉、蒂腐色二孢和白地霉次之，珠镰孢和柑橘链格孢的释放量最低，这种乙烯释放水平的变化与侵染后果实呼吸强度的变化基本一致。由此表明，寄主乙烯释放量的增加和呼吸强度的提高存在一定的相关性。

（二）乙烯的来源

尽管许多病原真菌、细菌在体外条件下均能产生乙烯，但除少数几种外，大多数的乙烯产生能力均很低。对于产品来说，除部分处于跃变期的果实外，大多数健康的果蔬产生的乙烯水平也不高。在对果生链核盘菌侵染的苹果，以及匐枝根霉和灰葡萄孢侵染的番茄研究中发现，含有大量活体菌丝的病斑内部组织乙烯释放量很低或几乎没有乙烯产生。相反，病斑边缘的健康组织乙烯的释放水平则很高。由此表明，病原物侵染后乙烯释放量的提高是寄主对病原物反应的结果，由病原物侵染造成的乙烯增加主要来源于寄主。寄主乙烯的生物合成是经过 Met（蛋氨酸）→SAM（S-腺苷蛋氨酸）→ACC（1-氨基环丙烷-1-羧酸）→乙烯途径来实现的，而病原物乙烯的合成除与上述途径相关外，可能还涉及其他途径。

三、次生代谢

植物可以产生多种有机物，其中部分对植物自身的生长发育似乎没有直接的作用，这些物质被称为次生代谢产物，合成这类物质的过程称为次生代谢（secondary metabolite）。次生代谢途径多样，产物繁杂。当病原物侵染寄主以后，寄主的次生代谢会明显加强，很多次生代谢产物与产品的抗病性具有直接的关系。

（一）酚类物质

酚类物质（phenolic compounds）是植物体内重要的次生代谢产物，包括单酚类、香豆素类、黄酮类、木质素等多种。寄主受病原物侵染后酚类物质会显著积累，例如，扩展青霉侵染苹果和梨后，果实体内的绿原酸和阿魏酸含量明显增加；灰葡萄孢侵染葡萄以及链格孢侵染甜瓜后，果实体内总酚、类黄酮和木质素含量会显著提高。

酚类物质主要通过莽草酸途径（shikimic acid pathway）和苯丙烷途径（phenylpropane pathway）合成。在莽草酸途径中首先利用磷酸烯醇式丙酮酸和 4-磷酸赤藓糖经过一系列反应生成苯丙氨酸和酪氨酸，接着苯丙氨酸就进入苯丙烷途径，首先在苯丙氨酸解氨酶的作用下形成肉桂酸，肉桂酸再经过一系列的反应生成香豆酸、阿魏酸、绿原酸、芥子酸等中间产物，这些化合物进一步转化为香豆素、绿原酸，也可以形成苯丙烷酸 CoA 酯，再进一步代谢转化为一系列苯丙烷类化合物，如黄酮、木质素、酚类物质、植保素、生物碱等抗菌物质。

苯丙氨酸解氨酶（phenylalanine ammonia-lyase，PAL）、4-香豆酰-CoA 连接酶（4-coumarate：CoA ligase，4CL）、查尔酮合成酶（chalcone synthase，CHS）、查尔酮异构酶（chalcone isomerase，CHI）等是该代谢途径中的关键酶和限速酶，这些酶活性的高低直接与寄主的抗性强弱密切相关。PAL 是苯丙烷代谢途径中的关键酶和限速酶。由于该途径的中间产物如酚类物质以及终产物如木质素等与植物防御病原物侵染有关，所以 PAL 常被作为植物抗病性的生化指标。一般来说，寄主受病原物侵染后，PAL 活性升高，且会持续一段时间，不同的病害体系其持续时间存在差异。如果寄主的抗病性强，PAL 的活性就高，持续时间也长。在许多采后病害的寄主与病原物的互作中均可观察到这一现象。4CL 处在总途径向分支途径的转折点，控制着苯丙烷类化合物代谢向不同方向的进行。CHS 和 CHI 是苯丙烷代谢途径下游的关键酶，能催化和调控多种具有抗菌作用的植保素如黄酮类物质的合成和木质化反应，增强寄主对病原侵染的抵抗能力。

过氧化物酶（peroxidase，POD）和多酚氧化酶（polyphenoloxidase，PPO）是与苯丙烷代谢途径末端相关的酶，它们在抗病性中也起重要作用。研究表明，POD 活性的升高有利于木质素和植保素的合成，POD 能清除对植物细胞有害的 H_2O_2 和 ·OH 自由基。因此，POD 在病原物侵染的早期可能起一定的抗病作用。PPO 是植物体内酚类物质代谢的一个重要酶，能将酚类物质氧化成高毒性的醌类物质，对病原物进行毒杀和限制。因此，该酶也常作为抗病性的生化指标。病原物侵染后，寄主 PPO 活性升高，但寄主的抗病性不同，其 PPO 活性的变化也不尽相同。在寄主与病原物的互作中，PPO 活性的增加可能是固有 PPO 的溶解性提高或从束缚状态中释放出来，而不是 PPO 合成的增加。有关 PPO 与寄主抗病性相关的报道很多，大多认为 PPO 活性与寄主抗病性成正相关。

（二）类萜

类萜（terpenoid）是植物体内最多的次生代谢产物，由异戊二烯为基本单位构成，果蔬中重要的类萜包括马铃薯产生的日齐素、甘薯产生的甘薯酮以及辣椒产生的辣椒素等。此外，还包括一些精油。通常，寄主受病原物侵染后类萜会显著积累，这些类萜在侵染过程中的变化参见下一节相关内容。

构成类萜的异戊二烯单位是由乙酰 CoA 为起始物，经甲羟戊酸或甲瓦龙酸途径合成的。通过这一途径，由 3 个乙酰 CoA 合成 1 个异戊烯基焦磷酸，在此基础上再经过一系列的反应合成了各种萜类。

第五节 寄主的防卫性反应

寄主自身也并非完全处于被动的被病原物分解的状态。相反，它会对侵染的病原菌进行抵抗。病原物必须在克服寄主的防卫抵抗之后，才能够有效地获取所需的营养物质，以维持其在寄主组织内生长发育的需要。所以，采后病害发生的程度，某种程度上还取决于寄主抗病性的强弱。寄主的抗病性包括主动抗病性和被动抗病性两个方面，前者是寄主对病原菌侵染做出的主动反应，包括结构改变以及抗性生化反应增强；后者是植物体内存在的固有的抗病特性，包括较厚的表皮结构和较高的抗菌物质含量等。对采后果蔬来说，常见的主动和被动抗病因子介绍如下。

一、表皮和细胞壁的结构成分

表皮和细胞壁的结构成分包括角质层、蜡质、木栓质和木质素等内容，在产品被动抗病性的形成中具有重要作用。

（一）角质层（cuticle）

角质层是病原物侵入果蔬组织的第一个屏障，伤口和采后处理会破坏角质层的完整性，从而加速各种病原物的侵染。角质层由非水溶性的生物聚酯膜——角质，包埋于疏水性蜡质中构成，位于表皮细胞表面，紧贴细胞壁的果胶层。角质是由 C_{16} 和 C_{18} 的羟基脂肪酸组成的聚酯。前者为二羟棕榈酸，后者主要是 ω-羟基油酸、ω-羟基-9,10-环氧硬脂酸、9,10,18-三羟基硬脂酸和 C_{12} 位含有另一双键的类似物。在多数植物器官中，角质由以上各种单位组成。

单体之间主要通过伯醇酯键连接，少数以仲醇酯键连接。角质层的厚度一般为0.5～14μm。角质层的抗病作用首先在于它作为化学和物理屏障防止真菌孢子萌发和穿透寄主组织，角质层的厚度与抵挡真菌穿透组织的能力有关。某些果蔬的角质层中还含有抑制真菌的化学物质。

研究表明，角质层的厚度与番茄果实抗灰葡萄孢以及桃果实抗链核盘菌的侵染密切相关。此外，也有研究显示具有较厚角质层和细胞壁的樱桃果实对潜伏性褐腐病的抗性较强。较厚的角质层对寄主抗性能力的增强可以表现为：对外界机械力的破坏抵抗能力较强；对病原物穿透的抑制能力较强；存在较多数量的真菌胞外酶的抑制物质，能防止细胞液的扩散，可限制水和营养物质进入孢子萌发和侵入所需的微环境中。比较不同品种对褐腐病抗性的桃果实表皮结构时发现，抗病品种比感病品种具有较厚的角质层和更致密的表皮结构，病原物在抗病品种中的侵入期和潜育期更长。此外，角质层的疏水性可以防止在产品表面形成水膜，使水滴中的真菌孢子不易在产品表面滞留。同时，角质层还可防止细胞内营养成分向细胞外流失，不利于病原物在产品表面定殖。

（二）蜡质层（wax）

蜡质层分布于果蔬产品的表面，凹凸不平并有各种形状突起。成分是多种非极性 C_{20}～C_{32} 的脂肪族化合物。其作用是防止水分从产品表面蒸发和病原物在寄主表面黏附。

（三）木栓质（suberin）

木栓质主要分布在表皮组织中。与角质相似，也是羟基脂肪酸的聚合物。在木栓化细胞中也含蜡质，因此也是一个疏水的环境。木栓质在防止病菌侵染中起屏障作用。伤口表面细胞的木栓化一方面可防止伤口的扩展，另一方面形成了阻止病菌从伤口侵入的屏障。

（四）木质素（lignin）

木质素主要分布于果蔬的表皮细胞中。木质素是芳香族酚类物质的聚合物。由芥子醇、香豆醇和松柏醇在过氧化物酶的作用下脱氢聚合而成。由于木质素在纤维素微纤丝间的沉积而增加细胞壁的坚固性。木质素在干扰病原物侵染和病害的发生发展中的作用包括：由于木质素的阻隔作用，干扰了寄主中水分和营养物质向病原物运送，以及真菌毒素和降解酶向寄主健康细胞和组织的移动；由于芽管或菌丝顶端细胞组织的木质化，以及低分子质量木质素酚类前体对真菌某些代谢产物的钝化作用而干扰真菌的正常生长直至停止侵入；由于木质化细胞使病原物在寄主组织中的扩展速度减慢，从而使寄主有足够时间合成并积累植物保卫素，促使真菌发育局限化和局部病斑的形成。

二、预合成抗菌物质

果蔬体内自身存在着一些预合成抗菌物质（preformed inhibitory compound），主要包括一些小分子的酚类、皂苷类、二烯类、精油等成分。这些物质是果蔬在生长和发育过程中为了减少其他病原物的侵染而形成防御能力的基础，构成了体内的天然抗菌屏障，可抑制病原物侵入，延长病原物在产品体内的潜育期。因此，在产品自身被动抗病性的形成中具有十分重要的作用。此外，预合成抗菌物质还可被病原物的侵染和其他胁迫条件所诱导。

（一）酚类物质（phenolic compound）

酚类物质可通过直接抑制病原物的生长，减轻病原物致病因子的危害，或者参与愈伤以及伤口周围的寄主细胞壁的木质化作用来增强产品的抗病能力。体内实验表明，酚类物质中的绿原酸、阿魏酸可直接抑制尖孢镰刀菌和核盘孢的生长。安息香酸及其衍生物对一些主要采后病原物具有明显的抑制效果，这些病原物包括：交链孢、灰葡萄孢、指状青霉、核盘孢和尖孢镰刀菌。在未成熟芒果皮中的间苯二酚含量与其对互隔交链孢在果皮中的潜伏能力有关。当果实进入后熟期时，间苯二酚的含量显著降低，潜伏的病原物便开始恢复活动，从而导致了黑斑病的发生。表儿茶酸是存在于未成熟鳄梨果皮中的一种抗菌酚类物质，随着成熟的进行，果实体内表儿茶酸浓度逐渐下降，当下降到最低水平时病害症状才开始表现。绿原酸和咖啡酸是桃果实表皮和皮层细胞中的主要酚类物质，随着果实的成熟，这些物质的含量逐渐下降，果实患褐腐病的几率会明显增强。同样，绿原酸和咖啡酸含量高的桃，以及酚类物质含量高的苹果具有更强的果实抗病性。此外，未成熟香蕉中较高的单宁含量与果实良好的抗病性有关。洋葱鳞片中积累有黄酮类、花青素以及儿茶酚和原儿茶酸类化合物，其中水溶性的酚类化合物对真菌孢子的萌芽和侵入具有抑制作用。

（二）皂苷类物质（saponin）

皂苷类物质与病害抗性的关系主要表现为对病原真菌孢子萌发和菌丝生长的抑制作用，对病原物产生的酶或毒素的抑制和钝化作用，有些皂苷类生物碱本身就有抗菌作用。未熟番茄对灰葡萄孢和其他病原真菌的抵抗能力与其果皮中的高浓度 α-番茄苷有关，而成熟果实体内该化合物的含量则显著减少。α-番茄苷的毒性主要缘于其能与真菌细胞膜中的 3-β-羟基甾醇结合，从而降低真菌的生长活性。而大多数具有侵染番茄能力的病原菌则可以通过分泌番茄苷酶分解破坏番茄苷的结构，从而进行解毒。这些病原菌中包括最常见的番茄采后病原物互隔交链孢。同样，存在于未成熟番木瓜中的另一种皂苷类物质——

异硫氰酯的含量高低也与果实的抗病性密切相关。另外，存在于葱蒜类和十字花科蔬菜中的硫代丙烯类化合物以及芥子油是含硫糖苷，它们在酶的作用下会生成蒜素、异硫氰酯等对真菌和细菌具有较强抑菌活性的化合物。还有一些存在于未成熟核果类和仁果类果实中的产氰糖苷会经几步酶解后产生对病原物有毒的氰氢酸。

（三）二烯物质（diene compound）

一些二烯化合物也与果实的抗病性相关。研究表明，未成熟鳄梨果实对病原物的抵抗能力与其果皮中的抗菌二烯物质（1-乙酸基-2-羟基-4-氧化-二十一碳-12，15-二烯）含量密切相关，随着成熟的进行，果实中的抗菌二烯浓度明显降低，同时果皮中潜伏的病原物开始恢复活动。体外试验表明，即使该物质的浓度低于果皮中的浓度时，仍能抑制盘长孢状刺盘孢的孢子萌发和菌丝生长。果实体内的脂氧合酶会导致抗菌二烯的分解，从而促进病害的发生。

（四）精油（essential oil）

果蔬产品释放的各种精油成分也与病害的发生和发展密切相关。柠檬醛是柠檬果皮中存在的主要挥发性成分，当用柠檬醛处理损伤接种指状青霉的绿色柠檬果实时，可以有效降低病斑直径的扩展。由此表明，该化合物在减轻病害的过程中具有重要的作用。此外，柠檬醛还可表现出对多种真菌的直接抑制。当将指状青霉接入幼嫩柠檬果皮的油胞中时发现，抑制病原物生长繁殖的主要因素就是柠檬醛。在果实的长期贮藏期间，柠檬油胞中的柠檬醛含量逐渐减少，橙花醇乙酸酯含量上升。橙花醇乙酸酯是一种单萜酯，不具备抑制指状青霉的性能，甚至在低浓度时（＜500mg/kg）会刺激病原物的生长繁殖。由此导致了果皮的抗病能力下降及腐烂率的上升。

三、植物保卫素

植物受到侵染后产生的抗病原物的小分子化合物，简称植物保卫素（phytoalexin）或植保素，换句话讲，为了克服病原物的攻击，寄主会被病原物诱导产生防止病原物扩展的抗菌物质。然而，植保素的产生除了取决于病原物的侵染，还可由真菌、细菌或病毒的代谢物、机械伤害、受伤后植物释放的化学成分、一些化学物质、低温、辐射及其他胁迫条件诱导产生。植保素在产品主动抗病性的形成中具有重要作用，对防御真菌的侵染最为有效。已知的植保素多数结构较复杂，多属于萜类和黄酮类。

（一）果蔬中的植保素

果蔬中经典的植保素有甘薯酮、日齐素和辣椒素等，主要从茄科的马铃薯和辣椒以及旋花科的甘薯中获得。甘薯块根感染黑斑病菌发生黑斑病后，体内萜类植保素明显增加，其量与距染病部位的距离有关，越接近感病部位，含量越多。抗病性强的品种较抗病性弱的品种含量高。马铃薯块茎感染马铃薯晚疫病菌或干腐病菌后，可发现有日齐素（一种倍半萜化合物）的显著积累。在块茎组织中，抗病品种较感病品种积累速度更快。辣椒受到真菌侵染后会产生的一种倍半萜（烯）化合物——辣椒素。其他的植保素还包括芹菜中发现的补骨脂素、直链的呋喃香豆素和哥伦比亚苷元，胡萝卜产生的 6-甲氧嘧呤，苹果中发现的安息香酸，柠檬产生的滨蒿素，以及存在于豆类中的豌豆素、菜豆素、大豆素和苜蓿素等。

（二）植保素的形成

目前认为植保素的形成是由于酶合成的去阻遏所致。低浓度的病原物产物和其他物质可使植保素合成中控制合成调节酶的 DNA 片段去阻遏；寄主特异性代谢物和病原物质膜上的特异性受体相互作用，使寄主产生激发子，激发子又和寄主细胞相互作用，刺激植保素形成，其中寄主抗性基因和病原物无毒基因分别控制寄主代谢物和病原物质膜受体的合成；植保素的合成取决于侵染早期识别阶段病原物产生的特异性激发子和寄主膜上特异性受体之间的相互作用。特异性激发子是病原物的显性无毒基因编码的，而特异性受体是寄主植物显性抗性基因编码的，激发子在原位通过重新合成或活化已存在的酶而调节植保素的合成。

（三）植物保卫素的代谢与调控

植保素对许多病原物有毒，但不同真菌对植保素的敏感性存在差异，这可能与病菌的代谢去毒能力有关。绝大多数真菌可通过氧化作用、水合作用、羰基还原作用或醚的裂解产生新的羟基以及去甲基作用将植保素转化为低毒产物。例如，灰葡萄孢能将维尼酮及维尼酮环氧化物还原为相应的醇。倍半萜植保素可被还原为醇。辣椒素可被灰葡萄孢及尖胞镰孢氧化为辣椒酮。植物自身也可代谢植保素，这与其自身保护机制有关，例如，菜豆能使菜豆素转化为菜豆素异黄酮。辣椒可代谢辣椒素使 C_{13} 直接羟基化。马铃薯能将日齐素代谢为两个毒性较低的产物。甘薯可将甘薯酮代谢为 4-羟基甘薯酮等。

四、愈伤及形成寄主屏障

几乎所有的病原物都可以通过产品表面的伤口造成侵染，但薯类、胡萝卜、柑橘等产品表面形成的伤口会在一定的条件下愈合或形成寄主屏障，从而减轻了病害的发生。愈伤的过程包括伤口周围形成具有保护性功能的由多个细胞组成的紧密坚固的结构屏障，这些细胞壁中由于积累了大量的木质素和木栓质从而阻止了病原物的侵入以及病原物胞外酶的降解作用。

（一）愈伤（wound healing）

当表面形成伤口的马铃薯块茎在高温（15～20℃）和高湿（相对湿度90%～95%）条件下，伤口周围就会形成由很多细胞组成的周皮，周皮细胞壁和细胞间隙中会迅速填充木栓质，木栓化周皮的形成通常只需几天时间。经过愈伤的马铃薯，贮藏期间可有效避免干腐病菌和细菌性软腐病菌的侵染。如果受伤的马铃薯没有经过愈伤而直接贮藏于低温条件下，伤口周围就不会形成木栓化的周皮，块茎也极易受到上述病原物的侵染。甘薯在高温（26～32℃）和高湿（相对湿度85%～90%）条件下也能在几天之内形成木栓化的周皮，从而有效减少了贮藏期间块根受到根霉和其他病菌的侵染。

（二）形成寄主屏障（host barrier）

将胡萝卜在高温（22～26℃）和高湿条件下放置2d，可促进伤口区域的细胞木栓化，明显降低了冷藏期间的灰霉病和其他病害。同样，将柑橘类果实在高温（30～36℃）和高湿（相对湿度90%～96%）条件下放置几天，也可以促进伤口部位细胞中填充木质素及类木质素物质，降低贮藏期间的腐烂率。高温和高湿环境具有延缓柑橘组织衰老、维持细胞膜的完整性和刺激伤口周围细胞合成木质素的作用。同样，如果将刚采收的猕猴桃在10～20℃、相对湿度>92%条件下放置3d也可以有效减少冷藏期间灰霉病的发生。

五、病程相关蛋白、保护功能蛋白和胞外酶抑制物质

（一）病程相关蛋白（pathogenesis-related proteins，PRs）

病程相关蛋白是植物受病原物侵染过程中诱导产生的一类低分子蛋白质。对多种采后病害的研究表明，病原物的侵入可导致PRs的明显积累。除了病原物的侵染可导致PRs产生外，一些化学因素包括水杨酸、乙酰水杨酸等处理，物理因素包括机械损伤、紫外线和热处理等也可诱导果蔬PRs的产生。现已从番茄、马铃薯、黄瓜、苹果、柑橘等多种果蔬中发现了PRs。人们根据烟草中PRs的血清学关系和功能将其分成5组：PR1、PR2、PR3、PR4、PR5，其他植物的PRs与之比较后可归入相应组内。

PRs本身并不具有毒性，主要表现活性的有分属PR2的β-1，3-葡聚糖酶（β-1，3-glucanase，GLU）和分属PR3的几丁质酶（chitinase，CHT），其在植物抗真菌病害中具有重要作用，主要功能是降解真菌细胞壁大分子释放二级（内源）激发子、分解毒素等。CHT在高等植物体内普遍存在，主要降解真菌细胞壁的主要成分几丁质（聚*N*-乙酰胺基葡萄糖），但在植物中却未发现该酶底物几丁质的存在。GLU也在高等植物中普遍存在，主要降解真菌细胞壁中的β-1，3-葡聚糖，在抗性诱导过程中GLU活性也会明显升高，仅

在部分植物体内发现有β-1，3-葡聚糖底物的存在。由于CHT和GLU能水解病原物真菌细胞壁成分、破坏其结构，从而具有直接的抗菌作用。

CHT和GLU活性的增高是受病原物侵染刺激或外界条件诱导后寄主表现出的一种抗性反应。研究发现，壳聚糖（一种β-1，4-氨基葡萄糖聚合体，是许多真菌细胞壁的天然成分）能直接干扰真菌生长，激活寄主的防卫能力。采用壳聚糖对草莓、甜椒和番茄等果实进行采后处理，可以诱导果实中CHT和GLU活性的提高，减少由灰葡萄孢引起的灰霉病。由此表明，果实组织中PRs的激活增强了寄主的抗侵染能力，从而减少了病害的发生。同时，还发现经壳聚糖处理的真菌菌丝细胞壁中几丁质明显减少。

（二）保护功能蛋白

在上述的苯丙烷代谢已提到的过氧化物酶（POD）属另外一组具保护功能的抗性蛋白，它的活性和植物抗病性密切相关。作为一种糖蛋白，POD能够利用植物体内的多种过氧化物催化一系列的氧化过程，反应内容涉及乙烯的生物合成、植物激素的代谢、呼吸作用、木质素的形成、木栓化作用、生长和衰老等多个方面。在寄主抗病性形成的过程中，POD主要参与了细胞壁的构建过程，其活性的提高与木质素、酚类物质和伸展蛋白在细胞壁中的沉积密切相关。细胞壁的加厚构成了抵抗病原物侵入寄主的第一道防线。对多种采后病害寄主和病原物的互作研究表明，病原物的侵入均可导致POD活性的明显提高。由此表明，POD在寄主抗病性的形成过程中具有重要的作用。此外，一些其他的具保护功能的蛋白也在寄主抗性形成的过程中具有重要作用，其中包括：促进形成细胞壁中交联复合物的富含羟脯氨酸的糖蛋白，以及提供对抗病菌侵入结构屏障的富含甘氨酸的糖蛋白等。

（三）胞外酶抑制物质

病原物分泌的胞外酶是造成寄主细胞死亡和病原物获得营养物质的主要原因。营养物质的释放促进了病原物的生长，从而也加速了病害的发展。病原物生长环境中存在的一些物质可对其分泌的胞外酶产生一定程度的抑制。

体外条件下，培养基中的糖不仅可为病原物提供营养，促进其生长，而且还可以抑制病原物果胶酶和纤维素酶的释放，降低其活性。例如，培养基中的葡萄糖即可作为单独的碳源供扩展青霉生长，又可与苹果酸和柠檬酸共同作用抑制该病原物分泌的果胶酶的活性。此外，果蔬体内存在的多酚类物质和单宁也可抑制各类真菌产生的多聚半乳糖醛酸酶的活性。

一些小分子蛋白也参与了胞外酶的抑制。研究表明，植物受病原物侵染而产生的胞外酶抑制剂如多聚半乳糖醛酸酶抑制蛋白（PG-inhibiting protein，PGIP）在植物抗病反应中具有重要作用。PGIP是一种能特异结合和抑制真菌内切多聚半乳糖醛酸酶（endo-PG）活性的细胞壁结合蛋白质，可延缓PG对细胞壁的降解。研究发现，随着成熟，梨果实对几种病原真菌的抵抗能力逐渐减弱，与此同时，果实体内的PGIP含量也相应降低。纯化的梨果实PGIP抑制了灰葡萄孢等多种病原菌的PG活性，但对梨果实内源PG活性没有影响。

六、活 性 氧

病原侵入后，寄主最快的抗病反应就是产生大量的活性氧（reactive oxygen species，ROS)，主要包括超氧阴离子（$O_2^{-}\cdot$）、羟自由基（·OH）和过氧化氢（H_2O_2）等。通常，成熟度低的以及抗病性强的果实具有较强的ROS产生能力。

ROS在寄主抗性的诱导产生方面具有非常重要的作用。ROS本身也可作为信号分子直接或间接激活寄主抗性基因和防卫基因的表达。ROS的积累还可诱导植保素的合成，例如，用H_2O_2处理鳄梨果皮后发现活性氧产量增加，同时也观察到了表儿茶酸含量和苯丙氨酸解氨酶（PAL）活性的提高。ROS促进细胞壁的木质化，在这个过程中，H_2O_2含量的增加和POD活性的提高，促进了细胞壁加厚，从而阻止了病原菌的侵入。体外条件下，$O_2^{-}\cdot$和H_2O_2具有直接抑制真菌和细菌生长的能力。当用晚疫病菌的非亲和小种侵染马铃薯块茎后，在侵入丝周围会产生大量ROS，而亲和小种没有ROS积累，可见在非亲和小种侵染早期，寄主组织产生的ROS对入侵的菌丝有毒害作用。寄主ROS的产生量受其体内抗氧化保护体系的调控，由此避免了过量ROS对寄主自身细胞的伤害。

除了ROS的作用外，寄主体内的抗氧化酶和抗氧化剂也在抗病性的形成中发挥着重要作用，其中超氧化物歧化酶（superoxide dismutase，SOD）能有效地清除过量氧自由基（$O_2^{-}\cdot$）而对寄主细胞起保护作用，因此是植物体内防御酶系统的关键酶之一。在SOD活性变化与寄主抗病性的报道中，不同的病害系统与不同的寄主其相关的程度存在差异。对感病品种而言，病原物侵染初期SOD活性升高可能是一种应激反应，从病程发展来看，初期由于SOD活性升高能及时清除活性氧，避免了侵染组织的坏死，从而表现为感病。感病中、后期，活性氧代谢平衡被打破，当活性氧积累量超过SOD的清除能力时便影响酶的活性，导致酶活性迅速下降。过氧化氢酶（catalase，CAT）在清除过氧化氢、减少超氧化物阴离子或羟基自由基形成等方面起着重要作用。目前已证明，CAT与植物的抗逆性和抗病性有密切关系，但有关寄主CAT在病害反应中的作用机理尚不清楚。

第六节　采后病害的一般性控制措施

对采后病害进行控制的前提条件是首先要明确所要控制病害的种类及其病原物，然后要了解病原物侵入的时期，如果病原物的侵入时期开始于采前，就应该重点控制潜伏侵染；如果病原物是典型的采后侵染，就应该以采后控制为主。在潜伏侵染性病害的控制中，保持产品生长环境的清洁、通过栽培管理培育健壮产品以及采用化学杀菌剂处理是常用的三项措施。而在采后侵染性病害的控制中，就应当采用减少伤口、环境消毒、避免接触侵染和杀菌剂处理等措施。

一、控制潜伏侵染

（一）保持产品生长环境的清洁

许多病原物来源于田间已感病的产品或枝叶。因此，采取深埋、焚烧等方法及时清除果园的病株残果，同时结合深耕除草、采收时严格剔出病果等措施就可以保持产品生长环境的清洁。

（二）通过栽培管理培育健壮产品

1. 选用抗病的品种　品种的选择对采后病害的控制影响很大。例如，苹果霉心病属典型的潜伏侵染性病害，其发生率与品种有着密切的关系，元帅和红星系列品种因萼孔开张度大而危害严重。因此，选用萼孔开张度小、萼孔与果心相距较远的富士系列品种，发病率就会明显降低。网纹类型的厚皮甜瓜采前易被病原物侵染，如果选用非网纹类型，则潜伏侵染率就会显著减少。

2. 选用适宜的砧木　很多果树的砧木对接穗上所产果实的品质和抗性影响较大。例如，红星苹果嫁接在保德海棠上，甜橙嫁接在枳壳上所产果实的耐贮性均明显优于其他砧木。

3. 加强栽培管理　各种栽培管理措施均会对产品的抗病性产生一定程度的影响。例如，柑橘的褐腐病主要通过田间侵染，病菌可在土壤及水沟内生存，若采用抗病砧木，避免在黏重土、碱性土种植，合理排水，不偏施氮肥，创造不利病菌活动繁殖的条件，增加果树的树势，就能显著减轻病原物的危害。对许多蔬菜采后病害来说，采用抗病品种、实行轮作、进行种子消毒、加强肥水管理、适时采收等农业措施可显著地减少甘蓝菌核病、胡萝卜黑斑病、番茄和甜椒灰霉病、萝卜细菌性黑斑病等潜伏侵染性病害的发生。采前增施钾肥可提高大多数果蔬的抗病性。

（三）化学药物处理

对于在田间发生的潜伏侵染而言，要想在采后通过使用杀菌剂或防腐剂对其彻底清除是十分困难的。因为，杀菌剂或防腐剂不具备渗透到组织内部的能力，即使处理浓度很高，效果也很一般。因此，为了控制潜伏侵染性病害的发生，生产实践中通常采用在果实未被侵染前或者已侵染但尚未表现出任何症状前喷施杀灭性或保护性杀菌剂的方法，结合其他的农业技术措施，可使产品的潜伏侵染率显著降低。

对于潜伏侵染来说，系统性的杀菌剂喷洒处理可获得比较满意的结果。由于寄主在田间生长具有较强的抗病性，已侵入寄主体内的病原物对杀菌剂十分敏感。例如，采前用苯来特和 TBZ 喷洒处理可有效地控制苹果的皮孔腐烂，采前喷施波尔多液可有效控制由柑橘疫霉侵染引起的柑橘褐腐病。由于该病原物孢子的萌发取决于水分，因此处理的时期应该选择在雨季到来之前。采前苯来特处理还可有效减轻柑橘茎端腐的危害。盘长孢状刺盘孢可通过侵染幼果引起大多数热带及亚热带水果的炭疽病，采前通过甲基托布津、苯来特、代森锰锌等杀菌剂每 7～14d 喷洒植株，可以有效控制芒果、鳄梨、木瓜、香蕉等果实炭疽病的发生。由灰葡萄孢引起的灰霉病是草莓和葡萄贮藏期间的主要病害，该病原主要在幼果期进行侵染，采前使用苯并咪唑类杀菌剂多次喷洒植株可以明显降低该病的发生。采前扑海因和戴挫霉处理还可有效地减少苹果霉心病和厚皮甜瓜潜伏侵染的发病率。此外，有些采前药物处理还能在一定程度上降低采后侵染性病害的发生。例如，采前一周氯硝胺处理可减少桃采后由匐枝根霉引起的软腐病，采前喷洒苯来特和涕必灵可有效控制梨和柑橘贮藏期间由扩展青霉和指状青霉分别引起的青霉病以及绿霉病。

当进行采前化学药物处理时，选择适宜的杀菌剂，确定处理的时间和次数非常重要。因此，需要深入探索各种潜伏侵染性病害的发病规律，针对病原物的种类确定应该使用的杀菌剂及其浓度。随着杀菌剂的不断使用，一些菌株便开始产生抗药性，因此，在处理的过程中还要注意药物的交替使用。此外，一些新的控制措施，如诱导抗性等也可以考虑在控制潜伏侵染的过程中采用。

二、控制采后侵染

（一）尽量减少产品表面的机械伤口

由于所有的病原物都可以通过表面的伤口进入产品体内。因此，尽量减少产品表面机械伤口的产生无疑是一种非常有效的控制方法，尤其对于那些由青霉、根霉、地霉和细菌引起的采后病害。通过无伤采收、合理包装、轻拿轻放、减少中转环节等措施均可有效地减少或者避免表面机械伤口的产生。例如，采用钝头剪刀采收、以纸箱代替箩筐、进行单果包装可明显地降低柑橘采后青霉病和绿霉病的发生。

（二）环境消毒

由于贮藏库内存在有大量的病原物繁殖体。因此，对贮藏库进行消毒也是一条必不可少的措施。常用的方法有以下几种。

1. 甲醛熏蒸　甲醛对微生物有极强的杀伤作用。甲醛可与菌体的蛋白质氨基酸结合使蛋白质变性，从而使菌体和芽孢死亡。用1%甲醛水溶液，每平方米喷施30mL，消毒后封库24h，然后开门通风。福尔马林（40%甲醛溶液）贮存不当，会产生三聚甲醛的白色沉淀使药效降低，少量沉淀时，可将原瓶药液在热水中加热溶解，大量沉淀时则需加等量碳酸钠溶液，放在暖处搁置二三日，待沉淀溶解后使用，由于此时药力减小，用量要加倍。将高锰酸钾混入甲醛溶液可加速汽化，增加杀菌效果。每100m^3用0.5kg高锰酸钾加0.5kg福尔马林，或者0.5kg高锰酸钾加1～1.5kg福尔马林。通常各分几个等分，先将高锰酸钾放在碗内，然后加福尔马林，立刻产生浓度很大的气体，迅速封库48～72h后通风。

2. 硫黄熏蒸　每立方米用硫黄20～25g，放在盘内点燃后，硫黄生成二氧化硫杀菌。由于二氧化硫与水结合进一步生成亚硫酸，对金属设备易腐蚀，故消毒前要将库房内的金属设备暂时搬开，封库48h后通风。因二氧化硫会腐蚀金属管道，故冷库中避免使用此法。

3. 漂白粉溶液处理　漂白粉是传统消毒剂，主要杀菌成分是次氯酸，主要利用氯的还原性可以杀灭微生物，尤其对细菌效果显著。通常4%溶液，含有效氯0.3%～0.4%，喷洒消毒。存久的漂白粉含氯浓度下降，用时要适当增加用量，消毒后封库24～48h，然后开门通风。还可用1%漂白粉刷洗或浸泡使用的用具。

（三）避免接触侵染

在有些果蔬的贮藏中，由接触侵染引起的腐烂损失占全部腐烂很大比例，采用塑料薄膜和包果纸单果包装是控制接触侵染的最有效方法，若在包裹纸中浸入适宜的杀菌剂（联苯、SOPP等），效果还会更好。例如，用浸入硫酸铜的纸单果包梨，能有效地阻止灰葡萄孢向相邻健康果实的扩展；用浸有氯硝铵的纸包裹桃可有效减少匐枝根霉的接触侵染。对于个体较小的葡萄、草莓等果实间发生的接触侵染，主要通过药物熏蒸的方法控制。由于熏蒸后果实表面形成药膜，阻止了病原物的接触性扩展。例如，葡萄在低温贮藏期间的腐烂主要由灰葡萄孢引起，如果在贮藏期间每隔10d用SO_2进行熏蒸，就能有效地阻止该病原物的接触侵染。

（四）杀菌剂处理

1. 处理方法 熏蒸是采后杀菌剂处理的常用方法之一。此法颇适于草莓、葡萄等，在贮藏期间还可多次使用。目前，适于熏蒸处理的杀菌剂只有 SO_2、三氯化氮、仲丁胺等几种。时间和浓度是影响熏蒸效果的两个主要因素。只有病原物或寄主伤口组织吸收了足够剂量的药物，才有可能抑制侵染。除此而外，提高环境温度可增大熏蒸剂的扩散能力，间接地对熏蒸效果产生影响；较高的空气相对湿度使熏蒸的浓度降低。葡萄需要在接近 0℃和高湿度下贮藏，就必须加大药物使用的浓度。

将产品浸泡在杀菌剂的溶液、悬浮液或乳浊液中，一定时间后取出。这是采后药物处理最为常用、也是最为有效的方法。浸泡处理的效果常与溶液浓度、温度、pH、浸泡时间及表面活性剂的种类、含量有着十分密切的关系。在实际操作中，必须经常对所用溶液的浓度进行检测，以免因数次使用后降低药效。

2. 影响因素 采后使用杀菌剂的效果受诸多因素的影响，包括：病原物的种类、病原物的生长速率、寄主对病原物的敏感程度、环境中的温度和湿度以及杀菌剂的有效浓度渗入寄主的深度等。

对于采收及采后形成的伤口侵染来说，药物处理应在病原物侵入寄主组织深层之前尽快进行。否则会使本身有效的杀菌剂失去效果。例如，用氯硝铵控制桃的软腐病，应在接种后 36h 之内进行处理；用 SOPP 控制柑橘的绿霉病，也应在接种后 36h 之内进行，超过 48h，杀菌剂则会完全失去效果。

3. 抗药性 如果长期连续使用同一种药物，病原物就会有抗药性的产生。病原物产生抗药性的原因很多，但主要包括两个方面：一是连续使用一种杀菌剂，诱导病原物产生变异，出现了抗药的新类型；二是药物杀灭了病原物中的敏感类型，保留了抗药类型，改变了病原物的群落组成，对病菌的自然突变起了筛选作用。由于病原物的抗药性存在“交叉抗性”现象，即对某种药剂有了抗性之后，对作用机制相同的其他药剂品种也有抗性。例如抗苯来特的也抗托布津，抗氯硝铵的也抗五氯硝基苯等。因此，在使用药物防治病害时，不能连续用同种或同类药物。提倡药物的交替使用或混合使用，是防止病菌产生抗药性的主要方法。

4. 常用的杀菌剂

（1）仲丁胺（2 - amino-butane，2 - AB）：商品名称为橘腐净，是一种脂肪族胺，既可作为熏蒸剂处理，也可用于浸泡，或加入果蜡中使用。一般仲丁胺使用浓度在 0.5%～2%，在空气中仲丁胺浓度达到 100μL/L，经 4h 可使柑橘青霉病降到很低水平。仲丁胺对青霉有强烈的抑制作用，但对其他真菌如根霉、交链孢、镰刀菌、灰葡萄孢、地霉等均无抑制作用。因此，仲丁胺主要用于控制柑橘果实青霉病或绿霉病，处理时应注意密闭。

（2）苯并咪唑类：包括苯来特（benomyl 或 benlate）、噻苯唑（thiabendazole，TBZ）、托布津、多菌灵（苯并咪唑甲酸酯）等多种药物，苯并咪唑类药物具有内吸性，不但可以控制青霉，抑制青霉菌丝生长和孢子形成，而且可控制具有潜伏侵染能力的色二孢、拟茎点霉、刺盘孢以及链核盘菌。该类药物目前主要用于控制柑橘的青绿霉病和茎端腐，核果类的褐腐病，苹果的青霉病和灰霉病，香蕉、番木瓜、芒果以及其他一些热带水果的炭疽病，以及菠萝的黑腐病。但该类药物对一些采后重要病原，如根霉、交链孢、疫霉、地霉、毛霉以及细菌包括欧氏杆菌没有效果，且长期使用该类药物病原物易产生抗性菌株。

（3）SO_2：SO_2 和亚硫酸盐是很好的熏蒸剂，但只有少数几种水果能够忍耐达到控制病害的 SO_2 浓度。因此，SO_2 和亚硫酸盐控制采后腐烂的应用仅限于葡萄，少数应用于木莓。SO_2 和亚硫酸盐对灰葡萄孢有特效，温度对使用效果影响较大，在 0℃下，SO_2 使孢子致死需要 78μL/L，在 20℃下需要 20.3μL/L。葡萄贮藏在 0℃时，当 SO_2 的浓度为 10μL/L 时，菌丝能够生长，并引起较高的腐烂率，当浓度达到 100μL/L 和 200μL/L 时，腐烂率低于 2%。贮藏湿度对 SO_2 的效果也有较大的影响。贮藏后期包装箱会吸潮，吸潮的包装材料又会吸收消耗 SO_2，致使浆果表面的 SO_2 有效浓度降低。此外，用 1 600μL/L 的 SO_2 熏蒸 20～30min 或 3 200μL/L 的 SO_2 熏蒸 5min 可以完全控制猕猴桃的灰霉病；利用 SO_2 溶液还可控制柑橘果实的绿霉病。2% SO_2 溶液浸泡柠檬果实可以降低绿霉病的发生率，但必须对溶液加热才能达到较好的效果。

（4）扑海因（iprodione）：又名抑菌脲，能够抑制灰霉、青霉、链核盘菌和根霉等病原菌的生长，常用于核果类和仁果类果实贮藏病害的控制。此外，扑海因对交链孢也有一定抑制作用，在芒果上应用能够显著降低黑斑病的发病率。

（5）戴挫霉（imazalil）：又名抑霉唑，是第一个作为采后杀菌剂的麦角甾醇生物合成抑制剂。戴挫霉的抑菌谱和苯并咪唑类相似，对镰刀菌有特效，效果优于苯并咪唑类药物。对 TBZ、苯来特、SOPP 以及仲丁胺的青霉抗性菌株也有抑制作用，对交链孢也有较好的抑制效果，但对色二孢、拟茎点霉、疫霉、地霉效果不佳。戴挫霉一般采用 1 000～2 000mg/L 浓度浸泡处理，也可喷雾。当加入果蜡中时浓度必须加倍。

（6）施保克（prochloraz）：又名咪鲜胺，是咪唑类广谱性杀菌剂，具有治疗和铲除作用，对炭疽病有特效，对柑橘青霉病、绿霉病、炭疽病、蒂腐病等也有较好的防治效果。一般采用500～1 000mg/L浓度浸泡处理，采前用2 000～3 000倍液喷雾。

(7) 甲氧基丙烯酸酯（strobilurin）类杀菌剂：都含有甲氧基和丙烯酸酯或酰胺基团，所以这类化合物也被称为甲氧基丙烯酸酯类化合物。目前应用最广的是azoxystrobin，对葡萄、柑橘、苹果、鳄梨、甜瓜等的采后病害防治都具有明显的作用。采前喷施可有效控制柑橘褐腐病和苹果黑星病。

第七节　采后病害的非杀菌剂控制措施

虽然化学杀菌剂可以有效地控制采后病害，但由于杀菌剂残留、环境污染及诱导病原物产生抗药性等问题而逐渐受到限制。此外，杀菌剂的开发和注册还需要高昂的费用。因此，寻找新的、安全合理的果蔬采后防腐手段已成为当前生产中亟待解决的问题。采用非化学杀菌剂的物理、化学和生物的方法已成为目前控制果蔬采后病害的热点。

一、冷　　藏

冷藏（cold storage）期间的低温除可以有效地维持产品的抗病性外，还能对病原物的生长造成明显的影响。

（一）低温对病原物的影响

采后低温能够抑制某些病原物的孢子萌发和菌丝生长，但不能将其致死。例如，将灰葡萄孢接种在葡萄上，0～30℃均可发芽，18℃为适温，在15～20℃大约15h孢子就可以萌发，在0～2.2℃、7d孢子才能萌发，在10℃下孢子萌发需要4～5d。通常情况下，5℃就足以抑制大多数常见果蔬病原物的生长，例如，盘长孢、刺盘孢、根霉、地霉及疫霉等在0℃左右的条件下，孢子萌发及菌丝生长均受到强烈抑制。白地霉、匐枝根霉、恶疫霉分别在温度低于10℃、7℃和5℃的条件下，孢子不能萌发，菌丝生长缓慢。已发芽的匐枝根霉孢子在0℃温度下甚至可被致死，但休眠孢子却有较强的抵抗能力。然而，一些病原物，如青霉、交链孢、枝孢霉、梨形毛霉和灰葡萄孢仍能够在0℃左右的低温条件下生长。因此，不能完全依赖低温来抑制采后果蔬病原物的生长。

温度增高会加速病原物的生长速度，特别是在0℃左右的温度范围内，虽然温度变化不大，但对病原物的生长即已发生明显的影响，比其他更高温度范围的波动影响更为明显。例如，灰葡萄孢达到旺盛生长在5℃时需7d，2℃时需 9d，0℃时需 12d，温度－2℃时则需 17d。由此可见，2℃下的生长速度与0℃和－2℃相比，差异非常明显。同时，也可以看出在－2℃条件下虽然生长缓慢，但仍可以致病。贮藏在 1.7℃或 3.9℃下的葡萄与贮藏在 0.5℃下的葡萄相比，灰霉病的发生率要高出 2～3 倍。因此，贮藏温度应尽可能控制在较低水平并保持恒定。

（二）水分活度（A_w）或相对湿度对病原物的影响

温度和水分活度（A_w）或相对湿度对病原物的萌发和生长具有显著的影响，通常情况下，越远离病原物最适宜的温度和水分活度（A_w），孢子萌发时间就会越延迟，且孢子萌发和菌丝生长的速率也会逐渐降低。柑橘青霉病、绿霉病和酸腐的三种病原物在 4～30℃，水分活度（A_w）为 0.995 时均能萌发。而在低温条件下，水分活度（A_w）为 0.95 时，意大利青霉的萌发和生长速率均高于指状青霉和白地霉，并且意大利青霉在较为干燥的环境中（A_w 为 0.87）也能萌发和生长，这就更进一步说明了青霉病是柑橘果实冷藏期间最主要的病害。然而，白地霉在水分活度（A_w）小于 0.95 时不能萌发。在对果生链核盘菌的研究中发现，在离体条件下，温度对其分生孢子活力的影响大于相对湿度，低温和高的相对湿度均能导致分生孢子活力的降低。在较低的相对湿度（75%）下，病原物在果实上的定殖率随着温度（5～25℃）的升高而增大，但当病原物侵染后，其孢子的形成则不受温度（10～20℃）或相对湿度（45%～98%）的影响。

可见，低温对病原物的作用受温度波动、病原物种类、营养、湿度、水分活度、气体成分等因子的影响，因此，在严格控制冷藏条件的基础上，必须加强综合防治，把采后果蔬腐烂降到最低程度。

二、气调贮藏

气调贮藏（CA storage）不仅能够影响产品采后的生理过程，还会有效地抑制采后病害的发生。低浓度 O_2 或高浓度 CO_2 对采后病害的抑制作用主要是通过直接抑制病原物的生长及其代谢，以及间接维持寄主抗病性的方式来进行的。

（一）低浓度 O_2 对病原物的影响

缺氧会抑制大多数病原真菌的生长，但抑制程度与病原物种类和发育阶段密切相关。通常，将 O_2 从 21%减少到 5%对真菌的生长影响不大，只有 O_2 浓度低于 1%时才能有效地抑制孢子萌发、菌丝生长和孢子形成。例如，在 1% O_2 浓度下，匍枝根霉和多主枝孢的产孢量仅是正常空气中的一半，随着 O_2 浓度从 1%降至 0.25%，产孢量也随之减少；而互隔交链孢、灰葡萄孢和粉红镰刀菌的产孢量只有在 O_2 浓度在 0.25%或更低时才会减少。当 O_2 浓度低于4%时，这些病原物的菌丝生长会有一半或一半以上的被明显抑制。而要减少50%的匍枝根霉菌丝生长，则O_2浓度就需要低至2%。

（二）高浓度CO_2对病原物的影响

高浓度CO_2会通过直接降低呼吸强度等代谢过程而抑制真菌生长，其对不同病原孢子的萌发和菌丝生长的抑制程度依CO_2浓度而异。当CO_2浓度为16%时，90%的匍枝根霉、多主枝孢和灰葡萄孢的孢子萌发可被抑制，但对互隔交链孢的抑制率只有32%。同样，当CO_2浓度为20%时，互隔交链孢、灰葡萄孢和多主枝孢50%的菌丝生长可被抑制，但要抑制50%的粉红镰刀孢菌丝生长，则需要高达45%的CO_2浓度。高浓度CO_2还可抑制胡萝卜欧氏杆菌等细菌的菌落生长。

如果环境中CO_2缺乏，即便在任何O_2浓度存在的情况下，上述真菌都不会生长。低浓度O_2和高浓度CO_2共同处理对有些真菌抑制的增效的结果也不明显，例如，低浓度O_2对核盘菌生长的抑制不会因CO_2浓度的提高而增强。

（三）气调对采后病害的影响

气调对采后病害抑制的间接影响还表现在延缓产品的成熟衰老、维持体内抗病性等方面，如抑制呼吸强度、减少乙烯的生成和作用、保持硬度和抗病性等。气调贮藏中常用的2.5% O_2浓度可通过提高寄主抗性来间接地减少腐烂的发生。因为，大多数的病原真菌在这样的条件下均可以生长。同样，5% CO_2也可通过抑制产品呼吸来减轻病害的发生，但该浓度CO_2对病原真菌的生长几乎没有影响。一些试验结果表明，在0.75% O_2浓度下贮藏的“橘苹”苹果果实比在1%或5% O_2下的具有更致密的组织结构，青霉病和褐腐病的发生率也较低；1%的低浓度O_2可以明显减少0℃下猕猴桃灰霉病的发生，也可以延迟果实的软化，减少乙烯的释放量；10%～20%或更高浓度的CO_2可显著减少草莓由灰葡萄孢引起的灰霉病和匍枝根霉引起的软腐病。

三、紫外线照射

紫外线照射（ultraviolet illumination）通常分为短波紫外线（UV-C，波长190～280nm）照射、中波紫外线（UV-B，波长280～320nm）照射和长波紫外线（UV-A，波长320～390nm）照射三种类型。自20世纪80年代起，普通的紫外灯所发射的254nm UV-C就开始被用来控制果蔬的采后腐烂。大量报道表明，低剂量（＜1Gy）UV-C（254nm）辐照可以减轻柑橘、葡萄、芒果、苹果、桃、草莓、番茄、甜椒、洋葱、甘薯、胡萝卜等多种果蔬的采后病害，延长货架期。UV-C的处理效果受果蔬种类、品种、成熟度、病原物种类、剂量、辐照后贮藏温度等诸多因素的影响。例如，0.5kJ/m^2 可有效控制猕猴桃的灰霉病；但要有效控制柠檬的绿霉病，则需要 5.0kJ/m^2 的紫外线照射；而控制苹果黑斑病所需要的紫外线照射剂量为 7.5kJ/m^2。

（一）UV-C 对病原物的影响

UV-C 属于非电离辐照，仅能穿透寄主表面的数层细胞。因此，UV-C 可对生长在寄主表面的微生物具有直接的抑制或杀灭作用。例如，UV-C 处理葡萄柚果实 24h 时，指状青霉孢子萌发、芽管伸长以及产孢能力均受到明显抑制。UV-C 可破坏 DNA 的结构，干扰了细胞的分裂，导致蛋白质变性，引起膜的透性增大，导致膜内离子、氨基酸和碳水化合物的外渗。UV-C 损伤微生物的 DNA 仅需要 0.25～8.0kJ/m^2，因此 UV-C 一直被用于直接杀菌和诱变处理。由于大部分的微生物不能对 UV-C 造成的损伤进行修复，进而导致自身死亡。但是有些微生物，如细菌和酵母，在经受 UV-C 照射后依然能够存活。因为这些微生物中存在着光修复机能。

（二）UV-C 对寄主抗性的诱导

UV-C 可通过诱导寄主抗性的作用来抵御病原物对寄主的侵染。因此，只要在合适的波长和辐照剂量范围内，UV-C 辐照就可以诱导寄主的抗性反应，活化与抗病相关的苯丙烷类代谢途径，合成病程相关蛋白，促进植保素的产生。例如，UV-C 处理可以提高葡萄、柑橘和葡萄柚果实中 POD 和 PAL 的活性，正是由于这些酶活性的升高，寄主体内才能进一步合成木质素和酚类化合物等抗菌物质；UV-C 还明显诱导了葡萄柚果皮中几丁质酶和β-1，3-葡聚糖酶活性的增加；UV-C 可促进胡萝卜组织中 6-甲氧嘧呤、甜橙果皮中二甲基氧香豆素等植保素的合成；UV-C 还可抑制番茄果实的 PG 酶活性。

（三）UV-C 与其他方法的结合

UV-C 对采后病害的控制效果还远不及化学杀菌剂，但将 UV-C 与其他防腐方法结合便可以取得比单独处理更好的结果。例如，UV-C 与拮抗酵母 *Debaryomyces hansenii* 结合处理，可有效地抑制由果生链核盘菌引起的桃褐腐病，指状青霉引起的柑橘青霉病，以及匍枝根霉引起的番茄和甜薯的软腐病；采用热水和 UV-C 辐照结合处理的方法，可有效地控制由灰葡萄孢和果生链核盘菌引起的草莓和甜樱桃的灰霉病和褐腐病。

四、热 处 理

大部分果蔬可以忍受 45～55℃ 热水 5～10min 的处理。热处理（heat treatment）就是在 35～55℃下采用热水或热蒸汽处理果蔬，以杀死或抑制病原菌的活动，从而达到防腐目的的一种方法，处理时间可从几秒到几小时不等。热处理可分为短时和长时两种，前者是在44～55℃热水中浸泡几分钟至1h，后者是在38～46℃下处理12h～4d。

（一）热处理对病原物的影响

热处理可以明显降低真菌的存活力，甚至将其致死。热对真菌的影响作用主要包括：使菌体蛋白质变性、类脂分解、代谢紊乱、损伤或积累有害的代谢中间产物等方面。不同真菌对高温的敏感程度存在明显差异。对于特定的真菌而言，孢子的钝化程度主要取决于处理的温度和时间。例如，灰葡萄孢和果生链核盘菌孢子在45℃下，要达到相同的孢子灭活效果，所需时间分别为16min和5min。病原菌的含水量可明显地影响热的传导。比较干湿两种指状青霉的分生孢子在70℃下处理30min的结果，90%的湿孢子被致死，而干孢子的致死率仅为10%。若再用存活下来的干孢子对柑橘果实进行接种，症状出现的时间则被推迟了近24h。发芽的真菌孢子比未发芽的孢子对热的反应更敏感，例如，42℃对休眠的互隔交链孢孢子无影响，但这一温度却能使大部分发芽的孢子失去活性。4min处理时间发芽根霉孢囊孢子的半致死温度（LD_{50}）为39℃，而休眠孢子则为49℃。

（二）热处理对病害的控制及机理

由于热仅作用于果蔬表皮或表皮以下的数层细胞，既可以杀死或钝化表面大多数的病原物，又可以对寄主的生理代谢造成一定的影响。已有报道表明，热水浸泡或喷淋处理可有效减轻柑橘、芒果、鳄梨、苹果、葡萄、甜瓜、番茄、甜椒等多种果蔬的采后病害。例如，在56～62℃热水中浸泡10～30s，可以有效降低柑橘的采后病害；采用48～64℃热水喷淋芒果，减轻了由互隔交链孢引起的芒果黑斑病。

热处理还会通过增强寄主的抗性而抑制腐烂，其直接的证据来源于对经过热处理的梨进行损伤接种时发现，病斑直径的扩展被明显抑制。热处理诱导果蔬皮层细胞中的防御机制来抑制病原菌的生长。例如，56～62℃热处理延缓了柑橘果实果皮中柠檬醛等抗菌物质含量的下降速度，并诱导形成木质素和7-羟基-6-甲氧基香豆素等抗菌物质，提高一些抗病酶的活性，从而增加对青霉病的抗性。柠檬果实经36℃热处理后，柠檬醛含量增加，果实腐烂率显著减小。葡萄柚果实采后用62℃热水处理可诱导几丁质酶和β-1，3-葡聚糖酶蛋白的积累，抑制青霉病的发生。番茄采后用38℃热空气处理2d可诱导果实POD活性的上升，并显著降低果实的发病率。此外，热处理还可使猕猴桃、苹果、梨和芒果果实中PAL的活性提高，促进木质素和酚类物质的合成。热处理的这些作用可能与其改变了产品的基因表达模式，以及影响了蛋白质的合成有关。

（三）热处理与杀菌剂的结合

热与杀菌剂结合处理被认为是一种颇为有效的防腐方法，一方面可以降低热处理的温度，缩短处理的时间；另一方面可以减少杀菌剂的使用浓度，促进杀菌剂在产品伤口部位的渗透，增强其作用的效果。例如，用 52℃的噻苯唑、苯莱特、克菌丹和氯硝胺处理核果类果实，可使浸泡处理的时间由单独加热的 15min 缩短为 0.5min；加热的戴挫霉对柑橘青霉病的控制效果要显著优于常温处理者；加热的乙醇和二氧化硫对柠檬绿霉病的控制效果也明显优于热水、乙醇和 SO_2 单独处理。

五、生物防治

采后病害的生物防治（biological control）是根据微生物间的相生相克原理，利用或引进一种无害微生物以控制有害微生物，从而达到控制病害的目的。被利用的无害微生物常被定义为拮抗菌（antagonist）。与田间病害的生物防治所不同的是：采后生物防治的环境因素可被精确地控制，例如可以通过调节贮藏温度和相对湿度来满足拮抗菌的生存；使用拮抗菌处理采后果蔬比田间植株更容易，且处理面积要小，拮抗菌更能有效作用于伤口；由于生物防治的费用普遍较高，因此在采后产品上使用才会更经济。

（一）拮抗菌的种类

迄今为止，人们已经在果蔬表面、土壤和叶片表面分离到几十种拮抗菌，主要为细菌和酵母菌，还有一些真菌及放线菌等。很多拮抗菌已经进行了半商业化的试验，有的还被商品化应用，有些拮抗菌与其他采后处理措施共同作用还取得了满意的防腐效果。

1. 拮抗细菌　能在采后果蔬上应用的拮抗细菌较多，其中以芽孢杆菌（*Bacillus* sp.）及假单胞杆菌（*Pseudomonas* sp.）最为常见。例如，枯草芽孢杆菌（*B. subtilis*）可抑制桃果实的褐腐病、芒果的炭疽菌、荔枝的霜疫霉、厚皮甜瓜的黑斑病、白霉病、粉霉病和软腐病等多种采后病害。洋葱假单胞菌（*P. cepicta*）和丁香假单胞菌（*P. syringe*）可有效控制苹果的青霉病以及柑橘的青霉病和绿霉病。

2. 拮抗酵母菌　酵母菌被广泛应用于食品酿造工业，与人类生活息息相关，所以更易被人们所接受。目前已报道的拮抗酵母有 10 余种，对采后病害的防治如表 7－3。由于拮抗酵母具有较强的抗逆能力，其产生的胞外多糖给其以竞争存活的优势，能利用果实表面的养分迅速扩增，对化学农药具有较强的忍耐性，其遗传转化系统比较完善，具有通过基因工程技术进行遗传改造提高防病效力的潜力。因此，应用拮抗酵母进行采后病害的生物防治日益受到人们的重视。

表 7-3　用于果蔬采后病害生物防治的拮抗酵母菌及其他真菌

酵母菌	果蔬	病原菌
Aureobasidium pullulans	苹果	*Penicillium expansum*；*Botrytis cinerea*
A. pullulans	草莓	*Botrytis* sp.
A. pullulans	葡萄	*P. expansum*；*Rhizopus stolonifer*；*Aspergillus niger*；*B. cinerea*
Cryptococcus sp.	苹果、葡萄、番茄	*Botrytis* sp.
C. albidus	苹果	*P. expansum*；*B. cinerea*
C. laurentii	苹果	*B. cinerea*
C. laurentii	桃	*Rhodotorula stolonifer*；*P. expansum*
Candida maritima	芒果	*Lasiodiolodia theobromae*
Candida guilliermondii	桃	*R. stolenifer*
Debaryomyces hansenii	柑橘	*P. digitatum*；*P. italicum*；*Geotrichum candidum*
Pichia membranefaciens	油桃	*R. stolonifer*
Pichia guilliermondii	柑橘、苹果	*Penicillium* sp.
R. glutinis	柑橘	*P. digitatum*
Trichosporon pullans	桃	*R. stolonifer*；*P. expansum*
Trichosporon sp.	苹果	*B. cinerea*；*P. expansum*

（二）拮抗菌的作用机理

拮抗菌抑制病原菌的可能机理包括多个方面，虽然一种机理可能占主要地位，但最后的病害控制则是多种机理共同作用的结果。

1. 抗生作用　通过产生抗菌素对病原菌进行抑制是人们最早发现的一种拮抗机理，目前鉴定的大部分拮抗菌的作用机制也是产生抗菌素。例如，枯草芽孢杆菌（*B. subtilis*）B-3 的拮抗物质为伊枯草菌素（iturin）；洋葱假单胞菌（*P. cepacia*）LT-4-12W 的拮抗物质是吡咯菌素（pyrrolnitrin）；丁香假单胞菌（*P. syringae*）ESC-10 和 ESC-11 的拮抗物质是丁香霉素 E（syringomycin E）。

2. 营养与空间竞争　当果实上有伤口时，在果皮表面的拮抗菌和病菌孢子同时开始抢占营养丰富的伤口，以营养与空间的竞争为拮抗机理的拮抗菌能够在相当短的时间内利用伤口营养进行大量繁殖，尽可能快地消耗伤口营养，并占领空间，使得病原菌得不到合适的营养与空间条件，不能生息繁衍，从而抑制病害的发生。已报道的众多酵母菌和类酵母菌，其竞争作用占有主要地位。例如，将季也蒙假丝酵母菌（*Candida gulliermondii*）接种到桃果实的伤口上，在有病原菌存在时该拮抗酵母菌的数量一天内可以猛增 200 多倍，这种高速的繁殖能力反映出拮抗菌与病原菌之间的营养竞争。此外，阴沟肠杆菌

(*Enterobacter cloacae*)对桃果实果生链核盘菌的防治，毕赤酵母(*Pichia guilliermondii*)对意大利青霉的防治等研究都说明了拮抗菌对病原菌的作用主要是营养竞争。

3. 寄生作用 寄生作用是人们早已发现的普遍存在于自然界的一种现象。例如，木霉(*Trichoderma harianum*)可通过直接寄生或产生抗菌素作用于病原物；拮抗酵母 US-7 可在灰葡萄孢菌丝上附着，在附着点溶解菌丝细胞壁；无名假丝酵母菌(*Candida famata*)可以在病原菌菌丝上定植，并促使菌丝裂解。

4. 诱导抗性 拮抗菌对寄主的抗性诱导主要表现在三个方面：促进抗病次生代谢物的大量产生，如无名假丝酵母可诱导柑橘产生植保素和7-羟基-6-甲氧基香豆素等抗性物质；细胞组织的变化，如 *Candina saitoana* 在苹果伤口上可以诱导寄主细胞变形，产生乳突结构，抑制病原菌的入侵；提高抗性酶的活性，如出芽短梗霉(*Aureobasidium pullulans*)可以显著提高苹果几丁质酶、β-1,3-葡聚糖酶和过氧化物酶的活性。

六、诱导抗性

诱导抗性(induced resistance)是指利用生物、物理或化学的方法预先处理果蔬，通过提高产品自身抗病能力来有效抵御或控制采后病害发生的一种手段，类似于植物免疫。虽然上述的 UV-C 和生物防治等方法也能诱导果蔬体内的抗病性，但化学诱导的方法近年来更受关注。因为能产生诱抗的化合物不仅种类较多，具有较高的安全性，而且可在采前和采后期间方便使用。

可以诱导植物产生抗性反应的化合物统称为诱抗剂(chemical elicitor)。目前在采后处理中表现有效的主要包括水杨酸、苯并噻重氮、康壮素、壳聚糖、硅、茉莉酸甲酯、草酸等。其中一些诱抗剂对病原物没有明显的抑制作用，可直接诱导产品产生抗性，如水杨酸和苯并噻重氮，而另一些则具有抑菌和诱抗的双重作用，如硅和壳聚糖。目前认为，诱抗剂处理诱导了编码几丁质酶(CHT)、β-1,3-葡聚糖酶(GLU)、过氧化物酶(POD)、多酚氧化酶(PPO)和苯丙氨酸解氨酶(PAL)等基因的表达，通过活化防御酶、改变结构、积累抗菌物质等增强了寄主对病原物的抵抗能力。

(一)水杨酸

水杨酸(SA)是诱导植物系统获得抗病性(systemic acquired resistance, SAR)的信号分子，对病原物无明显抑制作用。SA 采后处理可以减轻芒果炭疽病、杏黑斑病、厚皮甜瓜粉霉病、猕猴桃灰霉病和甜樱桃青霉病。采前喷施 SA 还可以提高梨果实对采后青霉病的抗性。

（二）苯并噻重氮

苯并噻重氮（简称ASM或BTH）是一种人工合成的水杨酸类似物，也具有诱导SAR的能力，ASM对病原物无明显抑制作用。ASM采后处理可以减轻桃青霉病，草莓灰霉病，厚皮甜瓜黑斑病、白霉病和粉霉病，以及马铃薯的干腐病。采前喷施ASM能显著降低厚皮甜瓜的潜伏侵染和采后果实腐烂，鸭梨采后的黑斑病和青霉病，以及草莓果实的采后病害。

（三）康壮素

康壮素（harpin）是由梨火疫病菌（*Erwinia amylovora*）的*hrpN*基因编码的蛋白质，呈酸性，富含甘氨酸，对热稳定，分子质量大小为44ku，在离体条件下对真菌无明显的抑制作用。采后harpin处理可减轻苹果青霉病，梨黑斑病，厚皮甜瓜的黑斑病、白霉病和粉霉病。采前harpin处理还可降低厚皮甜瓜的潜伏侵染和采后果实腐烂。

（四）壳聚糖

壳聚糖（chitosan）又称几丁聚糖，化学名称为β-1,4-葡聚糖，是一种具有阳离子性质的高分子多糖，主要来源于蟹、虾等甲壳类动物的外壳。离体条件下，壳聚糖具有直接的抑菌作用，可导致匐枝根霉、灰葡萄孢、交链孢等多种病原物的形态变形。壳聚糖采后处理可有效减少苹果、柑橘、梨、甜樱桃、葡萄、猕猴桃等多种果实的采后腐烂。降低桃褐腐病，草莓、树莓灰霉病、软腐病，甜椒灰霉病，马铃薯干腐病的发生。壳聚糖还可控制潜伏侵染，有效减轻果实的自然发病率。壳聚糖已被美国食品和药物管理局（FDA）批准为食品添加剂。

（五）硅

硅（silicon）是地球表面的第二大元素，其在病害的控制方面具有一定的作用。离体条件下，可溶性硅具有直接的抑菌作用，可抑制多种病原物的菌丝生长和孢子萌发。采后硅处理可有效减轻梨和杏的黑斑病，厚皮甜瓜黑斑病、白霉病和粉霉病，以及马铃薯的干腐病。

七、一般性安全物质及天然化合物

一般性安全物质（generally recognized as safe，GRAS）是指使用后表现安全、对人和动物无如何毒副作用的一类化合物，如醋酸、石灰、氯、过氧化氢、糖类似物等。而天然化合物（natural chemical compound）则是从动植物和微生物中提取的一类具有抑菌或杀菌功能的化合物，如乙醛、乙醇、壳聚糖、植物精油等，从中草药中提取的一些抗菌成分也属此范畴。由于公众对杀菌剂使用的关注，导致人们开始重新认识并使用这些廉价且安全的化合物。

（一）醋酸

醋酸是动植物产生的一种常见的中间代谢产物，2.0～5.0mg/L 的低浓度醋酸蒸气能有效防止真菌所引起的果实腐烂。例如，醋酸熏蒸可有效抑制灰葡萄孢和扩展青霉的孢子萌发，醋酸熏蒸可减少损伤接种苹果的灰霉病和青霉病，醋酸熏蒸还有效控制梨、葡萄、猕猴桃和番茄的灰霉病。相对湿度越高，真菌孢子对醋酸越敏感，例如，在低湿度时醋酸熏蒸只能部分杀死孢子，高湿度时（95%～100%）孢子则可被完全致死。

（二）重碳酸盐

重碳酸盐是传统的防腐剂，也是当前食品工业中广泛采用的添加剂，可在很大程度上对食品中的细菌和酵母加以控制。重碳酸盐也可用于采后病害的防治，例如，用重碳酸盐浸泡柑橘，能够明显降低果实绿霉病的发病率。重碳酸盐在防腐中的作用主要表现为直接抑菌。例如，重碳酸钠可明显抑制甜瓜采后主要病原物互隔交链孢、镰刀菌和匐枝根霉的菌丝生长，用含 2%重碳酸钠的蜡液涂抹甜瓜可明显减少果实的采后腐烂；重碳酸钾还可对甜椒互隔交链孢和灰葡萄孢的孢子萌发、芽管伸长和菌丝生长产生抑制。

（三）乙醇

乙醇只有稀释到一定浓度才具有杀菌作用，50%～75%的乙醇杀菌作用最强，低于 50%其杀菌效力明显降低。乙醇的杀菌和抑菌作用主要是由于其具有脱水能力，使菌体蛋白质脱水而变性。乙醇处理可在一定程度上减轻桃果实的褐腐病和软腐病；10%～20%的乙醇还能有效降低柑橘、桃和油桃的采后腐烂；乙醇加热后防病的效果会更好。

（四）乙醛

乙醛是植物的次生代谢产物，也是果实所释放的一种香气成分，其在果实成熟过程中逐渐积累，并对果实的成熟和衰老进程起着非常重要的影响。近年来研究发现，外源乙醛处理能抑制果蔬乙烯合成，延缓后熟衰老和软化，改善品质，减少腐烂。采用 0.25%～1%乙醛熏蒸可以抑制草莓和木莓灰霉病和软腐病的发生；采用 0.5%乙醛熏蒸 24h 可以减轻由灰葡萄孢、匐枝根霉和黑曲霉引起的葡萄腐烂；3%乙醛处理 4h 可有效减少马铃薯块茎细菌性软腐病的发生；乙醛熏蒸还可减轻草莓、苹果、桃等果实的腐烂。乙醛处理具有操作简便、成本低廉、对人体无毒、化学污染小、可改善产品品质等优点。因此，可考虑与冷藏或气调贮藏结合，达到防腐保鲜的目的。

（五）钙

果实中的钙含量与病原物引起的采后病害密切相关。增加果实中的钙（calcium application）能够明显减少采后病害的发生。例如，采后钙处理可减轻苹果的青霉病、桃果实的褐腐病、马铃薯块茎的细菌性软腐病等多种采后病害；采前钙处理也可降低苹果的皮孔腐烂、葡萄的灰霉病等病害。

1. 钙对病原物的影响 钙通过直接抑制真菌孢子的萌发和菌丝生长，或者间接影响胞外酶的活力，从而降低由病原菌引起的果实腐烂。体外条件下，随着氯化钙浓度的增加，扩展青霉和灰葡萄孢孢子的萌发和芽管的伸长被抑制，并且钙能抑制90%以上的扩展青霉胞外果胶酶的活性。

2. 钙对寄主的影响 钙可以加固细胞壁，增强果实对病原物侵染的抵抗力。胞间层主要是由诸如果胶酸之类的多糖组成，它是维持果实硬度最重要的结构。果胶由多聚半乳糖醛酸链和鼠李聚糖残基组成，多聚半乳糖醛酸链上的束状构型为钙离子的进入提供了结合部位。而果胶酸之间或果胶酸与其他多糖之间形成的钙桥可阻止一些胞壁降解酶，如由真菌产生的多聚半乳糖醛酸酶（PG）接近细胞壁。钙还能稳定细胞膜的结构，从而使组织细胞对病原真菌的酶活动更具抵抗力。

用钙处理能显著降低番茄、苹果果实ACC氧化酶（ACO）的活性，减少乙烯释放量，延缓果实衰老。

3. 钙的使用方法 采前喷钙常用的药物主要有$Ca(NO_3)_2$、$CaCl_2$、$Ca_3(PO_4)_2$，喷雾时间或早或晚。苹果在花后第4～5周，细胞分裂旺盛期喷施更有利于钙的吸收。另外，要增加果实中的钙水平，采前钙处理最好能喷到果实的表皮，由于临近采收的果实表面积较大，所以晚喷（采前1～2周）效果也不错。

采后浸钙一般选用的药物是$CaCl_2$，处理浓度通常在2%～12%，溶液中通常加入少量的吐温80，处理时间1～2min。目前常用的采后钙处理法有普通浸钙法、真空渗透浸钙法及压力渗透浸钙法，三种方法对增加果实中的钙含量具有不同的效果。其中，真空渗透法是使钙进入果实中最有效的方法。例如，在任何$CaCl_2$浓度下浸泡2min对苹果的青霉病没有明显影响，但真空渗透浸钙则可使腐烂显著减少；12%的$CaCl_2$浸泡可以使苹果青霉病腐烂面积减少30%以上，若采用真空浸钙，4%就可达到同样的效果。此外，采后钙处理如与气调、热处理和生物防治等措施结合还具有协同效应。

八、生长调节剂

生长调节剂（growth regulators）可通过延缓成熟衰老进程及维持组织的自身抗病性来间接地抑制采后病害的发生。许多生长调节剂均可对果蔬的生理代谢产生影响，其中GA_3和2,4-D是对采后病害影响较大的两类化合物。例如，在柑橘贮藏前使用2,4-D处理就会推迟果梗的衰老，从而有效地抑制了

柑橘茎端腐的发生，2,4-D采前处理也具有类似的效果；用 GA_3 处理可以延迟因衰老出现的柑橘果皮软化，提高了果实对指状青霉和意大利青霉侵染的抵抗能力；贮藏前用50或100mg/kg的 GA_3 或200mg/kg的2,4-D浸泡柠檬可以防止果皮中抗菌物质柠檬醛的流失，从而提高果实的抗病性；生长期间喷施 GA_3 可以显著地减少由互隔交链孢引起的柿黑斑病；在莴苣采前几小时用 GA_3 处理可以通过延迟叶片的黄化来减轻由核盘菌引起的腐烂和细菌性软腐病的发生；采后 GA_3 处理还可以明显地延缓芹菜幼叶和叶柄的黄化，减少了由核盘菌、灰葡萄孢和胡萝卜欧文氏菌引起的腐烂；采前在田间喷施 GA_3 可以维持芹菜体内的真菌抑制物质异紫花前胡内酯的含量。

1. 请说出10种常见果蔬的主要采后病害及病原物。
2. 病原物是在什么时候、通过什么途径侵入寄主的？影响病原物侵入的因素有哪些？
3. 病原物是通过什么方式来破坏寄主获取营养的？
4. 寄主感病后会发生哪些主要的生理变化？
5. 寄主是如何对病原物的侵入和扩展进行防卫的？
6. 怎样控制侵染性病害？
7. 如何合理正确使用杀菌剂？
8. 采后病害的物理控制措施有哪些？原理如何？
9. 何谓采后病害的生物防治？机理如何？
10. 可通过何种方法诱导产品对采后病害的抗性？
11. 采后病害控制中使用的公认安全药物有哪些？

指定参考书

高必达，陈捷．2006．生理植物病理学．北京：科学出版社．
戚佩坤．1992．果蔬贮运病害．北京：中国农业出版社．
饶景萍．2009．园艺产品贮运学．北京：科学出版社．
王金生．1999．分子植物病理学．北京：中国农业出版社．
张维一，毕阳．1996．果蔬采后病害与控制．北京：中国农业出版社．
张维一．1993．果蔬采后生理学．北京：中国农业出版社．
Barkai-Golan R. 2001. Postharvest Diseases of Fruit and Vegetables: Develop-

ment and Control. Amsterdam: Elsevier Press.
Dennis C. 1983. Postharvest Pathology of Fruit and Vegetables. New York: Academic Press.
Gross K C, Wang C Y, Saltveit M. 2002. The Commercial Storage of Fruits, Vegetables, and Florist and Nursery Stocks. Washington: USDA Handbook 66.
Snowdon A L. 1990. Post-Harvest Disease and Disorders of Fruits and Vegetables, Vol. 1. General Introduction and Fruits, Inc. Boca Raton : CRC Press.
Stanley J K, Robert P E. 2004. Postharvest Biology. Athens, Georgia: Exon Press.
Wills R B H, McGlasson W B, Graham D, Joyce D C. 2007. Postharvest-an introduction to the physiology and handling of fruit, vegetables and ornamentals. University of New South Wales Press Ltd.

主要参考文献

田世平，范青 . 2000. 控制果蔬采后病害的生物技术 . 植物学通讯（17）：211 - 217.
Apel K, Hirt H. 2004. Reactive oxygen species: Metabolism, oxidative stress, and signal transduction. Annual Review of Plant Biology (55): 373 - 399.
Bi Y, Li Y C, Ge Y H. 2007. Induced resistance in postharvest fruits and vegetables by chemicals and its mechanism. Stewart Postharvest Review (3): 1 - 7.
Ferreira R B, Monteiro S, Freitas R, Santos C N, Chen Z J, Batista L M, Duarte J, Borges A, Teixeira A R. 2007. The role of plant defence proteins in fungal pathogenesis. Molecular Plant Pathology (8): 677 - 700.
Janisiewicz W J, Korsten L. 2002. Biological control of postharvest diseases of fruits. Annual Review of Phytopathology (26): 411 - 441.
Nicholson R L, Hammerschmidt R. 1992. Phenolic compounds and their role in disease resistance. Annual Review of Phytopayhology (30): 369 - 389.
Prusky D. 1996. Pathogen quiescence in postharvest diseases. Annual Review of Phytopathology (34): 413 - 434.
Terry L A, Joyce D C. 2004. Elicitors of induced resistance in postharvest horticultural crops: a brief review. Postharvest Biology and Technology (32): 1 - 13.
Tian S P, Chan Z L. 2004. Potential of resistance in postharvest diseases control of fruits and vegetables. Acta Phytopathologic Sinica (5): 385 - 394.
Verhoeff K. 1974. Latent infection by fungi. Annual Review of Phytopayhology (12): 99 -110.

第八章 成熟衰老过程中的基因表达与调控

教学目标

1. 了解与细胞壁代谢、色素、风味等相关的酶及其基因表达的调控方法。
2. 掌握与乙烯生物合成相关的基因与表达。
3. 熟悉乙烯信号转导和脂氧合酶相关的基因，了解其表达与果蔬成熟衰老的关系。

主 题 词

细胞壁　多聚半乳糖醛酸酶　果实硬度　果胶甲酯酶　β-半乳糖苷酶　纤维素酶　乙烯　ACS　ACO　乙烯受体　信号转导　脂氧合酶　色素合成

随着采后生物技术研究的深入，越来越发现有很多基因参与采后果蔬生理代谢的调节，果实成熟衰老过程中的生理变化也是基因调控表达的结果。Rattanapanone 等于 1978 年最先从番茄果实中分离提取 poly（A）RNA，证明果实成熟过程中 mRNA 发生变化。Grierson 等 1986 年从成熟果实中提取 mRNA 反转录得到相应的 cDNA，转入细菌质粒 pAT 153，然后转化 *E. coli* C600 建立了基因库，并利用分子杂交技术筛选、分类鉴定了 146 个与果实成熟有关的克隆。近年来，与果实成熟衰老有关的基因工程也取得了令人瞩目的进展，例如在调控细胞壁代谢、乙烯生物合成与信号转导等领域，得到了很多转基因新品种，有的已经进入了商业化生产。本章将具有代表性的基因及其表达与调控作为案例进行介绍。

第一节 细胞壁代谢基因的表达与调控

细胞壁是果蔬细胞结构的重要组成部分。细胞壁的代谢与果蔬的硬度和贮藏性密切相关，随着果实的成熟衰老，细胞壁逐渐分解。近年来，与细胞壁代谢相关的基因及其表达的研究取得了很大的进展。

一、多聚半乳糖醛酸酶基因

（一）多聚半乳糖醛酸酶的生理功能

果胶类物质是存在于高等植物初生细胞壁和细胞间隙的一组多糖类化合物，在细胞与细胞间起着一种黏合联结作用，其主要成分是多聚半乳糖醛酸，由α-（1-4）连接的D-半乳糖醛酸组成的线状链，其中有些半乳糖醛酸的羧基发生了甲基化，并在这种半乳糖醛酸聚糖主链上插入一些鼠李糖和阿拉伯糖单位。按照它们的结构，果胶类物质包括半乳糖醛酸聚糖、鼠李半乳糖醛酸、阿拉伯半乳聚糖以及具有线性β-（1-4）-D-半乳聚糖主链的阿拉伯半乳聚糖。

多聚半乳糖醛酸酶（PG）是一种在果实成熟过程中特异表达的细胞壁水解酶，随着果实的成熟而逐渐积累。长期以来，PG一直被认为是参与果胶的溶解从而在果实的软化中起着重要的作用。有研究发现，PG的适宜底物是多聚半乳糖醛酸。按作用方式可将PG分为内切PG（endo-PG）、外切PG（exo-PG）以及寡聚PG（oligo-PG）。前者是以内切方式水解断裂多聚半乳糖醛酸链，后两者是以外切方式作用，依次从聚半乳糖醛酸多聚链或寡聚链的非还原末端释放出一个单体或二聚体。endo-PG对底物的特异性较强，exo-PG和oligo-PG则较弱。人们通常说的PG即为endo-PG，但endo-PG在果实后熟软化进程中也起作用。

对番茄、芒果、梨、香蕉、桃等果实PG活性变化与果实软化关系的研究表明，PG与果实成熟软化密切相关。研究猕猴桃果实质地变化相关的组织结构特性表明，在果实软化启动阶段，果实细胞间的黏合力下降，引起细胞从中胶层处相互分离；而果实快速软化阶段则与细胞间的黏合力进一步下降以及细胞壁的伸缩性或可塑性增加有关。采后果实PG活性的增加与果实硬度下降呈显著的相关关系，随着PG活性增加，果胶物质组分发生了明显变化，即总果胶和原果胶含量明显下降，而可溶性果胶含量增加。这种果胶降解的直接原因可能是PG活性的不断增加，因为这种PG活性的增加先于果胶多聚物的降解和细胞中胶层物质的溶解。

（二）多聚半乳糖醛酸酶基因

PG是一个受发育调控的具有组织特异性的酶，在果实成熟过程中合成，在叶片、根和未成熟的果实中检测不到它的存在。目前已经从桃、猕猴桃、苹果、西洋梨、砂梨、鳄梨、番茄、黄瓜、甜瓜、马铃薯、玉米、水稻、大豆、烟草、甜菜、油菜、拟南芥等植物中克隆得到PG的编码基因。

研究发现，果实成熟过程中 PG 的调控是在转录水平上进行的。PG mRNA 随着果实成熟的开始、乙烯生物合成的增加而大幅度增加，并且在以后的成熟过程中继续积累。在成熟的番茄果实中，PG mRNA 的含量达到总 mRNA 含量的 2%，比成熟前增加了 1 000 倍，成为构成细胞蛋白的主要成分。在 3 种成熟突变株 nr（never ripe，果实成熟时暗橙色，纯合情况下存活）、nir（ripening inhibitor，为果实成熟抑制型，果实成熟时绿色后转为黄色）和 nor（non-ripening，不成熟型，果实成熟过程十分迟缓）中的 PG 活性很低，果实软化很慢或根本不软化。一些体外试验表明，用纯化的 PG 处理未成熟果实，能使细胞壁溶解，或从分离的细胞壁中释放出溶解的果胶来。

PG 有 3 种同工酶，PG1、PG2a 和 PG2b，是由一个单拷贝基因编码，经翻译加工后产生的。对其蛋白质部分水解产物、体外相互转化和免疫杂交反应的研究表明，三种同工酶具有形式上的相似性，并且都含有一个分子质量为 46ku 的多肽。

从成熟番茄果实的 cDNA 文库中用差示杂交（different hybridization）方法筛选出的 146 个成熟相关的 cDNA 克隆，其中一个被鉴定为 PG cDNA。检测此 cDNA 的全序列发现，它包含一个长 1 371bp 的阅读框架和富含 A、T 的非编码区，编码一个 457 个氨基酸的蛋白质。另外，还有多个实验室克隆得到了 PG cDNA 克隆，核苷酸和氨基酸的同源性都在 95%以上。

Smith 等人利用反义基因技术将 PG cDNA 反向接在 CaMV 35S 启动子之后转入番茄，得到的转基因植株的 PG mRNA 水平和酶活性比对照下降 90%，其中一株纯合子后代的 PG 活性仅为正常番茄的 1%，果实中果胶的降解受到抑制，而乙烯的生物合成、番茄红素积累以及果胶酯酶的活性没有受到影响（图 8 - 1），果实仍然正常成熟，并没有像预期地那样推迟软化，这就引起了

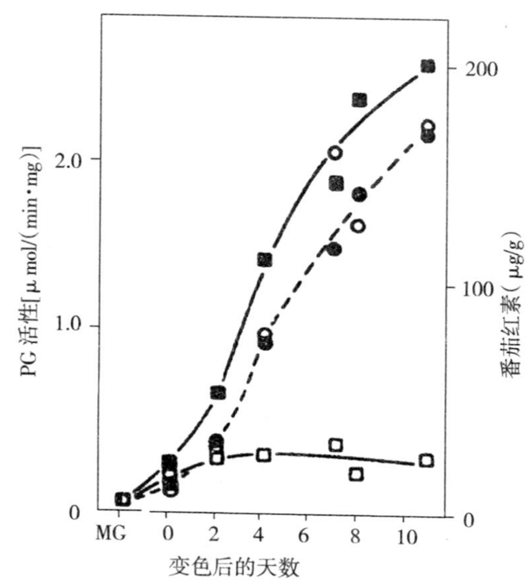

图 8 - 1　转反义 PG 基因番茄果实的 PG 活性和番茄红素含量变化
(Smith 等，1988)

人们对PG在果胶软化中所起作用的怀疑。将PG基因构建在一个可被乙烯或丙烯诱导的启动子之后转入番茄成熟突变株rin中，在诱导了PG表达之后（PG活性可达正常番茄的60%），果胶的溶解性增加，但果实仍然没有变软。这些实验支持了PG降解果胶的观点，但又给果胶降解和果实软化之间的关系带来了新的问题。

那么PG在果实软化中到底起到什么作用呢？根据推测，可能存在几种情况：①果实的软化是一个复杂的过程，并非单基因所能调控；②由于外源基因插入基因组是一个随机过程，位置效应影响了基因的表达程度；③果实软化过程所需的PG活性不一定要求达到正常果实的PG活性；④PG在其他果实软化中的作用可能有别于番茄。

利用转基因技术获得的反义PG番茄具有许多明显的经济价值，如果实采后的贮藏期可延长1倍，因而可以减少因过熟和腐烂所造成的损失；果实抗裂、抗机械伤，便于运输；抗真菌感染；由于果胶水解受到抑制，用其加工果酱可提高出品率。美国Colgene公司研制的转基因PG番茄FLAVAR、SAVR™在美国通过FDA认可，在1994年5月21日推向市场，成为第一种商业化的转基因食品。

二、果胶甲酯酶基因

（一）果胶甲酯酶的生理功能

果胶甲酯酶（pectinesterase，PE）是一种细胞壁降解酶，在成熟果实的许多组织和器官中都能检测到PE的酶活性。PE的功能是脱去半乳糖醛酸（galacturonic acid）羧基上的甲醇基，从而有利于PG分解多聚半乳糖醛酸链。由于PG是以脱去甲醇基的多聚半乳糖醛酸为对象，因此，PE在决定PG降解果胶的程度上起重要作用，由于该酶的作用，使组织对PG更为敏感，可见PE的活动似乎是PG发生作用的前提。经外源乙烯处理后猕猴桃果实的软化启动与PE有关，由于PE的诱导，引起细胞壁果胶物质的甲酯化作用，并降解成可溶性果胶。但PE与果实的后熟软化可能没有重要的联系。在桃果实的成熟软化过程中，原果胶不断减少，可溶性果胶的甲酯化程度基本保持在75%左右；在溶质桃和非溶质桃果实的各个发育时期均可检出PE的活性。

（二）PE基因的表达与调控

有关PE的分子生物学研究也取得了一些进展。先后从桃、番木瓜、番茄、辣椒、西瓜、甜菜、棉花、水稻、拟南芥等植物中得到其编码基因。用已经得到的PE cDNA克隆构建了35S启动子控制下的反义基因，此基因的转基

因番茄果实中，PE的活性大大降低，仅为对照的10%或更低，检测不到PE蛋白和PE mRNA，但对于叶子或根部的酶活性没有影响。转基因果实与普通番茄果实相比，果胶分子质量较大，甲酯化程度较高，果实的可溶性固形物含量也较高，改善了番茄果实的品质，但对果实的番茄红素的积累没有影响，成熟时果实仍然变红。

三、β-半乳糖苷酶基因

（一）β-半乳糖苷酶的生理功能

β-半乳糖苷酶在某些种类果实，如苹果、芒果、木瓜、甜樱桃、鳄梨等果实的成熟软化过程中起作用。β-半乳糖苷酶可以使细胞壁的一些组分变得不稳定，它可以通过降解具支链的多聚半乳糖醛酸促使果胶降解和溶解。许多果实的后熟过程伴随有半乳糖残基从细胞壁上的大量解离，这种半乳糖的水解与β-半乳糖苷酶活性的变化密切相关，认为β-半乳糖苷酶与果实的后熟软化有关。苹果果实的硬度下降与β-半乳糖苷酶活性增加和细胞壁中半乳糖组分的减少有关；油橄榄果实成熟过程中，水溶性β-半乳糖苷酶活性迅速增加；番茄果实后熟过程伴随着从细胞壁多糖中解离出来的半乳糖增加，是由于半乳糖溶解速率的变化，而不是半乳糖的代谢利用。

Dick等（1984）报道，在苹果果实中存在有β-半乳糖苷酶抑制剂。该抑制剂后来被鉴别为多酚物质，用含有这类抑制剂的苹果组织提取物处理采后苹果，可阻止果实软化，这也说明β-半乳糖苷酶可能参与了果实的成熟软化进程。

（二）β-半乳糖苷酶的表达与调控

目前已分别对一些果实的β-半乳糖苷酶蛋白进行了纯化，包括苹果、鳄梨、咖啡、日本梨、猕猴桃、柿、甜樱桃和番茄等。从这些果实中纯化得到的β-半乳糖苷酶蛋白一般含有分子质量在29～34ku和41～46ku的两个亚基，有时还观察到一个分子质量在57～80ku的亚基（表8-1）。因此认为β-半乳糖苷酶蛋白是一个由2～3个亚基组成的复合体。

已经从苹果、番茄、猕猴桃、芦笋、绿花椰菜、康乃馨等植物组织中克隆到了β-半乳糖苷酶基因。在苹果果实成熟过程中，β-半乳糖苷酶mRNA的积累与乙烯的自我催化相一致，在芦笋和康乃馨上也得到相似的结果。但在猕猴桃果实采收时，组织中的β-半乳糖苷酶mRNA最为丰富，随后下降，同时β-半乳糖苷酶mRNA可为外源乙烯诱导积累，但在果实乙烯跃变期间，β-半乳糖苷酶基因的表达信号无显著变化，这不同于苹果果实成熟过程的表达模式。说明在不同种类果实的成熟衰老进程中，β-半乳糖苷酶的功能可能有所差异。

表 8-1 从不同果实中纯化得到的β-半乳糖苷酶蛋白多肽分子质量

果实种类	多肽分子质量/ku	参考文献
苹果	44，33	Ross 等，1994
柿	44，34	Kang 等，1994
猕猴桃	67，46，33	Ross 等，1993
番茄	75，41，30.5，29	Carey 等，1995
日本梨	80	Kitagawa 等，1995
甜樱桃	57	Andrews 和 Li，1994
鳄梨	54，49，41	De Veau 等，1993
咖啡	29	Golden 等，1993

四、纤维素酶基因

（一）纤维素酶的生理功能

纤维素是细胞壁的骨架物质。对鳄梨、梨和苹果果实的超微结构观察表明，成熟细胞壁纤维素网有很明显的溶解，已知这种溶解是由于纤维素水解酶活动的结果。纤维素水解导致的超微结构改变，并不完全是由于细胞壁纤维素分子的溶解，还与非纤维素组分的降解引起微纤丝组分损失有关。

在鳄梨和草莓果实软化进程中，纤维素酶活性增加，并导致细胞壁的膨胀松软。在猕猴桃果实采后后熟软化的启动阶段，纤维素酶活性上升较慢，进入快速软化阶段后，其活性迅速上升并达到高峰，同时，伴随着果实后熟软化，纤维素含量逐渐减少。

（二）纤维素酶的表达与调控

目前已先后克隆到了草莓、鳄梨、桃、番茄、菜豆、大豆、辣椒、甜菜、水稻、拟南芥等植物纤维素酶的编码基因。在草莓果实成熟过程中，纤维素酶基因 *Cel*1 和 *Cel*2 有着不同的表达模式，*Cel*2 在绿熟果实中即有表达，从绿熟到果实转白过程中，其 mRNA 不断积累，并在果实后熟过程维持稳定增加；相反，在绿熟果实中，检测不到 *Cel*1 转录，即使在转白果实中，其表达水平也很低，进入果实后熟期间，*Cel*1 mRNA 逐渐增加，并在果实完全成熟时达到最高。认为 *Cel*1 和 *Cel*2 的这种表达模式在果实后熟软化过程中起着重要作用。对鳄梨果实纤维素酶基因（*Cel*1）的研究也表明，在未成熟果实中 *Cel*1 mRNA 很低，到果实成熟期间，增加了 37 倍；乙烯处理可以促使桃果实中 *pCel*10 mRNA 的积累。但 Brummell 等（1999）报道，将纤维素酶基因（*Cel*2）反义导入番茄植株，在成熟转基因果实中，*Cel*2 mRNA 水平被减少了

95%以上，但其乙烯生成与对照相比无差异，通过抑制纤维素酶基因表达，也没有表现出对后熟过程果实软化和质地变化的影响。

第二节　乙烯合成相关酶基因

人们对乙烯的生理作用的研究早从19世纪就已经开始了。古埃及和中华民族的祖先就有人利用针刺或者烟熏促进果实成熟，但直到1934年才由Gene证实乙烯是植物组织代谢的天然产物，1969年Pratt和Goeschel综述了乙烯在植物中的生理作用，至此结束了长达30多年的关于乙烯是否是植物激素的争论。此后，乙烯的生成和作用一直是果实成熟研究的一个重要内容。直到20世纪70年代末期，杨祥发等人发现，在植物体内乙烯合成来源于蛋氨酸，ACC是乙烯生物合成的直接前体，并提出了乙烯生物合成基本途径，这是乙

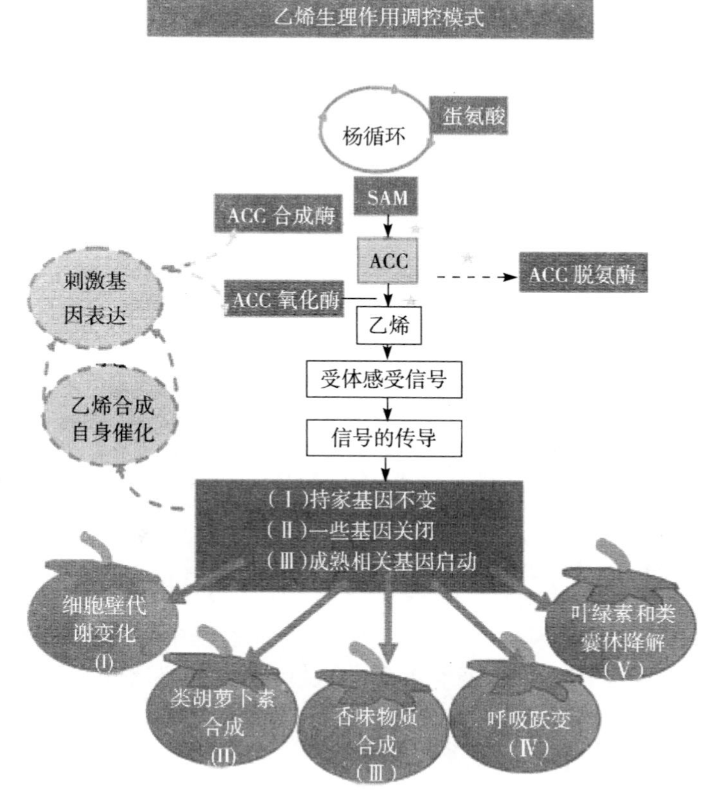

图8-2　乙烯生物合成与果实成熟衰老的关系
(Gray J et al，1992)

烯研究历史上的一个里程碑。

现在我们知道，乙烯是重要的果实成熟衰老激素，它与果实的细胞壁代谢、色素形成、风味物质形成、呼吸代谢等密切相关（图 8－2）。过去对乙烯生成的调控主要是物理性和化学性的，分子生物学研究为乙烯合成的控制提供了新途径，采用基因工程手段控制乙烯生成已取得了显著的效果（图 8－3），如导入反义 ACC 合酶基因，导入反义 ACC 氧化酶基因，导入正义细菌 ACC 脱氨酶基因，导入正义噬菌体 SAM 水解酶基因。

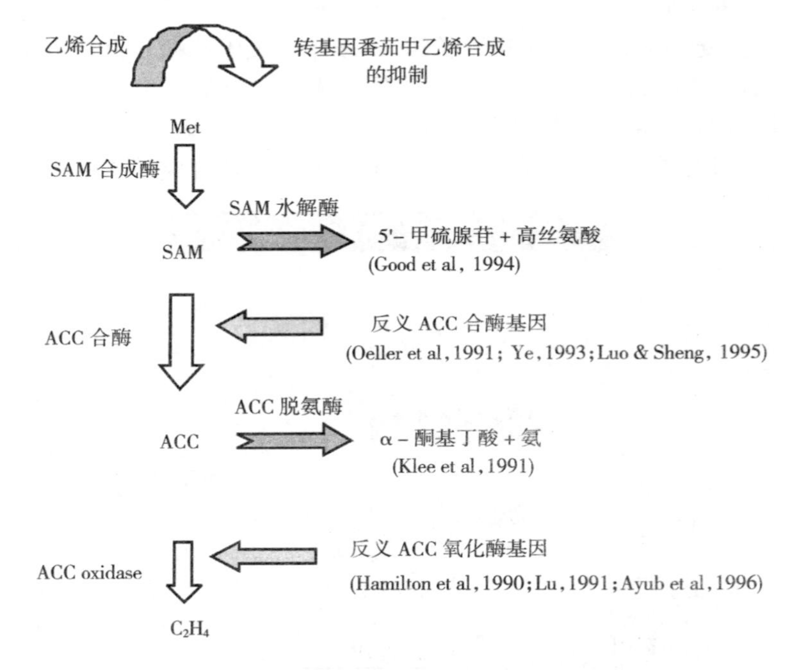

图 8－3　利用转基因技术抑制果实的乙烯合成

一、ACC 合酶基因

ACC 合酶（ACC synthase）是催化 SAM 生成 ACC 的酶，由于 ACC 是乙烯合成的直接前体，因此，植物体内乙烯合成过程中由 SAM→ACC 这一步骤非常重要，ACC 合酶是乙烯生物合成的限速酶。ACC 合酶最初是由 Adams 和 Yang 于 1979 年从番茄果皮中分离出来的，同年 Boller 等在对番茄组织的研究中，首先证实了 ACC 合酶的活性。ACC 合酶专一地以 SAM 为底物（K_m 值为 13μmol/L），以磷酸吡哆醛为辅基。AVG（aminoethoxyvinylglycine，氨基羟乙基甘氨酸）和 AOA（amino-oxyacetic acid，氨基氧乙酸）能强烈抑制该酶的活性。

1990 年，Van D S 等部分地纯化了 ACC 合酶。从不同的植物材料和在不同条件下的同一材料中纯化的 ACC 合酶，其 K_m 值、最适 pH 等都存在很大的差别，这说明植物体内可能具有多种 ACC 合酶同工酶。1991 年，Dong 等用免疫学研究表明，成熟苹果中的 ACC 合酶单克隆抗体与生长素诱导的绿豆下胚轴的 ACC 合酶没有交叉反应，说明植物体内可能存在分别与伤诱导、生长素诱导、成熟相关的 ACC 合酶同工酶，这也意味着体内 ACC 合酶基因不止一个。

ACC 合酶的酶活性和生物合成受多种因素调控，如果实发育、施加外源生长素、遭受逆境和伤害、用金属离子（如铬离子、锂离子）处理等。此酶在植物组织中的含量很低，在成熟的番茄果皮（pericarp）中，ACC 合酶的含量不到可溶性总蛋白的 0.000 1%。

1989 年，Sato 等首次从西葫芦中纯化了 ACC 合酶，并获得了该酶的基因克隆。1990 年，Van Der Straeten 等也通过 cDNA 文库筛选，从番茄中分离了两个 ACC 合酶的 cDNA 克隆。随后又相继从笋瓜、苹果、拟南芥、烟草、豌豆、大豆、甜瓜等物种中分离出 ACC 合酶的 cDNA 克隆。研究表明，该基因属于多基因家族，这一家族中不同成员受不同因子诱导而产生乙烯。在番茄中至少有 9 个 ACC 合酶基因，其中，*LeACS*2 和 *LeACS*4 在番茄果实成熟过程中特异性表达，与乙烯的大量合成有关，它们很可能参与了跃变型果实系统Ⅱ乙烯的合成。这两种 ACC 合酶的氨基酸序列的同源性为 69%，其 cDNA 核苷酸同源性为 71%。

国内外有多个实验室成功地将反义 ACC 合酶基因导入番茄，使 ACC 合酶 mRNA 的转录大大降低。1991 年，Oeller 等获得成熟受阻碍的反义 ACC 合酶 cDNA 转基因番茄植株（图 8-4）。他们发现，在反义 RNA 转基因番茄的纯合子后代果实中，乙烯合成的 99.5%被抑制了，其乙烯水平在 0.1nL/

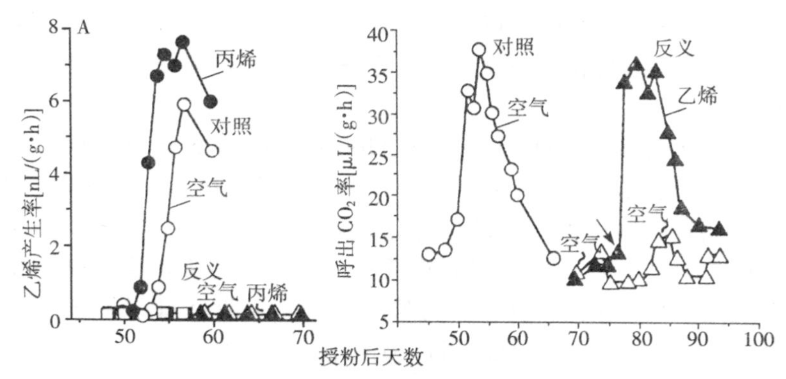

图 8-4　转 ACC 合酶反义基因番茄果实的乙烯生成和呼吸强度变化

（Oeller 等，1991）

(g·h) 以下，果实不能正常成熟，不出现呼吸高峰，叶绿素的降解和番茄红素的合成受阻，在室温放置 90～120d 也不变红、不变软，只要用外源乙烯或丙烯处理可诱导果实出现呼吸高峰和正常成熟，果实在质地、颜色、风味和耐压性（compressibility）等方面与正常番茄没有差异。国内的研究者汤福强等人于 1993 获得了转基因植株，1995 年罗云波、生吉萍等人在国内首次培育出转反义 *ACS* 的转基因番茄果实，该果实在植株上表现出明显的延迟成熟性状，采收以后室温下放置 15d 果实仍为黄绿色，用 20μL/L 的乙烯处理 12h 后果实开始成熟，5d 后果实出现正常的成熟性状，其风味、颜色和营养素含量与对照没有明显差异；培育得到的转基因番茄纯合体，其乙烯的生物合成被抑制 99%以上，果实可在室温下贮藏 3 个月而仍具有商品价值。

鉴于转反义 *ACS* 基因番茄具有明显的经济价值，美国农业部已经许可在 22 种蔬菜、果树和 7 种花卉上使用这一基因。由于来源于不同植物体内 ACC 合酶基因核苷酸序列上的差异，番茄来源的 ACC 合酶基因是否能在其他植物体内起作用，目前还没有肯定的结论。

二、ACC 氧化酶基因

ACC 氧化酶（ACC oxygenase）又称乙烯形成酶（ethylene forming enzyme，EFE），也是乙烯生物合成途径中的关键酶。可能由于 ACC 氧化酶具有对细胞结构完整性的依赖，较长一段时间内对 ACC 氧化酶的分离一直未能成功，直到发现由 ACC 氧化酶基因 *pTOM*13 的核苷酸序列，推导出氨基酸序列中具有烷酮-3-羟化酶的同源序列，才用提取该酶的类似方法首次从甜瓜中分离得到有活性的 ACC 氧化酶。

ACC 氧化酶是一种与膜结合的酶，在细胞中的含量比 ACC 合酶还少，并且仍由一个多基因家族编码。目前已经从番茄、甜瓜、苹果、鳄梨、桃、猕猴桃以及衰老的麝香石竹花、豌豆、甜瓜等分离出 ACC 氧化酶基因，并进行了鉴定分析。

番茄的 ACC 氧化酶 cDNA 首先由 Holdsworth 等人从成熟特异性的 cDNA 文库中筛选得到，取名为 *pTOM*13，杂交试验表明，与 *pTOM*13 同源的 mRNA 能在番茄成熟过程中或者在受伤组织（如叶子或不成熟的果实）中表达，此 cDNA 编码一个 33.5ku 的蛋白质。Hamilton 等人从番茄中分离出另一个 cDNA 克隆，两者相比，核苷酸同源性为 88%，两个 cDNA 分别在酵母和蛙卵中表达出正常的 ACC 氧化酶活性和催化的立体专一性。到目前为止，在番茄中已经分离了 4 个编码 ACC 氧化酶的基因。

Hamilton 等（1990）将 *pTOM*13 cDNA 以反义基因的形式转入番茄，是

世界上首次获得减少乙烯生成的转基因植株，获得的转基因植株中乙烯的生物合成受到严重抑制，在受伤的叶子和成熟的果实中乙烯释放量分别降低了68%和87%，通过自交所获得的子代纯合体果实，乙烯生物合成被抑制97%（图8-5）。果实成熟的启动不延迟，着色时间同正常果实相同，但成熟过程变慢，果实变红的程度降低，并且在贮藏过程中耐受“过度成熟”能力和抗皱缩能力增强，加工特性改善，具有一定的商业价值。国内的研究也取得进展，1996年叶志彪等也成功获得了反义ACC氧化酶转基因番茄，在常温条件下可贮藏88d，显著长于原亲本，并保持原亲本的果实硬度和颜色等优良品质，表现出一定的开发和应用价值。

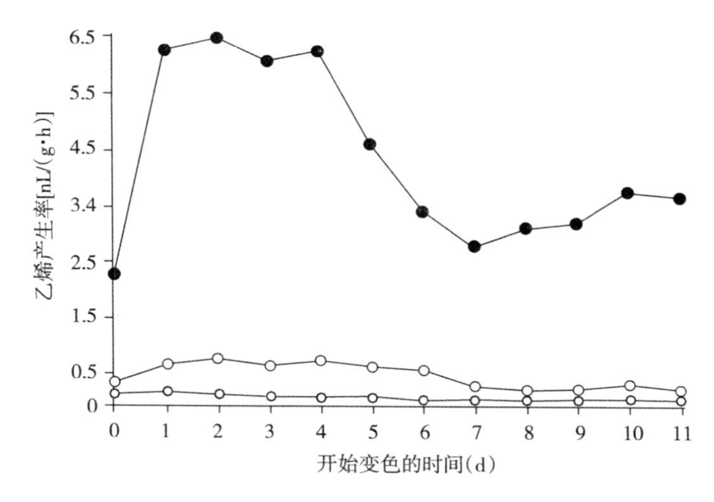

图8-5　转反义ACC氧化酶基因番茄果实的乙烯生成
（Hamilton等，1990）

三、ACC脱氨酶基因

在过熟和腐烂的果实中，乙烯的生物合成停止，ACC的含量相对较高，而ACC脱氨酶能把ACC降解为α-酮基丁酸和氨，其中α-酮基丁酸是植物体内的正常代谢产物，也是乙酰乳酸合成酶的底物。

其实，ACC脱氨酶在植物中并不存在，它存在于细菌中。1991年，Klee等人从一种以ACC为唯一碳源的土壤细菌中克隆到编码ACC脱氨酶的基因，并将正义基因转入番茄（图8-6）。在转基因番茄果实中，ACC脱氨酶通过与乙烯竞争底物抑制乙烯的生物合成，其中ACC脱氨酶的表达量与乙烯合成的受阻程度及成熟过程的延迟呈平行关系，最多可占总蛋白的0.5%，占果实鲜重的0.002%～0.005%，成熟过程乙烯被抑制90%～97%，叶片内乙烯的合成也大大降低。转基因番茄的种子发育正常，开花和果实成熟过程的启动不延迟，成熟进展要慢得多。这种转基因番茄在室温下贮藏 4 个月后仍然不软化，而对照只能存放 2 周；用外源乙烯处理果实，其成熟过程恢复正常。

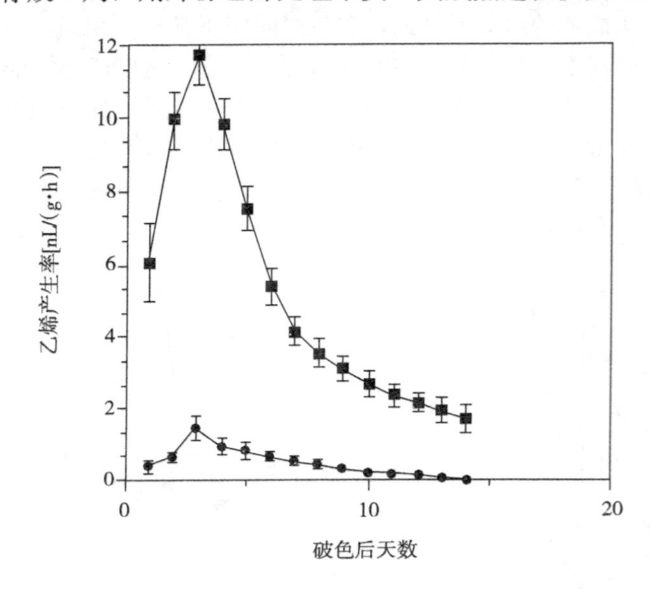

图 8-6　转 ACC 脱氨酶基因番茄果实后熟过程的乙烯生成

（Klee 等，1991）

ACC 脱氨酶基因可使任何一种植物体内的乙烯合成能力降低，这对缺乏控制乙烯合成突变体的植物尤为适宜，可作为一种广谱耐贮藏基因应用于不同植物。因此，可以利用 ACC 脱氨酶基因研究乙烯在抗病性、环境胁迫、发育调控等方面发挥作用。

四、ACC 丙二酰转移酶基因

植物体内的 ACC 含量可以通过 ACC 丙二酰转移酶基因的表达来调节。ACC 丙二酰转移酶基因能将 ACC 转变为 ACC 丙二酰（MACC）。MACC 参与乙烯生物合成的调控。目前，已经从绿豆下胚轴分离了 ACC 丙二酰转移酶，并对该酶进行了纯化，得到分子质量为 55ku 的多肽，但编码该酶的基因尚未得到。

五、*S*-腺苷甲硫氨酸（SAM）水解酶基因

S-腺苷甲硫氨酸（SAM）是 ACC 的直接前体，*S*-腺苷甲硫氨酸水解酶（SAMase）能将 SAM 水解为 5′-甲硫腺苷（MTA）和高丝氨酸，与乙烯合成

竞争底物，有效抑制乙烯的生物合成。Good 等 1994 年首先将 T3 噬菌体的 SAM 水解酶基因正向导入番茄，获得了明显降低乙烯生物合成的转基因植株。利用番茄 E4 或 E8 基因启动子调控 *SAMase* 基因的表达，可使果实中乙烯的合成能力显著下降（80%～90%），转基因果实中番茄红素的合成减少，硬度高于对照 2 倍，果实的风味和维生素、番茄碱含量不低于对照果实。Mathews 等 1994 年也成功地将 SAM 水解酶基因导入树莓和草莓，获得了转基因植株。

第三节　乙烯信号转导途径中的相关基因

乙烯生物合成是乙烯作用的上游部分，近年来有关植物组织成熟衰老进程中的乙烯受体和信号转导研究，成为继乙烯生物合成与调控之后采后研究领域中的又一个前沿热点，图 8-7 是乙烯信号转导相关基因的作用顺序。

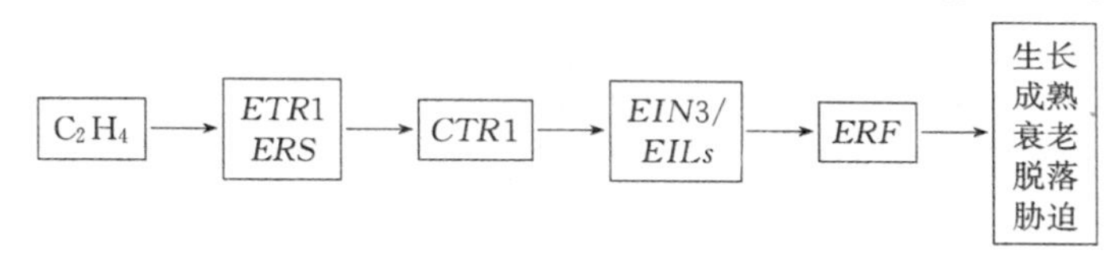

图 8-7　乙烯信号转导相关基因的可能顺序

一、乙烯受体蛋白基因

早期，人们试图通过生物化学方法分离乙烯受体或乙烯结合蛋白，但未获得成功。近年来，人们根据乙烯的“三重反应”在拟南芥（*Arabidopsis thaliana*）中分离出了几类乙烯反应突变体，即乙烯不敏感突变体（ethylene-insensitive，*ein*）、抗乙烯突变体（ethylene-resistant，*etr*）和组成型“三重反应”突变体（constitutive triple response，*ctr*）。这些结果表明植物体内存在着一条与这些反应相联系的乙烯信号转导途径，之后得到了一些乙烯受体蛋白及其编码基因。

乙烯受体是整个乙烯信号转导途径的最上游元件，目前已从多种果实中得到分离数量不等的乙烯受体编码基因，其中最早获得的果实乙烯受体基因为番茄 NR（*LeETR*3）。研究表明，番茄果实至少存在 6 个乙烯受体基因（*LeETR*1～*LeETR*6），猕猴桃和苹果均至少含有 5 个乙烯受体编码基因。除了跃变型果实，人们还从草莓和柑橘等非跃变型果实中也克隆了多个乙烯受体编码基因。

ETR1 蛋白是最早发现的乙烯受体蛋白，它具有感受乙烯的功能，拟南芥 *ETR*1 基因突变体植株对乙烯不敏感，表明该基因产物在乙烯信号转导中起作用。遗传学研究显示，ETR1 蛋白的作用位于乙烯信号转导途径的上游，在乙烯信号转导的初期起作用。ETR1 是一种跨膜蛋白，N-端含有一个疏水结构域，3 个跨膜节段侧卧在膜的外侧，乙烯结合位点在 N-端疏水结构域；C-端的序列与细菌双组分系统的组氨酸激酶及反应调节器高度同源，其结构域定位在膜的细胞质一侧。细菌双组分系统含有两个保守基元，通常称为传感蛋白和反应调节器，这两个组分配对起作用，控制细菌对专一信号的反应。传感蛋白定位在细胞膜上，由一个细胞外输入端和一个细胞质组氨酸激酶结构域组成；反应调节器则由一个接受器结构域和一个输出结构域组成。当传感蛋白的氨基末端输入域受到环境信号刺激时，能使保守的组氨酸残基发生自身磷酸化作用，然后这个磷酸基团从组氨酸转移到反应调节器的接受结构域上的天门冬氨酸残基，接受器的磷酸化状态控制输出结构域，后者又介导下游步骤。很多细菌的输出结构域都是转录调节物。根据 ETR1 结合乙烯的能力和它与细菌传感蛋白具同源性，所以也称 ETR1 为乙烯传感蛋白（ethylene sensor protein）。

ERS（ethylene response sensor）基因是在拟南芥中克隆到的第二个乙烯受体基因，它是 *ETR*1 的同源物。*ERS* 与 *ETR*1 一样在 C-端区域含有一个推断的组氨酸蛋白激酶结构域，所以结构上也与双组分传感蛋白类似，但它缺乏一个接受器结构域。将 *ERS* 基因转入正常植株，则表现为对乙烯不敏感。*ERS* 与 *ETR*1 一样，也在 *CTR*1 的上游起作用。

番茄中的乙烯受体也是由多基因家族所编码的。目前已经分离鉴定了 6 个乙烯受体基因（*LeETR*1～*LeETR*6）。番茄中第一个分离出来的 ETR 同源物是 NR，NR 蛋白与 ETR1 高度相似，由 *Nr*（Never - ripe）基因编码。NR 蛋白可能与 ERS 一样在 C-端缺乏一个接受器结构域。番茄 *Nr* 突变体最初是由于延迟成熟的表型而得到分离鉴定的。绿熟期采收的 *Nr* 突变体果实常温贮藏几个月后，外部只呈现出橘黄色，只有部分边缘软化。*Nr* 基因在果实成熟阶段被大量诱导，说明该基因可能调控果实成熟阶段对乙烯的敏感性，也可能与呼吸跃变型果实系统Ⅱ乙烯的形成有关。*Nr* 是半显性的乙烯不敏感突变体，对植物的发育表现出多效影响，不但果实的成熟过程受到阻断，而且花和花瓣的衰老、脱落及叶片的偏向上性都受到影响。1995 年，Wilkinson 等人用拟南芥 *ETR*1 的 5′-端编码区作探针来筛选番茄 cDNA 文库，将得到的最长的 2.4kb 的克隆称做 *TXTR* - 14，这段 cDNA 编码的蛋白的氨基酸序列与拟南芥 ETR1 的氨基酸的相似性为 81%。又通过从 *Nr* 突变体及其等基因的亲本中用 PCR 扩增 *TXTR* - 14 编码区的 5′-近端的 375 个核苷酸，证实了 *TXTR* - 14 就是 *NR* 基因。*Nr* 突变体的表型是由于单碱基的突变而引起的蛋白质序列中的 Pro 变成 Leu 的结果。1998 年，Lashbrook 等人克隆了 *LeETR*1、*LeETR*2。

1999 年，Tieman and Klee 克隆了 *LeETR*4、*LeETR*5，并且对它们的表达模式进行了研究。

番茄 LeETR 基因家族的表达模式有很大的差别，而且受发育阶段、组织特异性和外部刺激等多方面的复杂调控。乙烯受体基因家族成员在结构、功能和表达模式上存在很大的差异，说明番茄中乙烯反应的调控非常复杂。

*LeETR*1 和 *LeETR*2 在发育过程中在所有的组织中都是组成型表达的。*NR*（*LeETR*3）和 *LeETR*4 在果实的成熟、衰老和脱落以及病原侵染过程中表达增高。在果实的成熟过程中只有 *NR*（*LeETR*3）的表达变化最大。推测从系统Ⅰ乙烯到系统Ⅱ乙烯的过渡可能与 *NR* mRNA 的积累有关。*LeETR*4 是高水平表达的，在绿熟果实中占受体表达量的 90%以上，在成熟的果实中约占受体表达量的 50%。*LeETR*5 在果实、花和病原侵染过程中都有表达。*LeETR*6 在生殖组织（花和果实）中表达较多，而在营养组织中表达较少。

2000 年，Ciardi 等人研究发现随着乙烯受体增加，乙烯敏感性反而降低，符合乙烯受体负调控模型。2002 年，Harry Klee 推测乙烯受体水平与组织的乙烯敏感性之间应该成负相关，需要更多的乙烯来使高水平的受体失活，反之亦然，即一旦启动乙烯反应后，组织关闭乙烯反应的唯一途径是通过合成新的受体。2000 年，Tieman 等人获得反义抑制 *NR* 的番茄植株，发现这种植株除 *LeETR*4 的表达增高外，对乙烯信号转导和成熟无明显的影响，表明 *LeETR*4 对 *NR* 有功能互补作用。同年，Tieman 等人还获得反义抑制 *LeETR*4 的番茄植株，这种植株表现出乙烯过敏的表型。而在拟南芥中只有三个受体同时被抑制时，才表现出乙烯敏感性增加的特点，这表明在跃变型植物中乙烯信号转导途径可能不同于拟南芥。过量表达 *NR* 的番茄植株中 *LeETR*4 的表达降低，消除了乙烯敏感性，进一步说明乙烯受体蛋白结构之间存在差异，但功能是冗余的。Tieman 等人推测，当发生乙烯反应时，*LeETR*4 监控乙烯受体水平以及启动新的受体合成以保证乙烯反应的动态平衡。

二、*CTR*1 基因

果实 *CTR*1 及其下游级别元件的克隆报道要少于乙烯受体。番茄和猕猴桃果实中分别有 4 个和 2 个 *CTR*1 编码基因家族成员，苹果、李和桃等果实则仅有 1 个 *CTR*1 基因（表 8-2）。

*CTR*1 基因是用 T-DNA 插入突变的方法克隆得到的，失去功能的 *ctr*1 突变体表现出组成型乙烯反应，表明 *CTR*1 基因编码的蛋白是乙烯信号传递的负调控因子。CTR1 蛋白的 N-端类似于哺乳动物 RAF 激酶家族的催化区域，但 C-端与 RAF 激酶家族的相似性很低。在拟南芥基因组中，共有 8 个基

因编码的蛋白与CTR1激酶的催化区域有高度的相似性，并且包含一个保守的氨基酸基元，这个保守的氨基酸基元含有一个突变的Gly-354。

Huang等（2003）鉴定了纯化的重组CTR1蛋白的酶学性质。CTR1蛋白具有内在的Ser/Thr蛋白激酶活性，*ctr*1-1突变改变了激酶催化区的一个保守残基，纯化的蛋白几乎失去了体外激酶活性，导致严重的丧失功能的表型。看来CTR1的自动磷酸化至少部分是由于分子间的作用，因为激酶催化区域能够磷酸化一个无激酶活性的全长的CTR1蛋白，然而这些结果也不排除存在另外的分子间磷酸化事件。在拟南芥基因组中共有8个MEK同源物（Tena et al，2001），可能这其中的一个是CTR1的体内底物。然而近来的研究结果表明MEK不是Raf-1和A-Raf的主要底物（Hüser et al，2001），相似地，CTR1可能没有磷酸化MEK。

CTR1蛋白是乙烯信号转导途径的中心组分。通过上位性分析，CTR1作用于乙烯受体的下游，通过遗传学或生物化学方法在乙烯受体和CTR1激酶之间没有鉴定到中间物，而且通过生化和酵母双杂交体系研究表明CTR1 N-端直接与乙烯受体的C-末端区域相互作用（Clark et al，1998），这些结果显示在无乙烯存在的条件下，ETR受体家族直接激活了CTR1的激酶活性，而有活性的CTR1通过磷酸化下游组分而关闭乙烯反应。乙烯与受体的结合抑制了受体的活性，从而引起CTR1失活。在乙烯存在的条件下，很可能蛋白磷酸酶可逆转CTR1的作用。阐明ETR1如何激活CTR1，鉴定这些磷酸酶以及CTR1在体内的真正底物对于了解乙烯信号转导是非常重要的。

迄今番茄果实中共分离得到了4个*CTR*1基因家族成员，分别被命名为*LeCTR*1、*TCTR*2（*LeCTR*2）、*LeCTR*3和*LeCTR*4，其中*TCTR*2为组成型表达，与拟南芥*AtCTR*1类似，*LeCTR*1随成熟衰老而表达增强并对外源乙烯敏感，*LeCTR*3和*LeCTR*4在叶片中表达较强，但它们对乙烯处理不敏感。在拟南芥*ctr*1-8突变体中过量表达番茄*CTR*1同源基因，结果表明*LeCTR*3和*LeCTR*4能补偿*AtCTR*1的功能，而*LeCTR*1只能部分补偿*AtCTR*1功能。猕猴桃2个*CTR*1同源基因均在果实发育阶段初期具有较强表达水平，随后呈下降趋势，但在果实采后成熟衰老进程中，*AdCTR*1随乙烯跃变而表达增强，并被1-MCP处理抑制，而*AdCTR*2则呈组成型表达模式。苹果*MdCTR*1和桃*PpCTR*1在果实后熟进程中表达变化不大，1-*MCP*对于*MdCTR*1表达的影响主要在成熟后期。*PdCTR*1在李果实发育初期表达较高，而在成熟衰老进程中维持稳定水平。

番茄和猕猴桃果实具有多个*CTR*1基因，且表达模式存在差异，而拟南芥仅存在单个*CTR*1，推测果实中*CTR*1的作用可能较为复杂。近来研究表

明，MAPK 激酶级联反应参与了乙烯信号转导，当 *CTR*1 失活时，MKK9－MPK3/6 被激活，进而通过调控 *EIN*3 的磷酸化实现乙烯信号转导。*CTR*1 可能通过 *EIN*2 到 *EIN*3 的途径，或者通过 MAPK 激酶级联反应直接影响 *EIN*3，进而调控乙烯信号转导途径。

三、*EIN2* 基因及其编码蛋白的结构和功能研究

*EIN*2 是乙烯信号转导途径下游的一个重要的中心成员，它介导了蛋白激酶 CTR1 和转录因子 EIN3/EIL 之间的信号传递。EIN2 是乙烯和胁迫反应的一个双功能传导蛋白，在拟南芥中，它还参与了生长素、细胞分裂素和脱落酸等植物激素的作用，以及延迟叶片衰老的作用。EIN2 还可能与乙烯受体发挥作用所需要的二价阳离子的转运有关（Alonso J M et al，1999）。

1990 年，Ecker 等人分离出了拟南芥乙烯不敏感突变体 *ein2*，它是一个隐性突变。研究表明，*EIN*2 位点的突变对外源及内源乙烯均不敏感。目前已分离出了 25 个 *ein2* 突变的等位基因，其中除了 *ein2*－9 之外，所有 *ein2* 突变在形态、生理及分子水平上均表现出了完全的乙烯不敏感性。另外，在筛选生长素转录抑制剂、细胞分裂素、脱落酸，以及延迟衰老的突变体中也发现了 *ein2*，而未发现其他任何乙烯不敏感位点。因此，*EIN*2 是目前已知的唯一一个其功能的突变导致完全乙烯不敏感的基因，而且 *EIN*2 可能是几种植物激素信号转导途径的共同组分，参与了植物激素之间的协同作用。

1999 年，Alonso 等人用 map－based 的方法从拟南芥中克隆了 *EIN*2 基因。*ein2*－1 等位基因在图谱上位于染色体 5 的顶部。拟南芥中的 *EIN*2 是一个单拷贝基因，*EIN*2 cDNA 全长 4 746bp，具有一个大的开放读码框，编码一个 1 294 个氨基酸、141ku 的蛋白。*EIN*2 N－端的 461 个氨基酸包含一个强疏水的区域，而 C－端的 833 个氨基酸却显著地亲水。*EIN*2 N－端区域有 12 个跨膜螺旋，在 C－端尾部（ser－485 到 leu－515）存在一个亲水脂螺旋，与 N－端 12 个跨膜区相邻。这种线圈形螺旋结构的存在表明 C－端的这个区域可能是蛋白与蛋白相互作用的位点。

Database 研究表明，*EIN*2 与 Nramp 蛋白家族具有序列相似性（21%相同）。*EIN*2 与 Nramp 蛋白的相似区域存在于 N－端疏水区（1～480aa）。Nramp 蛋白存在于从细菌到人的所有生物中，其中一些具有传导二价阳离子的功能。生理学研究表明，乙烯的感受可能需要一种转运金属，如铜或锌。尽管已经分离出了一个乙烯受体功能所必需的铜离子传导蛋白，*EIN*2 与 Nramp 蛋白的相似性表明它也可能具有传导二价阳离子的功能。*EIN*2 的 C－端与乙烯信号转导有关。乙烯信号转导途径下游的正调节物，如 *EIN*3/*EIL*1 或

*ERF*1 的过量表达均导致了组成型乙烯反应。*EIN*2 基因或 N -端疏水的 Nramp - like 区域（1～480 氨基酸残基）的过量表达却未引起植株组成型乙烯反应或对乙烯过度敏感，而在 *ein*2 - 5 突变株中转入 *EIN*2 C -端（CEND）的转基因植株，表现出了组成型乙烯反应。Northern 分析表明转 *ein*2 - 5 CEND 植株组成型表达所有被检测的乙烯调控基因（如 At - GST2，bicic - chitinase 和 At - EBP），在分子水平上证明了 *EIN*2 CEND 在乙烯信号转导中的作用。然而，基因表达不受乙烯处理的影响，说明 EIN2 的 N -端是受激素调控所必需的。另外，过量表达 *EIN*2 CEND 而不是全长 *EIN*2 具有组成型乙烯反应的事实也说明 Nramp - like 区域可能控制着 CEND 的功能。

*EIN*2 还参与了某些胁迫反应。病原反应基因 *PDF*1.2 的诱导需乙烯和茉莉酮酸信号转导组分的共同参与。*ein*2 - 5 突变株对百草枯（除草剂）和茉莉酮酸没有反应，而过量表达 *EIN*2 CEND 的突变植株却能对百草枯（除草剂）和茉莉酮酸产生正常反应，并能诱导 *PDF*1.2 基因的表达。也就是说，*EIN*2 CEND 产生的信号能够恢复乙烯不敏感植株对茉莉酮酸和除草剂的反应性。

四、*EIN3/EILs* 与果实成熟衰老

拟南芥 *EIN*3 突变体对乙烯反应减弱，幼苗缺乏对乙烯的三重反应，依赖乙烯的基因表达和叶片的衰老减弱，说明 *EIN*3 基因是乙烯信号转导中的一个必需的调节因子。拟南芥中分离和定性的 *EIN*3 基因，显示其编码一种核结合蛋白。虽然 *EIN*3 基因的氨基酸序列分析未发现与已有的蛋白同源，但 *EIN*3 的氨基酸组成、结构特点和基因功能与三个 *EIN*3 相似（*EIN*3 - Like）蛋白有很好的同源性。基因分析表明，*EIL*1 和 *EIL*2 能恢复 *EIN*3 突变体的生理功能，说明它们参与了乙烯信号转导过程。高水平表达 *EIN*3 和 *EIL*1 的转基因植株，并不需要 EIN2 蛋白参与乙烯信号转导过程，在生长发育的各个时期均表现为组成型的乙烯反应生态型，表明它们可以在缺乏乙烯的情况下活化乙烯的反应过程。这说明 *EIN*3/*EIL* 可能作用于 *EIN*2 的下游。在 *ein*3、*ein*2 的双突变幼苗中也未发现幼苗对乙烯的其他效应，这也说明它作用于 *EIN*2 的下游。但是，EIN3/EIL 家族蛋白的生理功能仍不清楚，对于其生化活性的研究由于缺乏目标基因而无法进行。

*EIN*3/*EILs* 是位于细胞核内的乙烯信号转导元件，它可以识别启动子区含有初级乙烯反应元件（*PERE*）的目标基因。而 *PERE* 序列不仅存在于下游 *ERF* 的启动子区，还存在于一些果实成熟衰老相关基因的启动子区，如 *ACO*。番茄 *EIN*3 同源基因（*LeEIL*1～*LeEIL*4）的研究显示，*EIL* 基因在果实成熟衰老进程中表达水平维持基本稳定。通过转基因手段抑制 *LeEILs* 的表达可以显著

影响番茄植株的乙烯反应，认为通过调节 *LeEILs* 的 mRNA 水平可实现对果实成熟衰老的调控。但是番茄 EIL 基因家族成员之间可能具有功能冗余性。香蕉中至少含有 5 个 *EIL* 基因，其中 *MaEIL2* 在果实成熟进程中呈上升趋势，也可被外源乙烯处理诱导，其他 EIL 基因家族成员的表达水平则无明显变化。

*EIN*3 基因的表达是必须而且足够活化已知的乙烯信号转导过程，见图8-8，但对下游其他乙烯信号转导突变体，如 *ein*5、*ein*6 和 *ein*7 基因功能和作用仍不清楚。利用反义 RNA 技术拟对番茄中的 *EIN*3 基因进行转基因研究，为进一步研究 *EIN*3 的功能奠定基础。

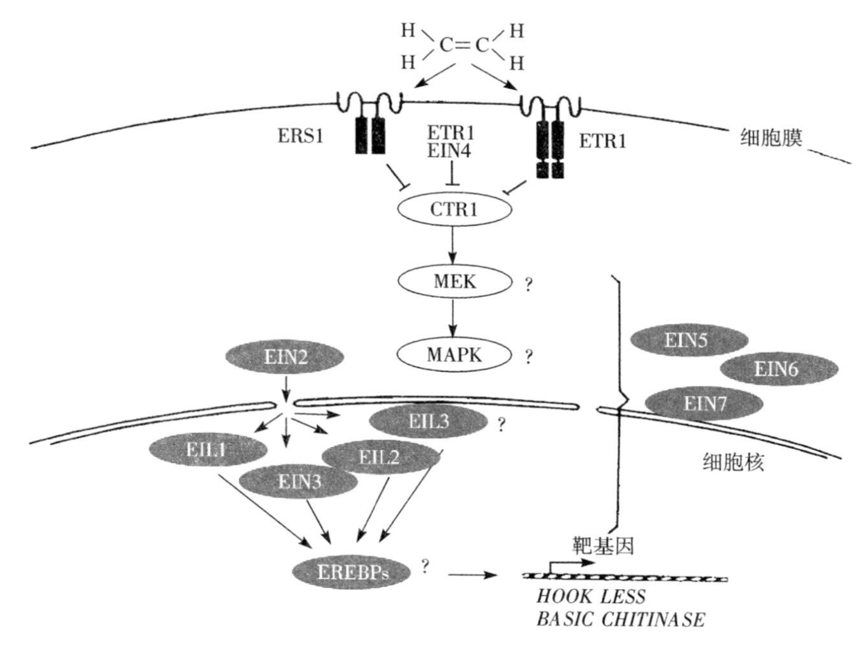

图 8-8　EIN3/EILs 蛋白在乙烯反应中的作用

五、乙烯反应元件及结合蛋白与乙烯信号转导的调控模式

受乙烯调控表达的基因在其启动子上游都有一个乙烯反应元件（ethylene response element），它能与被称为是转录因子的结合蛋白结合，诱导该基因的表达。目前，在拟南芥的几丁质酶基因，烟草的 *GLN*2 基因启动子上游都发现了保守的 AGCCGCC 基元，这个保守区域为乙烯诱导基因表达所必需。目前，在番茄中分离了与乙烯反应元件结合的乙烯反应元件结合蛋白（ethylene response element and binding protein，EREBP）。乙烯反应元件结合蛋白由 *EIN*3/*EIL* 基

因编码蛋白诱导表达，从而建立了乙烯与被诱导表达基因之间的关系。

目前已在许多植物中克隆了 EREBPs 成员，并且对它们的功能研究也主要集中于生物和非生物胁迫反应过程中。如拟南芥中的 *AtEBP*、*AtERF*1～5、*DREB*1、*DREB*2，烟草 *EREBP*1～4、*Tsi*1，番茄 *Pti*4/5/6。*AtERFs* 受乙烯和非生物胁迫（如伤害、低温、高盐、干旱）的差异调节。按照功能又将它们分为转录激活因子和转录抑制因子，它们可与病原相关蛋白基因启动子区的 GCC box 结合（Fujimoto et al.，2000）。烟草中的 *Tsi*1（tobacco stress induced gene1）既能特异地识别 GCC box，又能识别 DRE/CRT 序列（Park et al.，2001）。*Pti*4/5/6 也可与乙烯调节的 PR 蛋白基因的启动子区的 GCC box 结合。GCC box 不仅存在于乙烯诱导的 PR 蛋白基因的启动子区，而且胁迫诱导的基因，如 ARSK1 和 dehydrin（它们都能被 ABA、盐、低温、伤害诱导）的 5′上游区域也含有 GCC box（Fujimoto et al.，2000）。这些研究结果表明，GCC box 除存在于 ERE（ethylene response element）外，可能在生物或非生物胁迫信号传递中作为顺式调节元件。而且 GCC box 这个顺式作用元件也存在于参与乙烯生物合成的 ACO 家族的一些成员中（Jia and Martin，1999），这说明 *EREBPs* 这类转录因子可能对乙烯的生物合成具有反馈调节作用。目前对编码结合 GCC box 的这类 *EREBPs* 基因的研究集中于它们在乙烯信号传递过程中的作用，但并不是所有的 *EREBPs* 基因都受乙烯的诱导。植物中部分 *EREBPs* 基因见表 8 - 2。

表 8 - 2　植物中部分 *EREBPs* 基因

基　因	物　　种	GenBank 登录号	备　　注
*EREBP*1～4	烟草（tobacco）	D38123，D38126，D38124，D38125	Ohme - Takagi et al，1995
*AtEBP/RAP*2.3	拟南芥（*Arabidopsis*）	Y09942/AF003096	Bütter and Singh，1997
*Pti*4/5/6	番茄（*Lycopersicon esculentum*）	U89255，U89256，U89257	Zhou et al，1997
*CBF*1	拟南芥（*Arabidopsis*）	AF084185	Stockinger et al，1997
*ERF*1	拟南芥（*Arabidopsis*）	AF076278	Solano et al，1998
*DREB*1*A*/2*A*	拟南芥（*Arabidopsis*）	AB007787，AB007790	Liu et al，1998
*ABI*4	拟南芥（*Arabidopsis*）	AF040959	Finkelstein et al，1998
*AtERF*1～5	拟南芥（*Arabidopsis*）	AB008103，AB008104，AB008105，AB008106，AB008107	Fujimoto et al，2000
*NsERF*2/3/4	烟草（tobacco）	AB016264，AB016265，AB016266	Sakihito et al，2000

（续）

基　因	物　　种	GenBank 登录号	备　　注
*Tsi*1	烟草（tobacco）	AF058827	Park et al，2001
*GmEREBP*1	大豆（soybean）	AF357211	Mazarei et al，2002
*BNCBF*5/7/16/17	油菜（*Brassica napus*）		Gao et al，2002
*AhDREB*1	山菠菜（halophyte）	AF274033	SHEN et al，2003

乙烯感受和信号转导中的各个组分在整个乙烯信号感受和转导的过程中是如何相互作用，相互调节的呢？目前的研究认为，已知的各个相关基因中，受体 ETR 基因家族和激酶 CTR 是负调节因子，而下游的 EIN2 和 EIN3 是正调节因子。图 8-9 是一个乙烯感受和信号转导的初级调节模式。在没有乙烯存在的情况下，乙烯受体中的组氨酸激酶和 CTR1 激酶呈活化状态，而下游组分 EIN2 和 EIN3 受到抑制，乙烯反应不能发生。当有乙烯存在时，作为乙烯受体的 ETR 家族感受乙烯后改变自身构型，组氨酸激酶失活，使得 CTR 组氨酸激酶活性关闭，导致下游组分 EIN2 和 EIN3 激活而表达乙烯诱导基因，结果产生乙烯反应。该过程是通过一系列磷酸化级联反应来完成的。

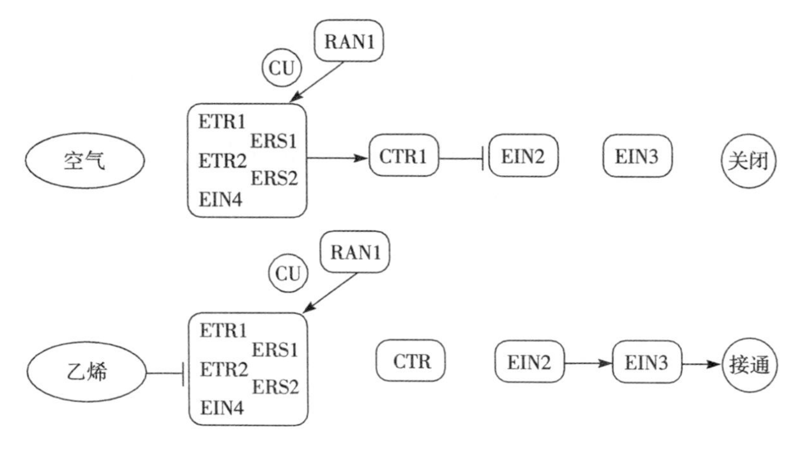

图 8-9　乙烯信号转导调控模式

第四节　植物脂氧合酶（LOX）基因的表达与调控

一、LOX 的生理功能与作用

在高等植物中，脂肪酸氧化有 4 种途径，即 α 氧化、β 氧化、γ 氧化和

LOX途径。LOX途径的最初反应是甘油酯类（如磷脂）水解释放游离脂肪酸，进一步作为LOX的反应底物而进行脂肪酸的分解。LOX是LOX途径中的关键酶，首次报道于1932年，是一种含非血红素铁的蛋白质，专一催化含有顺，顺-1,4-戊二烯结构的多元不饱和脂肪酸加氧反应，生成具有共轭双键的9-过氧化氢物（9-HPOs）和13-过氧化氢物（13-HPOs）。因而，LOX分为9-LOX和13-LOX两种类型。目前人们一致认为，LOX是一个催化细胞膜脂的脂肪酸发生氧化反应的主要酶，也是启动细胞膜脂过氧化作用的主要因子。

LOX广泛存在于植物，特别是高等植物内，植物膜脂组分中的亚油酸和亚麻酸是其主要的反应底物。近年来有关该酶的研究备受人们关注，许多研究表明，LOX在植物的生长、发育、成熟衰老、机械伤害、病虫侵染等过程起调节作用。同时，LOX在植物衰老和果实成熟进程中也起重要作用。近年来，LOX在果实成熟衰老进程中的研究日益增多，其中以番茄果实上的进展最具代表性。

LOX活性变化与果实成熟衰老密切相关。番茄果实从绿熟期到转红期的进程，伴随有LOX活性增加，外源LOX处理可增加果实组织的电导率，加速成熟衰老，番茄果实微粒体LOX活性从绿熟期到转红期增加了48%，到红熟期其活性又降至绿熟期水平。番茄采后初期LOX活性的增加与果实成熟的启动和成熟衰老伴随的膜功能丧失有关。

近年来的研究发现，LOX调节组织衰老的主要机理有以下几点：

(1) 参与了膜脂过氧化作用，导致细胞膜透性增加，促进胞内钙的积累，激活了磷酸酯酶活性，加速了游离脂肪酸进一步从膜脂释放，加剧了细胞膜的降解。

(2) 膜脂过氧化产物和膜脂过氧化过程产生的自由基进而毒害细胞膜系统、蛋白质和DNA，导致了细胞膜的降解和细胞功能的丧失。

(3) LOX还可能在果实成熟过程的内源激素间的平衡中起作用，LOX参与的膜脂过氧化作用产物可进一步促使JA和ABA等衰老调节因子的生成，并参与了乙烯的生物合成，促进组织衰老。

二、LOX基因家族

LOX在果蔬产品中普遍存在，并与园艺产品的成熟衰老密切相关。近年来对LOX的分子生物学研究已取得了可喜的成果，迄今已从拟南芥、番茄、猕猴桃、兵豆、黄瓜、豌豆、马铃薯、水稻、大豆、小麦、玉米、烟草、大麦、拟南芥等多种植物中克隆到了*LOX*基因。

从番茄中克隆到的5种不同*LOX*基因，即从果实中得到的*TomLoxA*和*TomLoxB*，以及从叶片中得到的*TomLoxC*、*TomLoxD*和*TomLoxE*，在不同的组织或同一组织的不同发育阶段，有不同的表达类型。研究发现*TomLoxA*在种子和成熟果实中表达；*TomLoxB*只在果实中表达；*TomLoxC*在成熟果实的转色期和红熟期有表达信号，而在绿熟果中无表达信号，该基因不在叶片和花器中表达；与*TomLoxC*相反，*TomLoxD*主要在叶片、萼片、花瓣和花的雌性器官中表达，在绿熟果和转色果中也有微弱的信号；*TomLoxE*在成熟果实的转色期有表达。

根据GenBank公布的氨基酸序列，构建了上述植物*LOX*基因系统进化树（图8-10）。该系统树由三个分支组成，现以番茄为例进行说明。番茄的*TomLoxA*、*TomLoxB*和*TomLoxE*具有高度同源性，它们同马铃薯的*PotLox1*聚类，归为LOX1组；*TomLoxC*同马铃薯的*PotLox2*聚类，归为LOX2

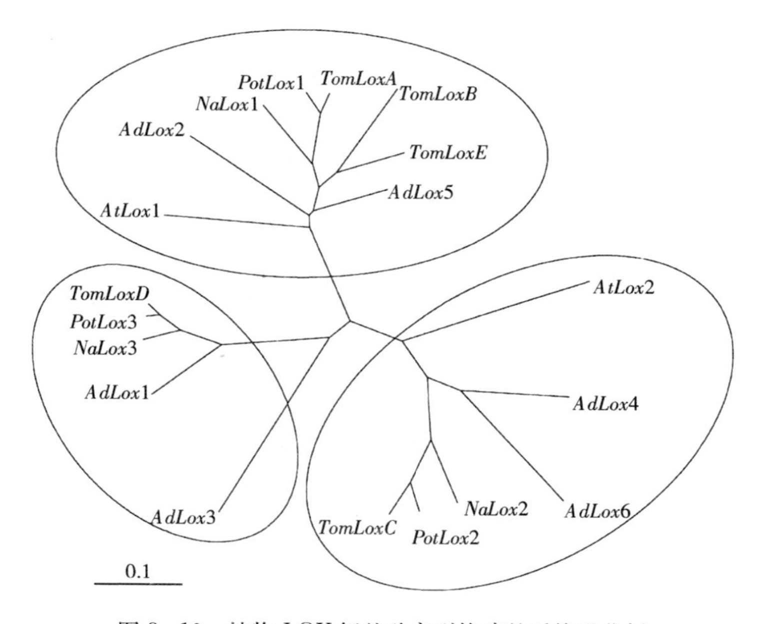

图8-10　植物*LOX*氨基酸序列构建的系统进化树

注：系统树采用ClustalW和TreeView软件默认的参数构建。图中字母代号和GenBank登录号：拟南芥为*AtLox1*（AAA32827）、*AtLox2*（AAA32749）；番茄为*TomLoxA*（AAA53184）、*TomLoxB*（AAA53183）、*TomLoxC*（AAB65766）、*TomLoxD*（AAB65767）、*TomLoxE*（AAG21691）；烟草为*NaLox1*（AAP83134）、*NaLox2*（AAP83137）、*NaLox3*（AAP83138）；马铃薯为*PotLox1*（AAB67858）、*PotLox2*（CAA65268）、*PotLox3*（CAA65269）；猕猴桃为*AdLox1*、*AdLox2*、*AdLox3*、*AdLox4*、*AdLox5*、*AtLox6*。

组；*TomLoxD* 同马铃薯的 *PotLox*3 聚类，归为 LOX3 组。张波等人已经从猕猴桃上克隆得到了 6 个 *LOX* 基因，LOX1 组包括 *AdLox*2 和 *AdLox*5，LOX2 组由 *AdLox*1 和 *AdLox*3 组成，而 LOX3 组包含 *AdLox*1 和 *AdLox*3。植物 LOX 基因家族分类的详细描述可参考 Feussner 和 Wasternack 的文献综述。

目前研究表明，LOX1 组具有 9-LOX 活性，在植物器官发育和果实成熟进程具有作用，但是许多功能仍不明确；LOX2 组和 LOX3 组均具有 13-LOX 活性，它们参与生物和非生物胁迫条件下的防御反应，并在 C6 醇类和醛类物质合成中起作用。

LOX 基因家族的不同成员具有各自特异性功能。人们已经从拟南芥中克隆得到至少 6 个 LOX 基因家族成员，其中 *AtLox*1 参与机械伤胁迫反应，其表达水平受脱落酸（ABA）和茉莉酸（JA）诱导；反义抑制 *AtLox*2 的表达可显著降低组织内部 JA 的含量，认为 *AtLox*2 是参与 JA 生物合成的特异性成员；其他成员的功能尚不清楚。在马铃薯的 3 个 LOX 基因家族成员中，*PotLox*1 是调控马铃薯块茎发育的关键基因，*PotLox*2 主要在叶片中表达，并参与挥发性物质的合成和信号转导；*PotLox*3 则对机械伤非常敏感。烟草的 *NaLox*1 表达不受机械伤诱导，*NaLox*2 和 *NaLox*3 编码的蛋白具有 13-LOX 活性，对机械伤和病虫害侵染敏感，其中 *NaLox*3 是 JA 生物合成的特异性成员。

三、LOX 基因家族成员功能及其表达调控

LOX 在果实成熟进程中具有重要作用，研究 LOX 基因家族成员的表达谱和调控方式是进一步阐明其生物学功能的需要。反义 *LOX* 基因在兵豆原生质体中的表达，抑制了 70%LOX 活性，而基因的正义表达则增加了 20%LOX 活性；在拟南芥中，转反义 *LOX*-2 基因植株的 *LOX* 基因表达受到抑制，但一部分表达正义基因植株的 *LOX* 基因表达信号得到加强，而另一部分转正义基因植株的 *LOX* 基因表达被抑制；对其中两例转正义基因植株的 mRNA 和蛋白质水平进行分析，Northern 杂交表明，与对照相比，*LOX* 基因在叶片和花序中表达被强烈抑制，Western 杂交显示原生质体中的 LOX-2 蛋白质不足对照的 1/15，虽然在转基因植株的叶片和花序中 *LOX* 表达受到严重抑制，JA 的积累也受阻，但植株生长发育与对照无差异。

LOX 基因家族成员在番茄的果实成熟过程中具有不同的表达模式。*TomLoxA* 转录本水平在采后番茄果实成熟进程中持续下降，在反义抑制 ACC 氧化酶的转基因番茄和对乙烯不敏感的 *Nr* 突变体中，其表达水平维持稳定；但是在 *rin* 突变体中，*TomLoxA* 表达水平随果实生长而下降，表明生长相关因

子参与了该基因的表达调控。*TomLoxB* 在果实生长发育进程中表达水平基本稳定；果实成熟进程中积累的乙烯和外源乙烯处理均可显著诱导其 mRNA 积累，但是在转基因果实和突变体中这种促进效应被延迟。*TomLoxC* 对乙烯敏感，转录水平可被果实成熟进程中的乙烯诱导；在果实达到转色期阶段其表达水平也出现增强现象。*TomLoxD* 主要在叶片、萼片和花中表达，同时其表达可被机械伤所诱导，在绿熟果和转色果中也有微弱的信号。*TomLoxE* 在成熟果实的转色期有表达信号并随成熟进程有增强趋势。不同的表达模式和调控方式暗示着 LOX 基因家族成员在果实成熟进程中可能具有各自特异性功能。

转基因技术的应用为明确 LOX 在果实成熟进程中的作用提供了更为直接的证据。Chen 等 2004 年构建了特异性抑制 *TomLoxC* 基因表达的转基因番茄植株，研究发现己烯醛和己烯醇含量极显著下降，仅为野生型成熟果实的 1.5%。但将番茄的 *TomLoxA* 和 *TomLoxB* 表达水平特异性抑制 80%～88%，成熟进程中果实的挥发性芳香物质含量并没有发生显著性改变。*TomLoxD* 虽然具有 13 - LOX 活性，但主要在叶片上表达，它并没有参与叶片和果实中己烯醛和己烯醇的生物合成。*TomLoxE* 不直接参与成熟番茄果实中 C6 类芳香物质的合成，但其作用还不清楚。

可见，*TomLoxB* 和 *TomLoxC* 是番茄果实成熟衰老相关的特异性成员，其中 *TomLoxC* 参与了果实 C6 类芳香物质合成；*TomLoxA* 可能在未成熟果实的防御反应中起作用；*TomLoxD* 可能在叶片机械伤反应方面有作用，而 *TomLoxE* 的功能则尚未清楚。

第五节　色素合成相关基因

从成熟番茄 cDNA 文库中筛选得到一个克隆 *pTOM*5，其核苷酸序列与细菌来源的八氢番茄红素焦磷酸合成酶基因具有同源性。该酶催化八氢番茄红素的合成，而八氢番茄红素是类胡萝卜素合成途径中的一个中间产物。在转反义 *pTOM*5 的番茄中，基因代谢产物参与了果实成熟时类胡萝卜素的合成，果实 PG mRNA 的水平与对照没有差异，但果实中检测不到番茄红素的合成，成熟果实的颜色发黄，花色也变为淡黄色。转基因番茄的这一特点恰好是黄肉番茄突变体的特征。研究还发现，番茄的黄肉基因位于第 3 条染色体上，而 *pTOM*5 位于第 2、3 条染色体上。用一系列的基因工程方法使黄肉番茄突变体过量表达 *pTOM*5 基因，发现类胡萝卜素和番茄红素的合成能力得到恢复，从而证明黄肉突变体中缺少八氢番茄红素合成酶。

改变花卉的颜色、延缓花卉的衰老以及提高其观赏价值，也是一项具有重要意义的工作。花冠的颜色是由花冠中的色素组成决定的，其中大多数是黄酮类物质，查尔酮合成酶（CHS）是黄酮类色素物质合成途径中的关键酶。在矮牵牛属（*Petunia*）植物中，已经成功地利用反义基因技术抑制*CHS*基因的表达，使花卉的颜色从野生型的紫色转变为白色，并且因对*CHS*基因表达的抑制程度的差异而出现了一系列的中间类型花色。

乙烯也是花衰老所必需的，利用反义基因技术可抑制麝香石竹的ACC氧化酶基因的表达。将反义*ACO*基因转化Scania和White Sim两个栽培品种，转化体花的乙烯峰值降低90%，明显延缓了花瓣的衰老。当花瓣枯萎时，反义*ACO*的花只产生极少量或未检测到*ACO* mRNA或*ACS* mRNA。外源乙烯处理转基因花朵，可诱导*ACS*和*ACO*的基因表达。国外公司已计划将这种转基因石竹推向市场，这将是第一种上市的重组花卉。随着研究的深入，除了石竹外，转基因菊花、玫瑰和其他花卉也将在市场上出现。

1. 与果蔬细胞壁代谢相关的有哪些酶？调控这些酶的基因是如何表达的？
2. 简述乙烯生物合成的途径与基因调控。
3. 简述与乙烯信号转导的相关基因的顺序，以及其中主要基因的特点。
4. 脂氧合酶有哪些生理作用？在果蔬成熟衰老中其基因是如何表达与调控的？
5. 简述与果蔬颜色形成的相关基因及其特点。

指定参考书

罗云波，生吉萍．2006. 食品生物技术导论．北京：化学工业出版社．

王关林，方宏筠．2002. 植物基因工程．北京：科学出版社．

Stanley J K，Robert P E. 2004. Postharvest Biology. In：Stress in Harvested Products. Athens，Georgia：Exon Press.

主要参考文献

陈昆松，张上隆．1998. 脂氧合酶与果实的成熟衰老——文献综述．园艺学报（25）：338－344.

Sheng J，Luo Y，Wainwright H. 2000. Studies on lipoxygenase and the formation of ethylene in tomato. Journal of Horticultural Science & Biotechnology（75）：69－71.

Chen G P, Hackett R, Walker D, Taylor A, Lin Z F, Grierson D. 2004. Identification of a specific isoform of tomato lipoxygenase (TomloxC) involved in the generation of fatty acid-derived flavor compounds. Plant Physiol (136): 2641 - 2651.

Ferrie B J, Beaudoin N, Burkhart W, Bowsher C G, Rothstein S. 1994. The cloning of two tomato lipoxygenase genes and their differential expression during fruit ripening. Plant Physiol (106): 109 - 118.

Heitz T, Bergey D R, Ryan C A. 1997. A gene encoding a chloroplast-targeted lipoxygenase in tomato leaves is transiently induced by wounding, systemin, and methyl jasmonate. Plant Physiol (114): 1085 - 1093.

Alexander L, Grierson D. 2002. Ethylene biosynthesis and action in tomato: a model for climacteric fruit ripening. Journal of Experimental Botany (53): 2039 - 2055.

Yin X R, Chen K S, Allan A C, Wu R M, Zhang B, Lallu N, Ferguson I B. 2008. Ethylene-induced modulation of genes associated with the ethylene signaling pathway in ripening kiwifruit. Journal of Experimental Botany (59): 2097 - 2108.

Yokotani N, Tamura S, Nakano R, Inaba A, Kubo Y. 2003. Characterization of a novel tomato *EIN*3 - like gene (*LeEIL*4) . Journal of Experimental Botany (54): 2775 - 2776.

图书在版编目（CIP）数据

果蔬采后生理与生物技术/罗云波主编．—北京：中国农业出版社，2010.1（2016.12 重印）
全国高等农林院校“十一五”规划教材
ISBN 978-7-109-14271-8

Ⅰ．果…　Ⅱ．罗…　Ⅲ．①水果—植物生理学—高等学校—教材②蔬菜—植物生理学—高等学校—教材③水果—生物技术—高等学校—教材④蔬菜—生物技术—高等学校—教材　Ⅳ．S660.1　S630.1

中国版本图书馆 CIP 数据核字（2009）第 227416 号

中国农业出版社出版
（北京市朝阳区麦子店街 18 号楼）
（邮政编码 100125）
责任编辑　王芳芳

北京中兴印刷有限公司印刷　　新华书店北京发行所发行
2010 年 3 月第 1 版　　2016 年 12 月北京第 2 次印刷

开本：720mm×960mm　1/16　　印张：16.5
字数：291 千字
定价：28.50 元